排污许可制度国际经验及启示

生态环境部环境与经济政策研究中心　编著

中国环境出版集团·北京

图书在版编目（CIP）数据

排污许可制度国际经验及启示/生态环境部环境与经济政策研究中心编著. —北京：中国环境出版集团，2020.6

ISBN 978-7-5111-4360-0

Ⅰ. ①排… Ⅱ. ①生… Ⅲ. ①排污许可证—许可证制度—研究—世界 Ⅳ. ①X-652

中国版本图书馆 CIP 数据核字（2020）第 107168 号

出 版 人 武德凯
责任编辑 宾银平
责任校对 任 丽
封面设计 彭 杉

出版发行 中国环境出版集团
（100062 北京市东城区广渠门内大街 16 号）
网 址：http://www.cesp.com.cn
电子邮箱：bjgl@cesp.com.cn
联系电话：010-67112765（编辑管理部）
010-67113412（第二分社）
发行热线：010-67125803，010-67113405（传真）

印 刷 北京中献拓方科技发展有限公司
经 销 各地新华书店
版 次 2020 年 6 月第 1 版
印 次 2020 年 6 月第 1 次印刷
开 本 787×960 1/16
印 张 20.75
字 数 270 千字
定 价 96.00 元

编著委员会

前言

2015年9月，中共中央、国务院将“完善污染物排放许可制”纳入《生态文明体制改革总体方案》，排污许可制度改革全面启动，并逐渐成为我国固定污染源环境管理的核心制度。

为支持排污许可制度的改革和完善，生态环境部（原环境保护部，下同）开展了大量的国际合作交流与培训。自2016年起，一方面，生态环境部门通过“走出去”“请进来”的方式深入学习和借鉴国际经验，及时并针对性地解决排污许可制度的顶层设计、与其他环境管理制度的关系、最佳可行技术、证后监管等问题。截至2019年年底，生态环境部派出10余个出访团组前往美国、德国、法国、澳大利亚等国，交流学习其排污许可管理制度和经验。出访团组成员单位包括生态环境部以及生态环境部环境与经济政策研究中心、生态环境部环境工程评估中心等 7 个直属单位[①]，上海市、山东省、广东省等 11 个[②]地方生态环境主管部门和有关单位，出访总人数达 70 余人次。另一方面，生态环境部还通过多种资源渠道邀请美国、欧盟等国家和地区的专家来华，就排污许可国际经验进行交流和培训，培训人员近千人。

国际排污许可制度有其历史背景及演变过程，有些地方与中国的做法可能不一样，但其中需要借鉴、参考的地方还有不少。这些出访交流和培训为我国排污许可制度的完善提供了及时并有效的支持，发挥了积极的作用。它们具有以下几个特点：一是直接服务决策和政策制定。参加出访和培训的人员都是直接参与排污许可政策制定及实施的人员。出访和培训交流不仅使他们对国际排污许可的总体概况有了具体了解，而且培训设计目标明确，内容专门针对我国在排污许可制度中亟须解决的问题，如排污许可制度与其他环境管理制度的关系、分类分级管理、监督执法等具体问题。目前培训交流的相关内容已被纳入《排污许可管理条例（草案征求意见稿）》。二是提升了相关人员的业务能力。通过出访和培训交流，我国相关人员得以及时、直接、准确地了解了发

① 具体为生态环境部环境应急与事故调查中心、中国环境科学研究院、生态环境部环境与经济政策研究中心、生态环境部环境保护对外合作与交流中心、生态环境部华南环境科学研究所、生态环境部环境规划院、生态环境部环境工程评估中心。

② 具体为河北省、内蒙古自治区、上海市、山东省、湖南省、广东省、海南省、重庆市、贵州省、陕西省、青海省。

达国家和地区污染物排污许可的制度框架、管理体系、监督执法情况，掌握了较翔实的排污许可制度实践，通过面对面交流和“眼见为实”的方式大大提升了我国排污许可管理和研究人员的能力。三是组织排污许可的专门出访和专题培训交流。充分体现了我国以国内环保工作为核心的国际环境合作思路，充实和丰富了国际环境合作内容，加强了国际沟通和联系。

这些出访交流和培训当时大都形成了相对完整的报告，现将其中 10 篇出访报告和 5 篇研究报告汇编成册，以展现国际排污许可制度的第一手资料及对我国相关政策的影响。为增强报告的可读性，我们按照内容将 15 篇报告分为排污许可制度框架、管理要素全覆盖许可管理、排污许可证后监管执法和技术支持三大部分，同时略微删除了出访报告中与排污许可关联不大的内容。为保持结构的一致性，我们调整了原报告中的个别题目或一级标题，全部用脚注的形式注明了每篇报告的作者、出访或报告完成时间、来源等信息。为全方位展现政策的发展历程，我们尽可能维持了报告原貌，部分表述或观点可能不完全适用于当下。需要说明的是，因不同报告可能涉及同一个国家的排污许可制度，描述同一政策或事务，可能会存在极少量重复，但考虑到单篇报告的完整性，而且大多表达方式各异，内容相互补充，为此，我们在编辑时予以保留。

考虑到这些材料对我国排污许可制度完善和实施的重要价值和意义，经生态环境部和作者同意，我们将其汇编结集成册。在此特别感谢生态环境部国际合作司等司局的统筹和大力支持！非常感谢编写出访报告和研究报告的各位作者。感谢美国环保协会为此书出版提供资金支持。感谢欧洲环保协会、美国环境法研究所和美国瑞生律师事务所等机构的大力支持。感谢中国环境出版集团宾银平的辛苦工作。本书由生态环境部环境与经济政策研究中心吴舜泽组织，李丽平、李媛媛具体整理、校阅。

目录

第一篇

排污许可制度框架

第一章　美国排污许可制度框架、管理经验及对我国的建议[①]

受美国环保局（EPA）邀请，2018 年 11 月 25 日—12 月 8 日，我们赴美国执行“排污许可环境管理培训班制度设计专题培训”，重点就美国水排污许可制度、大气排污许可制度、固体废物排污许可制度以及许可证执法、公众参与和相关信息、平台建设等内容进行了学习和交流。

一、培训基本情况

本次培训采取相互介绍、共同研讨、现场考察等方式，共计举办了 27 场专题报告和 3 个企业的实地考察。27 场专题报告中中方 4 场、美方 23 场，美方主讲人（主要为政府官员）达 30 余人，授课地点主要在 EPA 总部、EPA 第 9 区区域办事处及马里兰州、加利福尼亚州等地方环保局的机构内。美方的讲座内容涵盖了美国水排污许可制度、大气排污许可制度、危险废物排污许可管理以及许可证执法、公

① 2018 年 11 月 25 日—12 月 8 日，中方代表团赴美国参加“排污许可环境管理培训班制度设计专题培训”，出访团组成员有：生态环境部汪键、童莉、詹志明、刘伟，生态环境部环境工程评估中心吕晓君、陈爱忠，河北省生态环境厅曹子洲，上海市生态环境厅潘宏杰，广东省生态环境厅葛奕，陕西省生态环境厅赵瑞。

众参与和相关信息平台建设等内容。

围绕企业按证排污、企业自证守法等有关要求，本次培训参观了美国具代表性的工业废水处理厂（Clean Harbors of Baltimore）、生活污水处理厂（DC WATER）和建筑垃圾回收利用处理厂（Zanker），分别就企业申请和执行排污许可证情况、自行监测情况以及接受环保管理部门的检查情况进行考察交流。

二、美国水排污许可制度

（一）法律体系概述

美国1972年发布的《清洁水法》（Clean Water Act，CWA）提出建立国家污染物排放消减制度（NPDES）许可证项目，要求任何向联邦水体排放污染物的点源均需获得许可证，首批纳入排污许可管理的是常规污染物。1977年，《清洁水法》修正案将有毒有害污染物纳入控制清单；随着许可证制度的日趋完善，许可证管理范围逐步扩大，例如在1987年增加工业和市政暴雨径流，1990年增加规模化畜禽养殖场，1999年扩大暴雨径流管辖范围。从1999年开始，实施日最大负荷（total maximum daily loads，TMDL），即在满足水质标准的前提下所有向河流排放污染物的点源日最大排放量。

（二）许可证的分类与主要内容

1. NPDES许可证分类

NPDES许可证分为两类，即个体许可证（individual permits）和一般许可证（general permits）。EPA每年受理的个体许可证约4.95万张，受理一般许可证约95万张。个体许可证是适用于单个设施的专门许可证，包括绝大多数工业设施和污水处理厂，它针对该设施的具体特征、功能等规定特别的限制条件和要求。根据污染行为、污染物排放情况、排放去向及受纳水体情况，确定个体许可证中的相关条款，对于被许可人而言是特定的、量身定做的，有效期一般不超过 5 年。一般许可证适用于一定地理区域内具有某种共同性质的排污设施，如雨水点源、相同或实质上相类似的行业设施、排放同类污染物或从事同类型污水处理处置活动的设施等。与个体许可证不同，一般许可证是针对那些可以使用通用排污处理设施的企业，可直接用格式化模板编写与发放许可证，主要通过控制污染防治措施减少污染物排放，有利于提高管理效率，降低许可证收费额度，数量往往多于个体许可证。

2．NPDES 许可证内容

通常 NPDES 许可证至少要包含基本情况、排放限制、监测和报告要求、其他管理要求及通用条款（重点阐述法律、管理和程序性方面要求）五个部分。在发放 NPDES 许可证的同时，配套发布编制说明（fact sheet），说明许可证各项内容确定的背景及依据，包括背景信息、许可限值确定说明、监测和报告要求、其他许可条件、公众参与过程及附件等内容，由许可证编写者编制并在网站公开。

（三）许可限值的确定

排污许可证撰写员是确定企业许可限值的第一责任人。确定许可限值有两种方法：一是根据可行技术确定；二是根据水环境质量要求确定。

采用可行技术确定许可限值时，撰写员首先要熟悉行业的各类可行技术要求，EPA 有专门的专家委员会负责可行技术相关标准的制定，出台排放限值标准，目前已经对 58 个行业制定了相应的标准。理论上如果没有行业标准，撰写员可以自己定，但是这种情况很少。

当根据第一种方法确定的限值不能满足所排放水体的水质功能时，则需要考虑采用根据水环境质量要求确定许可限值的方法。这种方法又分为两种情况：第一种情况是水体现状已经超标，则在确定许可限值的时候，要求废水的排放不得引起水质的进一步恶化，EPA 要求对这些超标水体制订一个水质改善计划，即 TMDL 计划，确定可排入该水体的 TMDL，并将每天的总量分配给所有排放源，NPDES 许可限值的确定应该满足 TMDL 计划的要求；第二种情况是水体现状达标，则要求许可排放限值不得引起水体超标。撰写员需要对水系进行定性分析，同时需要进行水质模型模拟，明确排放是否会导致水体超标，如果可能导致超标，则需要对许可限值进行调整。

TMDL 计划是《清洁水法》303D 条款中要求州政府对超标水体必须制订的一项工作。目前全美已经做了 7.5 万个 TMDL 计划，正在做的还有 4 万个，每一个 TMDL 计划的实施周期一般是 8～13 年，美国尚未对 TMDL 计划的实施效果进行评估。TMDL 计划的制订流程一般包括以下几个步骤：①收集数据，包括监测数据、GIS、气候数据、流域数据；②确定目标，通常要结合问题清单中提到的主要问题来确定；③确定源项和负荷，包括所有排入流域的废水污染源，如农业、工业、生活等，也包括已经有 NPDES 许可证排污单位的污染源；④数值模拟，明确源与环境质量的关系，分析针对不同负荷水环境质量的反应；⑤分析程序，确定分析方法（水体性质、污染时间和范围、污染源性质、水质标准要求、可获取的数据和信息、经费等）；⑥选择模型工具，EPA 公布不同的模型供各州使用；⑦具体计算，首先进行模型校准和验收，然后明确可削减的污染物，定义削减目标；⑧总量分配，根据污染源性质（点源还是非点源）、可控性（监管部门）、经济成本、减排效果、确保达标、所有利益相关者的目标进行分配；⑨指标确定，包括每天的总量、毒性单位、排放的能量（如温度）和其他事宜的指标；⑩TMDL 计划的实施，包括点源必须按照许可证要求实施，非点源则采用争取联邦赠款支持等方式来实施；⑪公众参与，公众可以全过程参与 TMDL 计划的制订。

（四）NPDES 许可证管理程序

美国的 NPDES 许可证管理制度没有建设前需取得许可证的要求，企业在运行并产生实际排污行为之前 6 个月开始申领 NPDES 许可证，但是对于施工期的废水排放需要申请 NPDES 一般许可证。

关于发放权限。原则上，NPDES 许可证全部由 EPA 负责。EPA 根据管理能力，授权州发放许可证，并与授权州签订备忘录，包括许可证发放程序、许可要求、监管计划及人员配置、资金使用等内容。目前，EPA 已经对 47 个州进行授权，仅有 4 个州尚未得到授权。尚未得到授权州的企业，其许可证应当向 EPA 进行申请。目前 EPA 共有许可证撰写员 50 多人，每年撰写许可证约 1 000 个，平均每人每年撰写 10～20 个。

关于发放程序。申请者在网上填写申请表格并提交给环境管理部门；许可证撰写员根据申请者提交的信息和现场检查情况，起草许可证草案以及编制说明，并向公众公开；EPA 书面回复公众意见，可基于公众意见对许可证做出修改；发放 NPDES 许可证。

关于有效期。NPDES 许可证有效期为 5 年，到期前 6 个月申请更换许可证。

三、美国大气排污许可制度

（一）法律体系概述

《清洁空气法》（Clear Air Act，CAA）是确立大气排污许可制度

（1990年）的基本法律依据，涉及排污许可证的分类、申请核发程序、公众参与、执行与监管、处罚等具体要求。该法律内容翔实，类似于我国法律、法规及部门规章的综合体。《清洁空气法》下面是联邦法规（Code of Federal Regulations，CFR），CFR规定了排污许可的具体流程，以及排放标准、最佳可行技术等技术层面的内容，形成了美国大气排污许可制度的基本法律框架。

《清洁空气法》中的Title Ⅰ和Title Ⅴ分别规定了大气建设前许可证和运营排污许可证的法律定位，其主要内容包括定义、申请程序、相关要求及条件等。在满足联邦层面法律法规基本要求的前提下，各州可制定自己的法律，将联邦要求落实在各州层面。例如，加利福尼亚州结合区域大气环境质量不达标的现状，提出在核发排污许可证之前，需要进行环境质量审核（CEQA）；马里兰州和加利福尼亚州则通过州法律法规提出更加严格的要求，企业必须按照最新法律法规要求进行排污，从而弱化了排污许可证是企业“盾牌”的作用。

（二）大气许可证的分类与主要内容

1．分类

美国的大气许可证分为大气建设前许可证和大气运营许可证。

根据排放源污染物的年排放量是否超出法律规定的阈值，大气建设前许可证又分为重大源建设许可证和非重大源建设许可证，其中重大源建设许可证在达标地区称为防止重大恶化许可证，在不达标地区称为不达标地区新源审查许可证。这种许可证类似于我国的环境影响评价，但是美国只是大气管理有这一类许可证，在水和固体废物方面则不需要申请建设前许可证。

大气运营许可证是指重大工业排放源或某些特定排放源在运营前必须取得的许可证。运营许可证是把污染源需要遵守的所有法律法规要求及大气建设前许可证条款归纳汇编到一个具有法律约束力的文件里，目的在于更容易地遵守和执行所有相关的大气污染法律法规和大气建设前许可证条款要求，具体包括适用的法律法规、污染物排放标准、污染物排放控制技术、许可排放限值、许可排放条件、运行操作、监测、记录和报告等。

2．主要内容

大气建设前许可证结构内容主要包括：通用条款（所有大气建设前许可证都适用的内容）、特别条款（针对具体项目适用的许可条款）、各个排放源各类污染物的允许最大小时及年排放速率、附件。

大气运营许可证结构内容主要包括：基础声明、适用的全部排放限值与标准，关于监测、记录与申报的相关要求，合规执行计划，关于年度合规认证的要求，关于申报许可证条目执行偏差的要求。

（三）大气许可制度管理程序

一般来说，大气许可证发证流程分为 5 个阶段，即申请阶段、起草阶段、许可证草案公众参与阶段、许可证草案审查及最终许可决定和公众参与回复的发放阶段、许可决定的上诉阶段。

大气建设前许可证有效期一般为 10 年，大气运营许可证有效期一般为 5 年。

四、美国固体废物排污许可制度

（一）法律体系概述

美国的固体废物指的是废弃材料，其定义较为广泛，包括餐厨垃圾（garbage）、毫无用处的垃圾（refuse）、破碎的垃圾（rubbish）、污水处理厂污泥（sludge）、供水处理厂或大气污染控制设施的淤泥（Silt），以及其他废弃材料（来自工业、市政、商业、采矿和农业过程以及社区和机构活动的固体、液体、半固体或气态物质）。

《资源保护和恢复法》（Resource Conservation and Recovery Act，RCRA）是美国固体废物管理的法律基础，颁布于 1976 年 10 月，之后又分别在 1980 年、1984 年、1988 年、1996 年进行了四次修订。该法是以 1965 年的《固体废物处置法》为基础，将 1970 年《资源回收法》及 1976 年《固体废物处置法》两项法律相结合的立法。其目的是保护公众健康，防止环境污染，同时最大限度地回收和利用废弃物中的能源和资源。

根据 RCRA，EPA 于 1980 年颁布了《危险废物条例》，明确了固体废物和危险废物收集、储存、运输和处置等的系列规定，并对危险废物建立了“从摇篮到坟墓”（cradle to grave）的全面管理体制。

美国各州在贯彻联邦立法的前提下，可以根据各自情况制定适合本州的地方性法规，采取相应的管理措施。例如，加利福尼亚州从 2006 年开始全面实施《普通有害废弃物法》，不准在垃圾填埋场填埋电池、荧光灯管以及含电子元件和水银的恒温器。

（二）固体废物许可证的分类与管理方式

美国对固体废物采取分类、分级、全过程管理的方式。

1. 分类管理

根据理化特性（可燃性、腐蚀性、反应性、毒性）可以将固体废物划分为危险废物（hazardous solid waste）和一般固体废物（non-hazardous solid waste），划分方法在 40 CFR 261.3 中有明确定义。对于危险废物采用清单管理（the subtitle C-hazardous waste management），在清单中的固体废物都是危险废物，其他固体废物需要通过鉴定来确定是否为危险废物。

2．分级管理

危险废物由 EPA 负责管理，制定相应的法规、标准，授权具备条件的州政府具体实施并提供资金支持（如马里兰州约 200 万美元资金预算中的 75%来自 EPA），目前仅有 2 个州由 EPA 直接负责核发许可证。各州可以制订更严格的法规和计划（如加利福尼亚州将废油、印制电路板、石棉纳入危险废物管理），负责具体实施许可证核发和管理，开展独立执法，并每半年向 EPA 汇报工作进展情况。EPA 各大区分局对区域内各州的工作开展监督指导和抽查考评，考评结果与 EPA 资金支持挂钩。一般固体废物由州和地方政府作为规划、管理和实施的主体，EPA 通过培训班和出版物向这些州和地方机构提供信息、指导、政策和规章，以帮助地方在处理固体废物的问题上作出更好的决定。

3．全过程管理

美国对危险废物的产生、运输、处理处置等各个环节全过程建立了完整的管理体系。

一是产生环节。危险废物产生单位必须鉴别其废物的类别，按要求委托有资质的单位进行外运处置。按照危险废物产生量，美国将危险废物产生单位分成大、中、小型三类，产生量超过 1 000 kg/月的为大型危险废物产生单位，全美约有 2 万家；产生量在 100～1 000 kg/月的为中型危险废物产生单位，全美有 23 万家；产生量不到 100 kg/月的为小型危险废物产生单位，全美有 45 万～70 万家。危险废物产生单位应每两年申报一次危险废物产生量，EPA 汇总后将信息在网上公开。

二是运输环节。危险废物运输单位必须具有环保部门统一的识别代码，按照环保和交通部门的要求，将危险废物送往指定的储存或处置设施，采用清单制度对各环节进行监管，目前已实现了电子化。

三是处置环节。危险废物处置通过排污许可证的方式进行管理。一般情况下，危险废物的处理、储存和处置单位都需要取得排污许可证，从危险废物中回收能源也需要许可证。特殊情况下不需要许可证，如在产生单位的储罐或容器中储存危险废物时间小于 90 天、在全封闭式处理设施处理危险废物。危险废物处理、处置设施在建设之前必须获得相应的许可证，类似我国的危险废物经营许可证和环境影响评价的合体。

（三）基于 RCRA 的危险废物许可证管理

1．许可对象

从事危险废物处理、储存和处置的单位都需要在建设前取得危险废物许可证。目前，全美约有 1 500 家单位获得了危险废物处置许可证。

2．许可期限

EPA 规定危险废物许可证有效期不得超过 10 年，各州可以制定更严格的法规，将许可证有效期进一步缩短，如有些州缩短至 5 年。

3．许可内容

危险废物许可信息包括设施所有者/运营商标识和位置、管理计划（废物接收/识别计划、检验计划、应急和溢漏预防计划、工作人员培训计划）、工程计划和规格（单元类型、地质报告、一般工程报告和具体单位要求）、关闭计划、关闭后计划和财务保证。其中，单元类型包括集装箱存储单元、罐、容器建筑物、废物堆、土地处理单元、垃圾填埋场、地面蓄水池、燃烧单元、杂项单元等；关闭计划必须详细说明设施如何计划关闭废物管理设施（而不是整个工厂），包括基于第三方在最昂贵条件下执行关闭的所有成本估算；关闭后计划

（对适用的处置单位）须详细说明设施如何维持关闭的处置单位；财务保证按照基于第三方在最昂贵条件下执行关闭后操作至少 30 年的成本进行估算，以信托等形式进行担保，并购买意外险。

4．许可流程

危险废物许可流程包括：企业申请前公开、提交申请、环保部门行政审查、技术审查、编写许可证草案、公众参与、签发许可证。

整个审核时间没有具体规定，通常为 2 年左右，其中公众参与占较大比重。企业申请前公开需要召开预备会与公众沟通，许可证草案需要公开征集意见 45 天，公众意见需要一一回复，并不断修改许可证，重大修改需要再次征求公众意见，直到公众满意。若公众对终稿仍然不满意的，也可以通过司法程序进行诉讼。

企业可以委托第三方进行许可证申请，其费用取决于危险废物处理方式及其实施难度，EPA 不收取申请费，但是在有些州需要缴纳申请费，如北卡罗来纳州，危险废物存储收费 1.4 万美元，填埋收费 2.7 万美元，处置收费 3.5 万美元。

五、美国排污许可证实施与监管

在排污许可证实施和监管阶段，固定源需要依照核发许可证中载明的条款要求开展日常环境管理工作，配合环保部门进行材料审查、现场检查等活动，提供守法证据。州和地方环保局则根据合规监测的相关规定对固定源进行有效监管，并在发现违反许可证要求时开展执法行动，按照规范要求进行相应处罚，确保固定源连续达标且合规排放。EPA 的主要职责就是制定许可证的具体实施法规和条例以及执法规范和指南，监督各州和地方环保局落实许可制度的执行。

（一）企业是许可证实施的主体

企业在获得排污许可证之后，需要做好以下三个方面的工作。

一是监测。企业在运行过程中，必须按照排污许可证的要求对监测做全程记录。监测包括排放量的计量以及污染物排放浓度的监测。企业的监测数据不需要上传给环保部门。

二是记录。企业应该如实记录污染物排放量及污染物排放浓度，同时还应记录社会投诉及处理情况。自行记录会随企业的报告交上去，记录的报表格式在排污许可证中会有说明，每个企业的报表是不一样的。

三是报告。定期提交监测报告和记录信息（过去采用纸质报送形式，近期改成电子签名报送）。同时企业的记录信息还应该定期向公众公开，接受公众的审查评议。企业监测报告可以在 EPA 在线执法和守法数据库（Enforcement and Compliance History Online）网页（http：//echo.epa.gov）中查到。

（二）许可证守法与执法

美国环境监管始终包含了两个方面，即执法与守法（enforcement & compliance）。这一理念基本贯穿了环境管理的始终。而环境守法主要包含了两个方面：一是环保部门高度重视环境守法的管理和推动，检查员现场检查时不仅对企业实施检查问题、发现问题，同时也对企业提出的困惑、疑难等问题负有答疑解惑的责任，帮助其提高守法的水平和能力；二是将信息公开作为推动守法的重要手段，几乎出现在环境管理的各个环节，与环境管理有关的信息、数据、过程等均能从政府网站等公开的地方查询检索，从而真正实现环保决策、管理的公开、透明。这一管理思路，虽然在一定程度上影响了执行过程的效率，但也避免了管理的不确定性，保证了决策的公平、公正。

由于受执法人员少、精力有限等因素的制约，也并不是对每次的违法行为都进行执法行动，通常政府环保部门把工作重点放在重点行业和重点区域进行执法。不同的法律中对于执法的启动也有相应的要求，如《安全饮用水法》采用的是打分系统（是针对企业的），《清洁水法》则采用的是连续 2 个季度超标需要启动执法。

以 EPA 第 9 区废水许可证情况执法为例，第 9 区有许可证检查员（执法人员）80 人，其中管理水排污许可证的是 7 人，这 7 人共管理水排放口 50 个。加利福尼亚州还有其他废水排放口 450 多个，按照美国合规监测战略，通常对于大的排污设施是每 2 年执法 1 次，小的排污设施是每 5 年执法 1 次。其他的预处理项目（工业设施排入下水道）则由城市执法部门管理，EPA 只监督，不直接执法。

（三）执法结果

环保主管部门若发现企业有违反排污许可证规定的情况，按情节严重及先后次序，可采取行政命令、民事处罚、刑事处罚三种方式进行惩罚。行政命令的形式包括非正式通知、行政守法令和行政罚款令；民事处罚以罚款为主；刑事处罚则分为罚金、监禁、监禁并罚金等形式。其中，行政命令可以直接下达，民事处罚和刑事处罚需向当地法院申请。处罚额度依据为是否提前告知违法、违法企业规模、对企业的经济影响、违法历史及性质、持续时间及其他企业类似违法情况等不同情况确定惩罚额度。

美国环保部门对企业的监管目的主要是促进合规运行，处罚相对谨慎。对于企业自行报告的违法行为（如超标排放）不会每次都进行处罚，有时候 1～2 年才会进行一次罚款，且环保部门对企业的罚款是相对较低的。以马里兰州 2017 年危险废物许可证执法情况为例，共对157个设施进行了现场检查，抽样比大约为全州设施的2%；共发现29个严重违法行为，52个轻微违法行为，做出150个处罚（含跨年处罚）；大部分处罚通过罚金解决，全年的罚金总计48 067美元；有35个设施采取了执法行动并移交司法，其中有1个设施进行了刑事诉讼。除罚款之外，也可以要求企业开展改善环境的措施抵消罚款。为鼓励对违法情况的自我报告，具体执法过程中，EPA还设置了一些激励政策，对于主动报告属于非强制性要求上报违法行为的企业，给予全部或部分处罚减免。美国法律中对虚假报告等程序违法规定了严厉的惩处措施，从动机上减少了以掩盖超标排放为目的而虚假报告的违法行为。

六、美国固定污染源管理信息化建设

（一）建设背景和目标

EPA面临的主要问题和困境是：环保法律越来越多，受监管的企业排污行为越来越多，而社会公众越来越希望从网上获取更多企业排污信息；EPA有很多信息化系统，与我国相似也处于独立和分散状态。此外，与我国"一证式"管理不同，美国根据不同的法律授权，对排污企业采用"多证式"管理。由于不同的排污许可证管理依据不同的法律，在不同的阶段建设，同一个企业在不同的信息系统有不同的表达。环保监管者非常希望能够针对企业的每一个排污行为进行管理或监督。

因此，从2002年开始，美国开始建设在线监管执法系统（Enforcement and Compliance History Online Targeting and Analytics，ECHO），该系统整合了EPA和各州现有的空气、水、固体废物、饮

水等执法信息，同时补充了危险化学品排放清单、人口普查、其他排放清单、水环境质量数据、空气环境质量数据。EPA 建立了设施登记系统，对来自不同数据系统的不同表达进行关联整合。由联邦、各州、地方政府将各自的数据输入 ECHO，企业可直接通过该系统输入自己的数据。2013 年，该系统进行了更新改版（http：//echo.epa.gov，见图 1-1）。ECHO 的目标将依据不同法规开展的水、气和固体废物等多证管理的数据整合在一起，并进一步与环境质量监测数据、敏感目标进行整合，利用大数据、机器学习等技术发现最严重的违法事件，促进公众参与，更好锁定问题企业，全面提高决策能力，并将相关信息根据需要向国会和公众提供，来满足国会、媒体、联邦宏观监督管理、信息公开的要求。

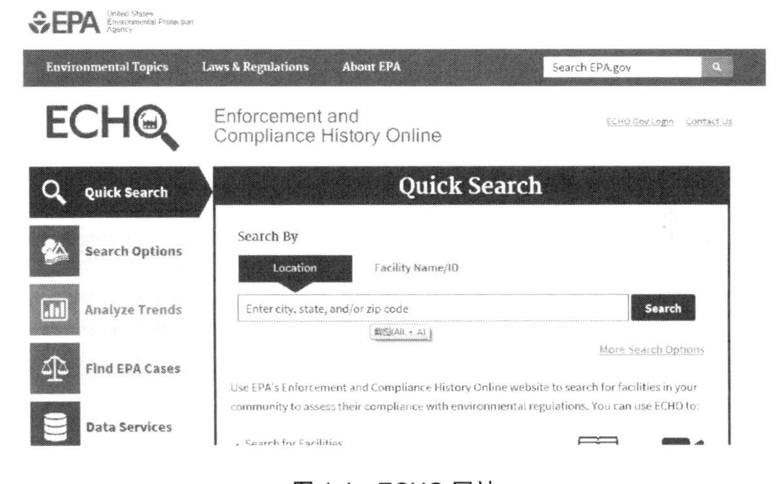

图 1-1　ECHO 网站

（二）核心功能

1．实现信息统管

目前，美国纳入 ECHO 进行监督管理的大型设施有 16 000 个主要空气固定污染源、7 000 个主要直接排放水污染源、29 000 个危险废物的处理、储存和处置设施、1 105 个服务于 10 万人以上的水系统；监督管理的较小设施有 124 000 个小型空气固定污染源、4 300 个小型直接排放水污染源、169 000 个危险废物生产者、419 723 个服务于 10 万人以下的水系统。

2．辅助环境执法

ECHO 主要提供基于地图的设施查询、识别违规、发现报告作假等功能。嵌套企业环境行为打分系统，协助环保部门更加有效地锁定环境管理中应该关注的区域及重点企业。利用大数据和机器学习技术建立模型，对企业数据异常和违法行为进行预测，防止数据欺骗，包括谁对合规监测数据进行访问和审核、从数据中发现可疑违规行为、对应当采取什么样的措施进行执法提出建议等。典型的数据统计见图 1-2。

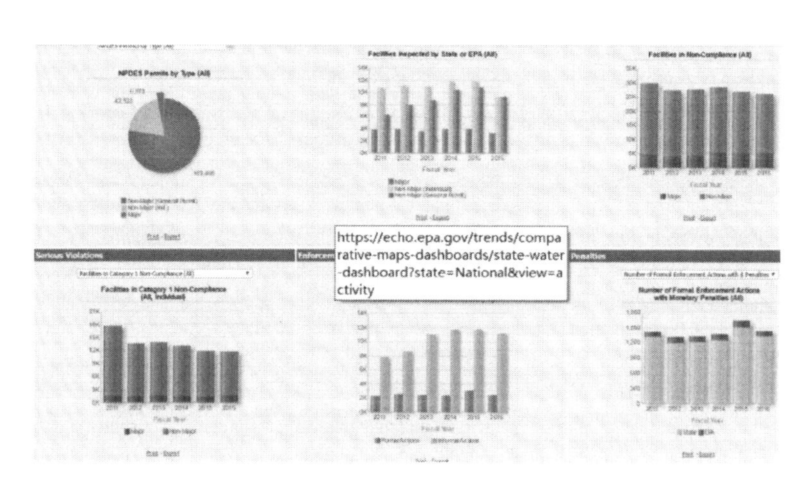

图 1-2 ECHO 典型数据统计结果

3．方便公众获取信息

ECHO 设有公众端，该系统主要提供基于地图的设施查询，用户可以根据州、城市、邮政编码或者设施 ID 寻找设施、调查污染源、EPA 刑事及民事执行案件搜寻、检查和创建与执行相关的映射、分析遵守和执行数据的趋势等内容（具体见图 1-3）。

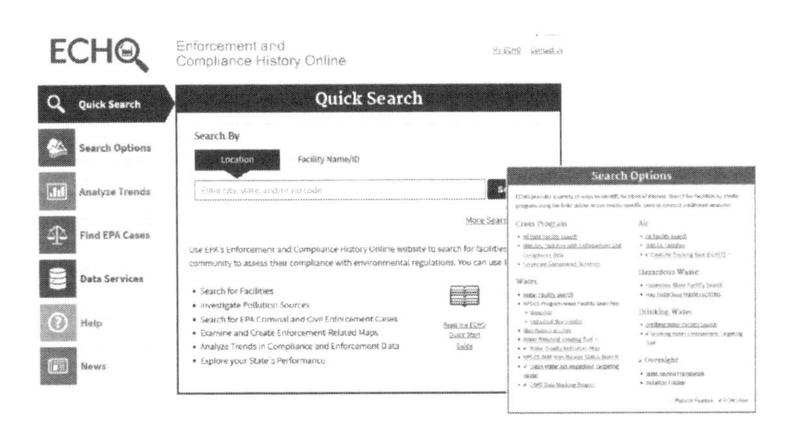

图 1-3　ECHO 中公众查询系统

七、完善我国排污许可制度的几点建议

（一）要有制度定力和制度自信，坚定不移地实施排污许可“一证式”管理

美国采用多证式的管理，水、大气、固体废物等各个条线都井井有条，发证、执法体系较为健全，但条线之间独立性较强，许可证办理和管理要求各有不同（如大气执行报告每年 1 次，水执行报告每半年 1 次，固体废物执行报告每季度 1 次），缺乏统筹协调，对企业造成不小的负担和困扰。例如，加利福尼亚州 Zanker 建筑垃圾回收利用处理厂的讲解人员在谈到环保许可证的数量时表示“太多了，记不清有多少”，经与 EPA 第九区环保部门核实，该企业共办理了 26 张

许可证，办理周期近 10 年。该企业在美国另一州花费了 1 000 多万美元用于办理许可证，结果却未能通过审批，导致项目无法开工建设。美国排污许可的多证式管理模式已经固定，无法重启，而我国的排污许可制度正在蓬勃发展，不断完善。坚持“一证式”的管理模式，统筹融合各项环保监管要求，有利于进一步提高监管效率、优化营商环境，促进生态文明改革。

（二）逐步建立企业信用体系，推动企业自证守法，夯实企业主体责任

在美国社会诚信体系建设完备的前提下，企业守法意识水平高，虽然个别企业也出现申报数据异常（部分数据显示在超标限值附近，有造假嫌疑），但总体而言，企业能主动遵法守法，积极配合执法部门现场执法。企业自身监测数据可作为环境执法的依据，环保部门进行环境执法时是以帮助企业达标为主要目的，通常会与企业一起查找原因并实施整改，促进治污减排。因此，在我国推动许可制度实施的过程中也应逐步建立企业“自证守法”体系。环保部门核发排污许可证以集合对企业守法的管理要求，细化企业的信息报告责任，逐渐建立一套针对企业排放信息的报告、检查和追责体系，确保企业实际排放和环境管理信息的真实性和准确性，为环保监管机构建立一套可用于决策的排放源数据。

（三）用好信息化、智能化手段，通过大数据管理实现“弯道超车”

我国的排污单位面大量广，环保工作负重前行，要建设环保铁军，必须装备升级，提高效率。例如，2013 年，EPA 更新改版后的 ECHO，除了将水、大气、固体废物等各条线的信息进行整合，实现一个平台

统一查询以外，还被赋予了丰富的环境管理决策辅助功能，可以按照企业上报信息自动判断企业是否违反法律法规要求；可以将污染源超标信息与环境执法信息进行对比，判断地方环保部门监管工作落实情况；可以结合水环境质量监测信息，筛选主要监管区域和重点行业；可以结合大气环境监测与气象信息，对某次特征因子超标现象进行溯源，强化执法针对性；可以通过大数据分析，判断企业是否有自行监测弄虚作假的嫌疑；可以将数据按照 15 种视觉化工具进行展示，优化分析报告的编制。该平台在进一步方便公众了解环境信息、督促企业落实环境责任的同时，更为政府部门环境政策的科学决断提供了有力支撑，值得我们学习借鉴。

第二章　欧盟排污许可制度立法经验[①]

欧盟的综合排污许可制度与我国的排污许可制度最为相似，尤其值得我国借鉴。本研究主要梳理了欧盟排污许可制度相关的法律法规和工业排放监管的法律依据，希望为我国提供参考。

一、欧盟环境排污相关法律概述

欧盟是由 28 个主权国家组成的超国家组织，这 28 个欧盟成员国也是联合国会员国。这些国家将部分国家主权让渡给欧盟，其中包括环境相关事宜的主权。成员国和欧盟之间的关系遵守授权原则和辅助

① 该报告撰写时间为 2018 年，由西英格兰大学教授、前英国环境署工业污染排放司司长 Martin Bigg，英国伦敦大学客座教授、前欧盟环境总司法律总顾问 Ludwig kramer，中欧环境治理项目环境专家黄雪菊共同撰写。排污许可制度为中欧环境与绿色经济合作项目的重点研究领域之一，该项目由生态环境部环境与经济政策研究中心与欧洲环保协会共同开展。本研究旨在收集中欧双方在排污许可制度领域的经验教训与最佳实践，邀请了欧方专家就欧盟排污许可制度立法经验进行了详细研究，希望为我国排污许可制度的完善提供经验借鉴。

性原则[①]。但原则尤其是辅助性原则的应用，有时会引发欧盟内部机构之间激烈的讨论，决策也会受到政治因素的影响，所以最后的决定并不一定总是最合理、最具实操性、在经济或环境层面最可行的方案[②]。

1958 年《欧盟条约》的签订标志着欧盟前身——欧共体（EEC）的成立。但条约中并没有任何关于环境、环保以及环境政策的条款。20 世纪 70 年代中叶，欧共体开始通过限制排放（discharge/emission）[③]进行环境立法。当时，立法讲求实效，因此，并未对水、土壤和大气污染排放制定统一的概念，也没有综合许可的概念。欧盟立法也没有明确区分水、土壤和大气污染排放，而是用一部立法[④]治理不同的环境污染物排放[⑤]。

（一）排放水污染物

20 世纪 70 年代中叶，欧盟在开始针对环境问题立法时，很多成

① 《欧盟条约》第 15 条规定：“联盟的管辖权受到授权原则的限制。联盟管辖权的运用受辅助性原则和相称性原则的约束。1. 根据授权原则，欧盟成员国应在条约赋予其权限范围内行事，以实现其中设定的目标。在条约中未赋予欧盟的权限仍由成员国承担。2. 根据辅助性原则，在不属于其专属权限的领域，只有在成员国无法在中央、地区或当地充分实现拟议的行动目标的情况下，欧盟才应采取行动，或者因为在欧盟层面上可以在规模和效果上取得更好的结果。欧盟各机构应根据关于辅助性原则和相称性原则的《协议》应用辅助性原则。各国议会确保根据该协议规定的程序遵守辅助性原则。3. 根据相称原则，欧盟行动的内容和形式不得超过实现条约目标所必需的内容和形式。欧盟各机构应根据关于辅助性原则和相称性原则的《协议》应用相称性原则。”

② 欧盟委员会关于制定《土壤保护框架指令》的提案 COM（2006）232 就是一个例子。虽然 20 多个欧盟成员国宣布支持提案，但因为有少数的 6 个成员国反对，提案未能成功通过。

③ 欧盟法律并没有明确区分“（向大气和土壤的）排放”（emission）和“（向水体的）排放”（discharge），对以上两个术语的使用较为随意。同时对“质量目标”“质量标准”或“浓度限值”的使用也很随意，但三个术语都用来表述在水体、土壤和大气中已有或将有的某种污染物的浓度。

④ 详见欧盟指令 92/112。

⑤ 本文小标题对排放水污染物、土壤污染物和大气污染物的区分只是为了厘清不同的治理方法，还需谨慎对待。

员国不愿意接受针对工业设施的措施，理由是工业设施不会扩散污染，属于固定污染源。所以当时成员国（由欧洲经济欧共体理事会采取行动）并没有通过有关减少木材纸浆厂水污染指令的提案[①]。

随着欧洲一系列保护水体不受危险物质污染的地区性公约通过，1976年[②]，成员国终于通过了一部框架性立法（本文简称“指令”[③]），立法监管的是危险物质，并将其分为两类清单写入了“指令”附录。清单1是有毒物质，具有持久性和生物蓄积性等特点，因此“指令”规定欧共体必须在未来出台立法，规定其排放限值和环境质量目标（浓度限值）[④]。清单2中的物质危险性相对较低，所以“指令”规定成员国必须建立并实施相关环境项目，达成环境质量目标。清单1和清单2中的物质必须经过授权方可排放。

清单1列出了八大类有毒物质，随后新增的清单又列出了129种应重点监管的物质[⑤]，接着又通过立法规定了17种物质的排放限值。立法对排污的工业设备和水体性质（如内陆地表水、河口水、沿海水或是领水）作了区分。例如，指令83/513[⑥]就对镉排放作了详细的规定。该指令对锌矿开采、炼铅炼锌、镉金属和有色金属行业、镉化合物、颜料、稳定剂、电池制造业和电镀行业的排放限值进行了设定。“指令”中还有一条脚注要求成员国为其他的工业领域设定排放限值，尤其是生产磷酸和从磷质岩中提取磷元素生产磷肥的行业。

---

① 欧盟委员会提案 OJ 1975，C 99 p.2。

② 欧共体指令 76/464——关于将危险物质排放到水体环境而引发的污染 OJ 176，L 129 p.23。

③ 根据《欧盟运行条约》（TFEU）第288条，“指令”对要实现的结果具有约束力，但把具体形式和方式的选择权留给各国政府。

④ 指令76/464第6条：成员国必须实施污染限值，“除非成员国可向欧委会证明：环境质量达标而且能保持达标”。

⑤ 欧共体1983年2月7日决议 OJ 1983，C 46 p.17。

⑥ 指令83/513——关于镉排放限值和质量目标，OJ 1983，L 291 p.1。

当时，由于环境立法的通过必须取得欧共体的一致同意，所以进展非常缓慢，尤其因为英国反对给工业设施设定排放限值，而偏向于设立环境质量目标。其他成员国也不愿将指令 76/464 写入其国家立法并全面执行[①]。由此，欧共体每年只能通过一部立法来监管清单 1 上的一种物质。截至 20 世纪 90 年代初，指令 76/464 下的立法工作全部搁浅。

随后水政策在新立法的基础上得到了修改，新立法的宗旨是实现优良的水质[②]。立法规定，排放水污染物需要取得许可证[③]，并倾向于通过一个全欧适用的质量目标。立法第 16 条规定：对于重点危险物质，必须设定欧洲水污染物排放的限值，用最多 20 年的时间彻底结束向水体排放重点危险物质的行为。然而，这种方法后来也被搁置了，随后的水立法仅限于针对部分危险物质制定环境质量目标[④]。唯一设定工业设施水污染物排放限值的欧盟立法是工业排放指令 2010/75[⑤]，其中包括焚烧炉（《工业排放指令》附录六第 5 部分）和二氧化钛生产设施（《工业排放指令》附录八第 1 部分）的限值。

（二）排放土壤污染物

欧盟没有关于土壤保护的综合立法。自 1975 年起，欧盟开始推进废弃物立法工作，其中包括废弃物收集、处理和处置的一般规定，

① 1992 年，欧委会在对第 1496/91 号书面问题作答时称，针对成员国未能完全遵守指令 76/464 的情况，已经提起 40 项侵权指控，OJ 1992，C 202 p.7。侵权指控受《欧盟运行条约》第 258 条的监管。

② 指令 2000/60 为欧共体在水政策领域的行动制定了框架，OJ 2000，l 327 p.1。

③ 见指令 2000/60（fn12）第 10 条。

④ 详见水政策领域环境质量标准 2008/105 号指令，OJ 2008，L 348 p.84。

⑤ 工业排放指令（综合污染防控指令）2010/75，OJ 2010，L 334 p.17。

但没有设定排放限值[①]。只有极少数例外，二氧化钛制造业就是其中之一，因为在20世纪60年代和70年代，来自该行业的大量废弃物排入地中海，造成了严重的水污染。于是从1978年开始，欧共体专门针对二氧化钛行业产生的废弃物进行立法[②]，但由于种种政治原因，立法直到1992年才成功通过，包括该行业排放水污染物和大气污染物的限值[③]，并于2010年被纳入工业排放指令2010/75。

指令86/278包含了污水、污泥的质量目标[④]。其中规定，用于农业生产的污泥，其重金属浓度不得超过指令限值。该指令的基础是现行《欧盟运行条约》第192条，同时，《欧洲经济共同体条约》第130条（现为《欧盟运行条约》第193条）则允许成员国禁止将污水污泥用于农业生产，事实上，部分成员国就是这么做的。

（三）排放大气污染物

人类接触空气污染的频率远高于接触水污染，因为人类需要不断地吸入空气。虽然水污染和空气污染对自然环境以及人类健康都会产生重大的影响，但相较于水污染，空气污染对人类健康的影响更为直接。[⑤]因此，欧盟空气污染的立法从一开始就将保护人类健康设为目

---

① 废弃物指令75/442，OJ 1975，L 194 p.23；PCB / PCT处理指令76/403，OJ 1976，L 108 p.41；有毒有害废弃物指令78/319，OJ 1978，L 84 p.43；现在以上这些指令都已无效。

目前，欧盟关于废弃物的立法主要集中在废弃物指令2008/98，OJ 2008，L 312 p.3。指令也不包含排放限值或质量目标。除该指令外，还有针对不同废弃物的立法，如包装垃圾、报废车辆、电气和电子废弃物或采矿废弃物。此外，处理废弃物的垃圾填埋场、焚烧厂和港口接收设施也要受到监管，如废弃物焚烧炉受指令2010/75的监管。

② 二氧化钛工业废弃物指令78/176，OJ 1978，L 54 p.19；另见关于监测和控制此类废弃物排放方式的指令82/883，OJ 1983，L 378 p.1。

③ 指令92/112（fn 4）。

④ 指令86/278，尤其涉及污水、污泥用于农业时土壤环境的保护，OJ 1986，L 181 p.6。

⑤ 《欧盟运行条约》第191（1）条明确规定欧盟环境政策应有助于“保护人类健康”。

标，并根据世界卫生组织（WHO）的建议[①]，在相关立法中设立了二氧化硫、铅和二氧化氮[②]的限值。随着立法的不断更新，针对其他污染因子[③]的排放限值也逐步加入，并且在此过程中一直参考 WHO 的建议。欧盟 2018 年的空气质量限值在指令 2008/50 中有规定，该指令确立了二氧化硫、二氧化氮、氮氧化物、一氧化碳、苯、颗粒物（PM_{10} 和 $PM_{2.5}$）和对流层臭氧的空气质量限值[④]。

空气质量指令明确提到 WHO 观点和保护人类健康的必要性，这一点意义重大。欧洲法院曾判定：由于空气质量指令将保护人类健康作为目标，因此，成员国必须通过专项法律，将每项欧盟指令的要求转化为国家法律；成员国不得通过只包括政府义务的条款[⑤]。出于法律确定性的原因，个人和环保组织有权维护具有法律效力的一般性立法中规定的适用限值；此外，还有权就超标排放的问题向国家法院提出诉讼，要求采取具体应对措施[⑥]。各国政府有义务尽量缩短超标排放的时间，且法院有权监督各国政府是否履行了这一义务[⑦]。

如上所述，尽管欧盟空气质量限值立法主要是出于对人类健康和

---

① 关于二氧化硫和悬浮颗粒的空气质量限值和指导值的指令 80/779，OJ 1980，L 229 p.30；关于铅排放限值的指令 82/884，OJ 1982，L 378 p.15；关于二氧化氮空气质量限值的指令 85/203，OJ 1985，L 87 p.1。

② 关于二氧化硫和悬浮颗粒的空气质量限值和指导值的指令 80/779，OJ 1980，L 229 p.30；关于铅排放限值的指令 82/884，OJ 1982，L 378 p.15；关于二氧化氮空气质量限值的指令 85/203，OJ 1985，L 87 p.1。

③ 详见关于环境空气质量评估和管理的指令 96/62，OJ 1996，L 296 p.55；关于二氧化硫、二氧化氮、氮氧化物、颗粒物和环境空气中铅的限值的指令 1999/30，OJ 1999，L 163 p.41；关于环境空气中苯和一氧化碳限值的指令 2000/69，OJ 2000，L 313 p.2；关于环境空气中臭氧的指令 2002/3，OJ 2003，L 67 p.14；关于环境空气中砷、镉、汞、镍和多环芳烃的指令 2004/107，OJ 2005，L 23 p.3。

最新指令并没有确定空气质量限值。

④ 关于欧洲环境空气质量和清洁空气的指令 2008/50，OJ 2008，L 152 p.1。

⑤ 欧盟法院，案件 361/88，委员会诉德国，ECLI：欧盟：C：1991：224。

⑥ 欧盟法院，案例 C-237/07，Janecek，ECLI：欧盟：C：2008：447。

⑦ 欧盟法院，案例 C-404/13，克莱恩斯，ECLI：EU：C：2013：805。

环境的担忧，相关工业设施排放的立法[①]还有另一个原因和目的：在20世纪70年代末至80年代初，北欧国家（挪威、瑞典、芬兰）以及后来的德国、丹麦和荷兰出现了酸雨问题，森林、湖泊、河流等自然环境遭到了严重的破坏。虽然有人怀疑英国是酸雨污染的源头，但这种怀疑从未得到完全证实。自20世纪50年代以来，英国为了分散空气中的污染物，对工业设施实施“高烟囱政策”。但是，因为德国非常珍视森林资源，所以在1983年，德国把酸雨问题提上了欧共体国家元首和政府首脑会议的议程。大会决定：欧共体应采取有效措施，减少空气污染。措施之一即通过了工厂空气污染指令84/360[②]。虽然该指令并未规定排放限值，但为日后更加详细的立法设定了一个框架，并在附录中列出了19类需要申请经营许可证的工厂。许可证必须基于不致过高成本的最佳可行技术制定。

但后来，指令84/360附录中提到的针对不同工业部门立法设定排放限值的计划并没有实现，最终，欧盟只通过了两项关于大型燃烧厂[③]和垃圾焚烧设施[④]的排放的指令。1996年，综合污染防控指令取代了指令84/360[⑤]。该指令的主要目的在于避免针对不同的工业设施单独发放许可证的情况。新指令规定，排污许可证必须是“综合”的[⑥]，

---

① 对于来自移动源（如机动车辆、机械或船舶）的排放，也设定了合适的全欧排放限值，但这里不对此项立法作讨论，因为不在本次研究范围内。

② 指令84/360，OJ 1984，L 188 p.20。

③ 关于限制大型燃烧厂向空气中排放某些污染物的指令88/609，OJ 1988，L 336 p.1。

④ 关于防止新建城市垃圾焚烧厂空气污染的指令89/369，OJ 1989，L 163 p.32；关于减少现有城市垃圾焚烧厂空气污染的指令89/429，OJ 1989，L 203 p.50；关于焚烧危险废物的指令94/67，OJ 1994，L 365 p.34。2000年，以上指令一起合并为废弃物焚烧的指令2000/76，OJ 2000，L 332 p.91。

⑤ 关于综合污染预防和控制的指令96/61，OJ 1996，L 257 p.26。

⑥ 见指令96/61（fn 34）第7条：“发放许可证综合办法。成员国应采取必要措施，确保在多个主管部门参与的情况下充分协调许可证的条件和程序。保证所有参与该程序的主管部门采取有效的综合方法。”

而且必须基于最佳可行技术。随后指令 2008/1[①]取代了指令 96/61，2010 年通过的指令 2010/75[②]又取代了指令 2008/1，并在其适用领域又整合了之前的几项指令。

为响应国际协议，欧盟还通过了国家排放上限的指令。该指令的现行版本要求欧盟成员国确保空气中的污染物较 2005 年水平[③]降低一定的百分比。这种方法可视为另一种设定环境质量目标的形式，但监测合规是一项复杂的工作，该欧盟法律中并未明确列出 2005 年排放的污染物量，因此，实施起来基本是不可能的。

（四）环境质量目标和排放限值的关系

欧盟开始制定环境法律之后不久，立法机构就意识到环境质量目标与环境排放限值之间可能存在冲突。如果许可证都允许排放污染物，累积排放的污染物可能超过立法设定的质量目标。

为解决这一问题，水政策领域的指令 2000/60 规定：如果现有的水质目标要求采用更严格的排放限值，则必须设定更严格的限值[④]。因此，该指令将水质目标定为限值，排放不得超限。针对空气质量的监管也采取了同样的方法。指令 80/779[⑤]已规定“从某一特定日期起，污染物排放量不可超过限值，成员国必须采取措施遵守限值”。指令 96/62[⑥]第 8 条也再次提出了同样的要求。现行的指令 2008/50 第 22 条和第 24（2）条明确列举出遵守空气质量目标并减少超标排放的措

---

① 综合污染防控指令 2008/1，OJ 2008，L 24 p.8。

② 指令 2010/75（fn 15）。

③ 关于减少某些大气污染物的国家排放的指令 2016/2284，OJ 2016，L 344 p.1。

④ 指令 2000/60（fn 12）第 10（3）条：“如果质量目标或质量标准……要求的条件比应用第 2 款所产生的条件更严格，则应相应地设置更严格的排放控制。”

⑤ 指令 80/779（fn 23）第 3（2）条和指令 85/203（fn 23）第 3（2）条。

⑥ 指令 96/62（fn 24）。

施可包括 “使用工业设备和产品”[①]。必须强调的是，这些措施并未考虑其经济成本：在此之前，欧盟空气质量立法有关遵守空气质量的规定提及了“必须在经济上可行”[②]这一内容，但新的指令 96/62 和指令 2008/50 中并未规定经济可行性的内容。

针对工业设施的立法也指向了同一方向。指令 84/360 称，给工业设施发放许可证前必须确认其遵守现行的空气质量标准[③]。指令 96/61[④]又重申了该规定。现行的指令 2010/75 规定[⑤]：“如果达到环境质量标准的条件比使用最佳可行技术的条件更严格，那么许可证中应包括其他措施……”

欧盟法律针对水污染物排放或大气污染物排放设定的环境质量目标优先于针对工业设施、机动车和其他污染源设定的排放限值。环境质量目标设定是为了保护人类健康和环境，立法机关认为，超环境质量目标排放污染物会让人类健康或环境面临风险；排放限值与人类健康或环境保护并没有直接关系，许可授权给某一个生产经营者的排放量可能很少；然而，如果多个不同生产经营者都得到许可证进行少量排放，累积下来，水体和大气的总体质量将受到非常严重的影响。

---

① 指令 2008/50 第 24（2）条列举了机动车、建筑工程、泊位船舶、工业厂房和产品的使用以及家用取暖。由于指令 2008/50 的基础是《欧盟运行条约》第 192 条的规定，成员国可在国家层面保持或引入更严格的保护措施，参见《欧盟运行条约》第 193 条。这意味着指令 2008/50 第 24（2）条中的列举并不完整，但允许采取其他措施。

② 指令 80/779（fn 23）指示 7；指令 85/203（fn 23）指示 8。

③ 指令 84/360（fn 31）第 4 条第 4 款。

④ 指令 96/61（fn 34）第 10 条。

⑤ 指令 2010/75（fn 15）第 18 条。

（五）欧盟的基础法律

保护环境是欧盟成员国[①]的共同责任（职责）。欧盟环境政策的目标是“高水平保护和改善环境”[②]。

《欧盟运行条约》第 191 条再次规定欧盟环境政策应以实现高水平保护为目标，并在以下方面做出贡献：

①维护、保护和改善环境质量；

②保护人类健康；

③审慎合理地使用自然资源；

④推进国际层面措施，特别是减缓气候变化。

《欧盟条约》第 21 条进一步详细阐述了欧盟政策关于国际层面的内容，条款除其他规定外，要求欧盟应本着消除贫困的主要目标，促进发展中国家的可持续发展，协助制定国际措施，保护和改善环境质量，促进全球自然资源的可持续管理[③]。《欧盟运行条约》第 11 条规定：“环境保护规定必须纳入欧盟政策和活动的定义和实施中，特别考虑到促进可持续发展。”

欧盟环境行动计划对总体的政策目标做出了进一步规定。早在 1973 年[④]就颁布的行动计划直到 1993 年才被欧洲议会和欧盟理事会[⑤]通过，成为具有约束力的决议，决议规定了在计划有效期内，欧盟环境政策的目标、原则和优先事项。当前，欧盟正处在第七个环境行动

---

① 《欧盟运行条约》第 4（2）条。

② 《欧盟条约》第 3（3）条。

③ 《欧盟条约》第 21（2）（d）和（f）条。

④ 第一个环境行动计划（1973—1976），OJ 1973，C 112p.1；第二个环境行动计划（1977—1982），OJ 1977，C 39 p.1；第三个环境行动计划（1983—1987），OJ 1983 C 46 p.1；第四个环境行动计划（1987—1992），OJ 1987，C 328 p.1；第五个环境行动计划（1993—2000），OJ 1993，C 138 p.5；第六个环境行动计划（2002—2012），OJ 2002，L 242 p.1。

⑤ 见《欧盟运行条约》第 192（3）条。

计划周期中[①]。行动计划规定了欧盟在环境政策领域行动的目标、原则和优先事项，但没有包括直接适用的措施；有约束力的措施必须通过欧盟立法的形式采纳[②]。

欧盟环境政策和采取的每项具体措施应基于《欧盟运行条约》第191（2）条规定的四项环境原则，并适用于上述一般性原则[③]，即

①预警原则；

②预防行动原则；

③环境损害应从源头纠正原则；

④污染者付费原则。

欧盟环境法中的原则以指导方针的形式存在，用于解释具有法律效力的条款，原则本身并不是成员国始终要遵守的有约束力的法律依据[④]，根据《欧盟运行条约》第11条的规定，原则适用于欧盟立法的所有领域。

根据欧洲法院的解释，预警原则是指在科学或技术不确定的情况下，政府部门有权采取行动以防止对人类或环境造成伤害。法院规定[⑤]："（T）预警原则的定义是，共同体法律要求相关部门采取恰当措施，预防潜在的公共健康、安全和环境风险的一般原则，而且保护上述利益优先于保护经济利益。由于欧共体机构要负责保护在其所有

---

① 关于到2020年的全面联盟环境行动计划的第1386/2013号决定：尊重地球承受范围的同时保证生活质量，OJ 2013，L 354 p.171。

② 见《欧盟运行条约》第192条。通过欧盟环境立法的程序是《欧盟条约》第294条规定的程序。

③ 见《欧盟运行条约》（fn 1）。

④ 切尔滕纳姆（英国）：《环境法原理》，北安普顿（美国）出版，2018年版。

⑤ 普通法院，案件T-76/00 Artogedan a.o. 诉欧委会，ECLI：欧盟：T：2002：283，第184段。另见欧洲法院，案例C-157/96英国农民联盟，ECLI：欧盟：C.1998：191，第63段和案例C-180 / 96欧委会诉英国，ECLI：欧盟：C：1998：192，第99段："如果对人类健康风险存在与否或风险程度无法确定，各机构应采取保护措施，无须等到风险成为现实或风险程度明显加重。"

活动范围内的公共健康、安全和环境，因此可将预警原则视为上述欧盟条约相关条款衍生的自主性原则，属于约定俗成的案例法，即在公共卫生领域，预警原则意味着如果对人类健康风险或对风险程度存在不确定，可先采取措施，无须等到风险或者严重程度已经全面显现。”

预防行动原则是对预警原则的补充。该原则允许甚至可以要求针对已知的人类健康或环境风险采取行动。欧盟有若干立法的制定都是基于预防行动原则的，例如预防工业事故的指令 2012/19 或指令 2011/92[①]，该指令要求在给某些项目发放排污许可证之前必须先进行环境影响评价[②]。

环境损害（damage）应从源头纠正原则——《欧盟运行条约》第191（2）条的某些版本使用“伤害”（impairment）一词——在欧盟环境法中并不常用，该原则似乎更支持设定排放限值。但是生产经营者通常更倾向于建立环境质量目标而不是设立排放限值，因为环境质量目标的合规不太容易管控，其测量方法和程序不够准确，而且污染源众多，所以很难就一种污染清楚界定是具体哪一方的责任。该原则允许立法机构顶住压力，监管污染源，但就如上文提到的欧盟环境法的演变那样，欧盟法律并没有明确规定什么时候设定限值和环境质量目标，采取哪种形式的标准由立法者自由裁量。

污染者付费原则属于经济原则，在法律中有相关规定。从本质上来讲，这意味着预防或修复对人类或环境损害的成本不应由公共基金（纳税人）承担，而应由污染责任方承担。当然，谁是污染责任方常常不明确[③]。同样，政府部门有很大的自由裁量权，决定这一原则的

---

① 关于控制涉及危险物质的重大事故危害指令 2012/19，OJ 2012，L 137 p.1。

② 关于评估特定公私人项目对环境影响的指令 2011/92，OJ 2012，L 26 p.1。

③ 1975 年欧共体的建议，OJ 1975，L 194 p.1，为汽车污染大气的问题树立了模型：汽车制造商、汽车司机、推销有污染性的汽油的生产商，到底谁是污染责任方？政府有权决定。

适用细则[①]。该原则主要适用于欧盟有关废弃物的立法和做法。

在制订环境措施时，欧盟机构还应“考虑”欧盟和欧洲地区现有的科学数据、环境、经济和社会条件以及行动或不行动可能产生的收益和成本[②]。关于最后一项要求，必须强调的是，《欧盟条约》的非英语版本用的是“优势和费用”，而不是收益和成本，因为起草该条款时曾达成共识，认为不仅应该考虑经济成本和收益，也应考虑社会、环境成本和收益[③]。

（六）环境影响评价

欧盟法律规定：各成员国在许可建造和运行某些新工业设施或扩建改进后的工业设施或其他项目之前[④]，有义务对其造成的环境影响进行评价。指令 2011/92 提到的工业设施在该指令的附录 1 和附录 2 中已详细列出[⑤]。指令规定了环境影响评价（EIA）流程，其中一个非常重要的内容就是在该流程中相关公众的参与[⑥]，相关公众有权查阅相关文件，包括：

---

① 根据环境责任的指令 2004/35，执行的另一个判例显示 OJ 2004，L 143 p.56：欧委会提出，当无法确定污染责任方或责任方无法支付环境损害赔偿时，政府有责任恢复受损环境。但欧洲议会和欧盟理事会认为这不符合“谁污染、谁付费”的原则，以政府不是污染方为由，拒绝了该提案。

② 《欧盟运行条约》第 191（3）条。

③ 在起草时，英语翻译司称在英语中，“成本和收益”包括社会环境成本和效益。不过后来查明这种说法不太准确。

④ 指令 2011/92。该指令取代了更早的 1985 年的版本——指令 85/337，OJ 1985，L 175 p.40。事实证明，越来越多的地区或国家计划为之后项目的实施奠定了基础，关于评估特定项目和计划对环境影响的指令 2001/42，OJ 2001，L 197 p.30，将环境影响评价列为了义务。

⑤ 附录 1 中列出的项目必须进行环境影响评价。附录 2 所列项目如果可能对环境产生重大影响，必须进行环境影响评价。

⑥ 指令 2011/92（fn 59）第 6 条。流程细节见第 6～10 条。

①项目描述；

②预计采取的措施的说明，从而避免或减少或尽可能救济对环境造成严重负面影响；

③用于识别和评价项目环境影响的数据；

④生产经营者提供的针对项目的主要替代方案；

⑤文件的非技术性摘要。

政府部门必须给公众足够的时间查阅以上文件。相关公众可就项目发表意见、提出反对、提交研究报告等。政府部门应权衡所有评论和反对意见，然后决定是否发放许可证，并说明决定的理由。

政府部门根据项目自行决定谁属于“相关公众”。当然，一条长100 km的道路工程可能有不同的“相关公众”，而工业设施的相关公众即指居住在拟建工业设施一定范围内的公众。相关公众可以向法院起诉某一项目不做环境影响评价的决定，在环境影响评价有缺陷时也有权提起诉讼[①]。

环境影响评价必须按照指令 92/43 的要求实行[②]。该指令和野生鸟类保护指令 2009/147[③]确立了欧盟范围内受保护栖息地的网络，目前约有 26 000 个场地被划为栖息地（即“欧盟自然保护区网络”）[④]。

该指令要求成员国采取恰当措施，保护场地的完整性，维护栖息地良好的保育状态，保护生活在其中的动植物群。指令 92/43 第 6（3）条规定，除个别在第 6（4）条规定中列出的非常严格的例外情况，任何可能对场地产生重大影响的计划或项目，必须经过恰当的影响评

---

① 欧洲法院，案件 C-570/13 Gruber；ECLI：欧盟：C：2015：231。

② 保护自然栖息地和野生动植物指令 92/43，OJ 1992，L 206 p.7。

③ 野生鸟类保护指令 2009/147，OJ 2010，L 20 p.7。

④ 将栖息地纳入该网络的流程，请参阅指令 92/43（fn 30）第 4～8 条。

价，确定不会产生重大不利影响，项目方可获准推进[①]。这条规定并没有要求环评必须按照指令 2011/92 的要求进行。不过大多数成员国都会遵守统一的环境影响评价的规定，因为采用不同的环境影响评价程序并不合理。

相比指令 2011/92，即使项目会对环境产生重大不利影响，也可获得许可证。但根据指令 92/43，如果项目会影响受保护栖息地，则获得许可证的难度会更大。但很大程度上，是否可以获得许可证取决于不同成员国的行政自由裁量权和政府部门的执法情况。

（七）合规监测

有关成员国有向欧盟委员会（以下简称“欧委会”）提交相关信息的义务，欧委会发布了一份实施决议，对这一义务进行了详细规定。指令 2010/75 允许成员国在一定条件下违背部分条款——成员国必须将这一情况告知欧委会。此外，成员国还必须向欧委会提交“有代表性的”排污数据、排放限值和最佳可行技术的实施情况。对于大型燃烧装置，欧盟要求成员国建立这些设施及其排放情况的清单名录，并将名录提交欧委会。在欧委会的要求下，成员国需提交每台设施的年度排放数据，并每隔三年提交一次名录摘要。欧委会需向公众公开这些排放数据的比较列表摘要。但是，欧委会无须定期发布指令 2010/75 的实施情况报告。

根据指令，成员国需定期检查设施，并制订检查计划。这些计划无须提交欧委会，也无须向公众公开，但是检查报告必须向公众公开。

---

① 指令 92/43（fn 68）第 6（3）条：“与场地管理没有直接关系或非必须的任何计划或项目，如果可能对场地产生重大影响，必须本着保护的目的对其对场地的影响进行恰当的评价，无论是单独受评还是与其他计划或项目一起受评。根据场地影响评论得出的结论，并在符合第 4 款规定的前提下，主管部门必须确认项目或计划不会对有关场地的完整性产生不利影响后，并在适当时，征求公众意见后，方可同意推进计划或项目。”

整体而言，从上述条款可以看出，监测手段几乎完全由各成员国自主决定。这一规定延续了指令 2010/75 的前身——指令 2008/1。很少有据此起诉至欧洲法院的案例，即便有，主要是涉及成员国在将该指令转化为本国法律时存在的不当现象，而非在具体案例中的适用不当。

指令 2010/75 所采取的方式是否成功取决于成员国对指令的实施。如果成员国政治意愿强烈，致力于确保最佳可行技术的使用，则这一指令提供了许多有效的方式，推动不同设施采用最佳可行技术并不断更新技术。但是，如果成员国/主管部门出于各种政治原因意愿不足，如维护设施经济利益、行政惰性、疏于保护环境、担心丧失竞争力、保持不受欧盟进程影响的独立性、腐败等原因，则成员国也可以利用指令中的许多漏洞，使部分或全部工业设施成为指令规定的漏网之鱼。

首先，最佳可行技术参考文件的制订。在制订最佳可行技术参考文件的工作小组中，行业代表发挥着非常重要甚至是主导性的作用。他们还会尽可能地确保参考文件中的最佳可行技术、排放限值和其他规定不会过于严格。同时，各成员国的代表也无意将最佳可行技术参考文件制订得过于严格，从而导致本国工业很难合规，或可能会丧失竞争力。而环境组织的代表数量远少于行业代表，通常会面临技术和科学能力不足的问题，很难确保最佳可行技术参考文件中能实现较高水平的环境保护。最佳可行技术结论的采纳程序也是如此，成员国在就欧委会提案做出决议时，通常不愿通过会导致本国工业竞争力丧失的结论。因此，一般情况下，最佳可行技术结论反映的是最低程度的环境保护，或是各国普遍能够接受的较低的环境保护水平，而不是较高程度的环境保护。一旦欧盟层面通过了最佳可行技术结论，各成员国和主管机关还可以自主决定在结论中规定的限值范围内，是选取较为严格的限值，还是较宽松的限值。

在指令的实施监测领域，成员国主管部门依然享有很大程度的自由裁量权来保护本国工业设施的利益。他们可以利用所有可能的放宽条件，不严格地监测排放限值，不开展频繁且严格的检查，不控制设施是否采用了最佳可行技术。但是，可以确定的是，这种做法从长期来看是不利于其本国工业发展的，最终可能会导致其丧失同其他成员国或第三国的竞争优势，因为其他国家一直在努力开发新的、污染程度更低的技术，推动技术创新。

另外，还要意识到的一点是，欧盟是从1984年指令84/360开始关注减少工业排放问题的。这意味着，在此前的至少35年间，欧盟没有对最佳可行技术进行收集、整理，也没有共享可靠的、有力的、有可比性的数据。

指令2010/75适用于达到一定体量的工业设施。对于小型设施，则由欧盟成员国自行决定对其设定何种排放限值、是否需要许可证、是否接受检查、是否依据适用于大型设施的最佳可行技术结论为其设定限值等。在这一领域，成员国依然享有很大程度的自由裁量权，决定是否对小型设施实施有效的措施。

因此，如果相关主管机构将整套体系付诸实践，严格执法，改善环境，那么这一整套基于最佳可行技术的方法和基于指令2010/75的管理将卓有成效。但是，如果政治意愿不足，指令中也存在许多漏洞，主管机关可以选择不全面落实，从而不能有效地保护环境。

（八）国家、地区和地方环境质量改善

指令2010/75允许成员国在国家层面保持或出台更严格的环境保护措施。这一原则在《欧盟条约》第193条中有所规定，也在指令2010/75第14条有所体现。

指令2010/75致力于确保最佳可行技术，因为最佳可行技术参考

文件（BREF）和最佳可行技术结论中的最佳可行技术不会一成不变，而会随着技术发展不断更新。指令中部分条款明确了这一目标：

指令第13条有关组织信息交流的内容中明确指出了“新兴技术”。

成员国应确保各主管部门了解最佳可行技术的最新发展。根据第13条，成员国应将这些信息共享，以推进最佳可行技术参考文件更新。作为指导，欧委会应确保每8年更新一次最佳可行技术参考文件。

所有许可证条件均应定期重审，以确保其更新。必须考虑最佳可行技术参考文件的更新。

成员国应推广新兴技术的使用。

这些条款适用于所有的环境介质（大气、土壤和水）。所有条款均非只针对单一介质制定。

根据指令2010/75第13条，欧委会就起草和修订最佳可行技术的工作领域和工作重点制定了详细的指南规则。编制最佳可行技术参考文件或更新现有参考文件的决定由欧委会做出，有可能发生多份参考文件同时编制的情况。另外，任何论坛成员均可以就最佳可行技术参考文件提出意见。

二、欧盟工业排放监管法律依据[①]

（一）替代性措施、环境质量目标、行业法规和具体污染物法规、终端解决方案

20世纪70年代初期，欧洲开始日益关注环境问题。为此，当时的欧共体开始考虑环境立法，在应对工业设施污染方面，主要存在两

① 《欧盟环境法》（第8版）（L.Krämer著，2015年）。

种方式：一种是当时欧洲大陆普遍采取的措施，即通过分行业制定排放限值监管工业排放；另一种是英国较为通用的做法，偏向通过制定环境质量目标（浓度限值）的方式监管工业排放。英国认为，欧洲的地理情况差异很大，通过统一的立法标准监管可能不够实际。例如，英国的河流普遍较短、流速较快，污染物很快会被带入海洋；但欧洲大陆的河流通常较长、流速较慢，许多污染物会沉积至河底；而在沿海区域，海浪会将污染物快速冲刷进海洋。与此同时，英国和欧洲大陆均认为必须在工厂排污点源处设置防控手段，较设定环境质量目标的方式而言，通过统一设定排放限值的方式来监管更为容易。如果通过环境质量目标（质量标准）的方式监管，则每次均要确定监测点位，通常很难确定某一监测点位的数据是否能够如实反映具体设施、具体地区或更广泛区域的环境情况，因为来自其他污染源的污染也有可能增加区域内环境的污染物浓度。此外，如果存在多个污染者，很难判定由工业设施承担污染责任。

当时，由于环境立法需经全体同意才能通过，欧盟各个机构和成员国针对以上两种方式展开了激烈的讨论。最终，经过各方妥协，指令 76/464 同时采纳了两种方式。

英国的立场很大程度上忽略了一个重要的事实：重金属或其他持久性、生物蓄积性物质等有毒污染物不会凭空消失，这些污染物排放到大气或水体中后，会在环境中累积起来。

欧共体内部一致同意：进入大气和水体的工业排放应采用“最佳可行技术”——有关水污染物排放的指令 76/464 和有关大气污染物排放的指令 84/360 均对此进行了规定。但是，欧共体针对大气污染物和水污染物排放限值的立法进程却非常缓慢。主要是因为，立法意味着需要在一个相对较新的法律领域达成一致的解决方案；工业部门及其利益代表在国家层面和欧共体层面的组织性都很强，对立法影响力很大；另外，环境部门本身在当时——现在也是如此——没有发言权，也没有成熟的、有影响力的代表能够代表环境部门的利益发声。在工业部门代表的影响下，欧共体内欧洲大陆的成员国逐渐意识到，监测排放限值需要一套非常严格的污染防控与监督体系：大多数成员国没有足够的人力资源来支持这套体系，需要大量的检查人员、审计和监测人员。各成员国也不愿意为此设立专门的行政机构来处理这些问题。此外，随着生产技术的不断更新，排放限值标准也要不断更新，这样才能保证生产经营部门按规定采用最佳可行技术。

因此，欧盟不再为工业设施设定排放限值。这一态度的转变在指令 96/61 中有所体现，该指令放弃了指令 84/360 的管理方式，同时指令 76/464 中所采用的方式也不再使用。

指令 96/61 规定，成员国应就代表性的排放数据信息和最佳可行技术开展交流。如发现有必要采取一致的措施，则欧盟应制定一致的排放限值。随后出台的指令 2008/1（取代了指令 96/61）也采取了类似的方式。但是，这些信息交流和最佳可行技术文件，即最佳可行技术参考文件的制订并没有在成员国层面带来太大的改变。因为最佳可行技术参考文件没有法律强制力，更像是某种形式的建议文件。因此，各成员国通常认为无须据此修改许可证条件，也无须据此对工业部门出台更为严格的排放限值要求。此外，许多国家还担心立法或许可证中更严格的排放限值会使本国工业部门在欧盟内部丧失竞争优势。

因此，指令 2010/75 出台了新的手段——最佳可行技术结论。最佳可行技术结论基于最佳可行技术参考文件得出，具有法律约束力，各成员国许可证主管部门应基于最佳可行技术结论颁发许可证。欧盟委员会最终采纳了最佳可行技术结论也是多方漫长博弈的结果，尽可能地平衡了工业部门的短-中期利益和环境的长期利益。

由此可见，欧盟早在环境立法出台的初期就认可了工业排放应采纳“最佳可行技术”的原则。欧盟内部曾就欧盟层面对工业设施设定排放限值的具体程度、是否应由各国（联邦制成员国则可能为各地区）对工业排放限值做出规定、各许可机构自主决定许可证条件的程度等问题产生过分歧。

根据指令 2010/75，目前适用的解决方案是，欧盟制订一系列包括污染物排放限值在内的许可证条件，同时，欧盟成员国层面颁发的许可证排放限值应在欧盟规定的范围之内。此外，最佳可行技术结论由欧盟委员会负责编写发布。同时，所有成员国国家、地区和地方主管部门须保障无论是单一许可证还是多个许可证均应符合欧盟层面规定的环境质量目标——不仅仅是工业排放，还包括来自交通、家庭、农业等其他污染源的排放。

欧盟在早期环境立法时尝试过为各类工业部门制订终端解决方案（设定排放限值）的替代性方式。但欧盟最终放弃了这种方式。官方从未解释过导致这一政策变化的原因——可能是立法程序过长、公共机构为监测和管控工业设施所需投入的资源过多、工业部门要求避免过严立法的压力、由于工业创造就业和财富因此避免过度削弱工业的考虑、环境游说团体的缺失等。

（二）转向综合环境立法

正如前文所述，欧盟基本法——《欧盟条约》对从源头进行污染防治没有阻碍。的确，《欧盟条约》第 191 条第 2 款中规定，欧盟环境政策和环境立法应优先从源头上纠正环境损害。但是，这一规定给立法机关留出了很大程度的自由裁量权。有些欧盟立法通过制定排放限值，从源头上应对环境损害，如禁止使用某些污染物质，授权某类物质或产品的使用等。整体而言，欧盟的方式符合《欧盟条约》第 191 条第 2 款中的原则范围，而欧盟的立法也从未因违反了该款中的源头处理原则而被诉上法庭。

欧盟基本法中没有其他条款涉及如何应对工业污染排放的具体方法。

欧盟在制订最佳可行技术参考文件时（之后会基于参考文件生成有法律约束力的最佳可行技术结论），各欧盟机构、欧盟成员国、工业部门和公民社团密切交流合作。指令2010/75中规定，欧盟委员会需组织成员国、相关行业、环境类非政府组织和委员会之间互通有无，交流信息。为此，欧盟委员会设立了论坛机制，定期召开论坛，邀请上述利益相关方到会。行业代表因其技术专长，且作为经营者的身份，在这些论坛和论坛成立的最佳可行技术参考文件工作小组中发挥了非常重要甚至是主导的作用。

基于欧盟的辅助性原则，欧盟不会干预成员国如何处理许可证组织、检查及执法相关的工作。有些成员国，特别是一些体量较小的国家，会制定相应的行政机制，在中央层面保障指令2010/75的实施。其他成员国则选择放权给地区、省级或市级行政机关实施。此外，有关许可证的检查和执法由同一家公共机构负责还是多家公共机构分工负责的问题，也是由成员国自主决定，甚至各国内部均有不同的监管方式。例如，在德国这一联邦制国家，不同地区均有不同的处理方式。

欧盟也不负责决定成员国是否只能发放一个综合许可证，其中包括设施从开工建设到生产经营的所有条件，这一问题也由成员国自行决定。整体而言，指令2010/75明确指出，鼓励使用综合许可证制度，为一个设施颁发一份包括上述所有元素的许可证。具体可见该指令第5（2）条：“当涉及一个以上主管部门、一个以上经营者或一本以上许可证时，成员国应采取必要的措施，确保许可证条件和许可证核发程序充分协调，以确保程序中所有的账户管理部门采用有效的综合管理手段。”

但是，成员国可能有自己充分的理由在许可程序中涉及多个许可机构。例如，在德国由于历史原因，水管理是由非常成熟的地区机构基于地区立法负责。德国认为没有必要为此修订宪法，将水管理的职权转移至其他机构。因此，工业设施一般持有两份指令 2010/75 中规定的许可证，一份是一般性许可证，一份是水许可证。在防火安全、事故预防、安全生产或自然保护中也不乏这样的例子。欧盟不会干预各成员国已经成熟的行政管理体系。当然，工业设施经营者在申请许可证时，只需同一家公共机构打交道要方便得多。但是，在这些例外情况下，无论在欧盟层面还是在众多成员国层面，工业部门的利益只得让步。指令 2010/75 也没有规定成员国需承担培训经营者或公共机构的义务。职业培训是欧盟成员国内部而不是欧盟的职权。但是，在实践中，欧盟各机构和各成员国之间会举办许多正式和非正式的会议，讨论指令 2010/75 的实施和适用问题。此外，最佳可行技术结论也并非由欧委会单独通过，而是要经过欧盟专家委员会程序，即欧委会向由欧盟成员国代表组成的小组提交草案，成员国代表小组对草案进行审议并最终接受。接受后，欧委会才能通过决议正式采纳最佳可行技术结论。另外，欧委会还会同成员国、行业和公众合作组织各类专题工作坊、大会和会议，自身也会派代表出席各类由行业、成员国和公民社团及高校组织的相关主题活动。欧委会还会发布指南或其他相关信息文件。整体而言，欧盟内部各机构和各成员国会积极热烈地参与和讨论指令 2010/75，有时甚至会导致争议，不同成员国、不同行业、不同利益相关方情况均有所不同。

最佳可行技术结论是欧委会通过具有法律约束力的决议采纳的，结论“应成为制订许可证条件的参考文件”。最佳可行技术参考文件只有英语一种语言，但最佳可行技术文件会以 24 种欧盟官方语言在欧盟官报中发布。由于这一文件对成员国公共机关有法律约束力，工业部门希望这些结论的语言尽可能宽泛，留给许可机构尽可能大的自由裁量权空间。根据指令第 75 条，最终决定由欧委会和特别委员会在衡量了环境、经济和社会利益后做出。

（三）欧盟环境法下的许可证

针对特定物质或产品，欧盟会发放许可证，如化学物质、转基因产品、农药或生物杀灭剂中的活性物质等。但许可证发放一般由成员国负责，尤其在涉及包括核设施在内的工业设施时，每个成员国自行决定在其领土范围内是否准建该设施或准建什么设施。欧盟立法仅针对个别设施的建设问题，而且在这方面也只是一般性的规定[①]。

在发放施工和（或）经营运行许可证时，成员国更了解当地的地理条件、现有城市群、自然保护区、安全和场地等情况。因此，欧盟的许可证立法主要属于框架性立法，由成员国负责给某项活动发放许可证，并列出设施场地需要满足的条件，如指令 92/43 的影响—设施的经营运行—参考需要遵守的环境质量目标—其他因素。

随着欧盟环境法规的不断演变，成员国开始制订相关制度，为不断增加的工业活动和设施进行授权和批准，相关设施必须在获得授权或许可证之后才能开工运行。

工农业设施、废弃物或采矿废弃物的相关操作，向江河湖海、地下水排放污染物等活动都需要申请许可证。下面的欧盟环境指令对特定的需要监管或申请许可的活动或设施做出了规定：

---

① 指令 2010/75（fn 15）第 46（1）条规定“焚烧厂排放的废气应通过烟囱排放，而且烟囱的高度应经过仔细计算，以保护人类健康和环境”。另一个例子是关于填埋场的指令 1999/31，OJ 1999，L 182p.1，制定的附录 I 第 1 段（1.1.a）规定，填埋场的选址不应构成严重的环境风险。

（1）工业排放指令（IED）2010/75[①]

（2）废弃物框架指令 2018/851[②]

（3）垃圾填埋场指令 1999/31

（4）报废电子电气设备指令 2012/19

（5）石棉指令 2009/148

（6）油气回收指令 2009/126

（7）采矿废弃物指令 2006/21

（8）水框架指令 2000/60

（9）地下水指令 2006/118

（10）城市废水处理指令 1991/271

（11）保护公众健康免受电离辐射危害指令 2013/59

（12）放射性废弃物和放射性物质运输监督和控制指令 2006/117

欧盟和成员国一直在试图合并设施或活动所需许可证的数量，为设施生产经营者和监管方减少行政审批程序。欧盟和成员国同时也在试图合并负责许可证核发、检查和执行的相关部门的数量，但有些成员国本身长期以来的监管体制也是一个阻碍原因，即这些国家的工业活动或排污行为由国家、地区或市级部门分别监管。所以推行综合排污许可制度时，在许可证的综合（跨工业活动、跨环境介质）发放、检查和执行领域可能会遇到阻碍。大气、水体和土地/土壤污染物排放和废弃物处理活动可能仍是分开监管。很多成员国根据活动或设施的规模、复杂程度和环境风险将责任分为国家责任、地区责任和城市责任。

欧盟法律中最详细的有关污染物排放许可制度是由指令 2010/75 建立的。虽然关于水和废弃物的欧盟立法也有关于许可证的一般性规

① 指令 2010/75（fn 15）第 4 条。

② 发放许可证是实现指令目标的手段之一。

定，但都没有详细说明许可证必须包括哪些条件或限值。许可证的一般原则是不损害环境，许可证的详细条件由成员国的立法机构或许可证主管机构负责制订。

1．水排污许可

欧盟水框架指令 2000/60 第 10 条规定，所有相关欧盟水立法下许可的向地表水排污的行为都要受到管控，不管是许可证制度的监管还是其他仍在探讨的方式。对于地下水污染物排放，指令 2006/118 的第 6 条包括类似但相当复杂的条款。关于城市废水处理的指令 91/271 提到了此类废水的排放，但并未提及许可证规定的问题。

指令 2000/60[①]制定了流域和洪涝风险管理、水资源短缺和干旱，饮用水和洗浴用水的要求，旨在：

①防止水生生态系统进一步恶化；

②保护和提高水生生态的状态；

③促进水资源的可持续利用；

④进一步保护水生环境；

⑤在地下水方面，逐步减轻污染程度，预防进一步污染；

⑥缓解洪涝和干旱的影响。

该指令对城市废水处理[②]、农业排放和工业排放进行了规定，而指令 2010/75 监管下的工业设施或废弃物处理设施并没有包括以上几类排放。向地表水排污需要获得环境许可证，地表水包括：地下水、内陆淡水、沿海水域；或任何有毒、有害、有污染物的相关领水（非地下水）；废弃物；工业废水或污水。无证或不按许可证要求排污属于违法行为。

主管部门必须设定条件，保证排放符合强制性环境质量标准

① 指令 2000/60 第 1 条。

② 指令 2000/60 第 4 条。

（EQS）的规定。针对标准涵盖的大多数物质，主管部门都会在许可证中给出具体的排放限值，确保排放结果达标。通过规定污水排放前必须达到的处理标准，控制微生物质量。

2．废弃物排放许可

在土壤保护领域，欧盟废弃物立法针对许可证有许多详细的规定，特别是废弃物焚烧设施[①]和垃圾填埋场[②]。任何垃圾填埋场都需要许可证，未经授权的垃圾填埋场可能无法运行。指令详细列出了垃圾填埋场的许可证条件。此外，所有废弃物处理与处置设施都需要许可证。发放许可证的具体条件在废弃物指令 2008/98 中有详细说明，但指令中不包括排放水污染物、大气污染物和土壤污染物的限值[③]，相关内容指令 2009/98 只列出了一条，即废弃物管理不应损害人类健康或环境[④]。许可证制度是对所有指令 2010/75[⑤]未涵盖生产设备的补充。对于少数可以自行处理废弃物的设施，可以不受许可规定的约束。[⑥]

指令 2008/98 涵盖了生物废弃物及其副产品以及终端废弃物的标准。任何处理或打算处理废弃物的设施都需要申请许可证。废弃物处理是指所有回收或处置的操作，包括在回收或处置之前的准备工作。废弃物回收设施和对无害废弃物进行现场处理的废弃物处理设施无须申请许可证。

使用、回收、处理，储存或处置生产废弃物或采矿废弃物的企业

---

① 参见废弃物焚烧炉指令 2010/75（fn 15）。

② 指令 1999/31（fn 72）。

③ 指令 2008/98（fn 18）。

④ 指令 2008/98（fn 18）第 31 条："成员国应采取必要措施，确保废弃物的管理不会危害人类健康，同时不危害环境，尤其：（a）不能对水体、土壤、植物和动物构成风险；（b）不会因噪声和气味而构成伤害；（c）不会对农村或有特殊价值的地区造成不利影响。"

⑤ 指令 2008/98（fn 18）第 27（2）条。

⑥ 指令 2008/98（fn 18）第 24 条："设施和机构在从事以下操作时，成员国可对其免除[许可证]要求：（a）在生产场地就地处置无害废弃物；（b）废弃回收。"

一般情况下需要申请许可证[1]。一个场地的所有生产活动或多场地作业的移动工厂都可申请许可证。但涉及废弃物运输、买卖或经销业务的企业需要另行申请许可证。

发放许可证前必须考虑废弃物处理层级[2]：

①预防；

②准备重复使用；

③回收；

④其他类型的回收，如能源回收；

⑤处置。

考虑到废弃物产生和管理造成的总体影响，在评估其生命周期后，一些特殊的废弃物可以不受以上层级的限制。

指令2008/98[3]要求在技术、环境和经济允许且不与其他废弃物或具备不同特质的材料相混合的情况下，应对每种废弃物分开收集。许可证具有有效期，到期后可以延续。许可证必须详细规定：

①可处理的废弃物的类型和数量；

②许可进行的每一项作业以及涉及相关场地的技术和其他要求；

③应采取的安全和预防措施；

④用于每项作业的具体办法；

⑤必要的监测和控制操作；

⑥必要的关停和善后规定。

如果废弃物意向处理方案因不符合环保标准被拒，则不予发放许可证。

目前很多废弃物处理设施和活动都通过工业排放指令2010/75

① 指令2008/98第4条。

② 指令2008/98第4条。

③ 指令2008/98第10条。

监管。

3．空气质量许可

大气排污许可条款方面，空气质量框架指令 96/62 已被指令 2008/50 所取代，指令 2008/50[①]本身不包括任何许可条款。因此，所有关于许可的条款都可以在指令 2010/75 中找到。

建立实施工业活动和设施许可制度主要是为了保护空气质量。涉及欧洲环境空气质量和清洁空气的指令 2008/50[②]综合了之前关于臭氧、二氧化硫、可吸入颗粒物（PM_{10}）、二氧化氮、铅、一氧化碳、苯、臭氧、砷、镉、镍、多环芳烃的若干指令并对细颗粒物（$PM_{2.5}$）重新设定了空气质量目标。在评估排放限值合规时，允许考虑自然污染源。

空气质量达标通过工业排放指令 2010/75、燃料标准、机动车排放标准、气候和能源政策共同实现。

有些指令专门针对大气排污许可。限制中型燃烧装置向大气排放污染物的指令 2015/2193［中型燃烧装置（MCP）指令］监管的是额定热输入在 1～50 MW_{th} 的燃烧设施产生的污染物。指令 2009/126/EC 监管燃料储存和分配。为了实现空气质量达标，成员国也可能会要求一些工业排放指令 2010/75 未涉及的生产设施申请大气排污许可证。

（四）工业排放指令 2010/75

1．简介

工业排放指令 2010/75（以下简称“指令 2010/75”）是欧盟监管工业设施污染物排放的主要工具。指令于 2010 年 11 月 24 日通过，

---

① 指令 2008/50（fn26）第 31 条。

② 虽然没有明确要求达到空气质量标准，但对空气质量产生负面影响的设施必须获得许可证方可运行，以此作为排放监管手段。

并于2011年1月6日生效，旨在通过减少欧盟地区的有害工业排放，尤其是通过更好地运用最佳可行技术（BAT），高水平保护人类健康和整体环境。

在指令2010/75之前，欧盟还针对工业排放发布了其他几项指令①，之前指令的最新修订版本是指令2008/1②，因为欧盟内部考虑到工业设施许可的规定分散在不同立法中，其一致性不一定能保证，且该指令的运用未能创造公平的环境，即所有工业设施须履行的义务应该是相似的。

在整个欧盟范围内，大约有50 000个设施从事该指令附录1中列出的工业活动③。

指令2010/75的主要特点有：

①设施必须按证运行（由成员国政府发放）；

②许可证包括的条件根据指令的原则和规定制定④；

③环境检查是强制性要求⑤；

④公众有权参与决策过程，并知晓结果，了解许可证申请的情况，知晓污染物排放的监测结果；

⑤指令规定了受监管设施的范围和监管方式。

指令2010/75规定了需要许可才能运行的生产设施和活动⑥：

①能源：燃烧、气化、液化和精炼活动；

---

① 见“一、欧盟向环境排污相关法律概述”中的“（三）排放大气污染物”一节。

② 指令2008/1（fn 36）。

③ 欧盟委员会关于工业排放（综合污染预防和控制）的指令2010/75的摘要。

④ 指令允许主管部门有一定灵活度，可根据特殊情况放宽排放限值，即当环境评价表明：如果因为地理位置或当地环境条件或设施的技术特性，要达到与最佳可行技术可实现的排放水平会导致成本过高，与环境效益不成比例。主管部门必须对此作出解释并记录给予宽限的理由。

⑤ 成员国必须建立环境检查制度并制订相应的检查计划。必须根据基于风险的标准，至少每1～3年进行一次实地检查。

⑥ 指令2010/75第2条。

②金属：黑色金属、有色金属、表面处理金属和塑料材料；

③矿物质：水泥和石灰生产、涉及石棉的工业活动，玻璃和玻璃纤维的制造，其他矿物质和陶瓷等；

④化学品：有机、无机、化肥生产、农药和药品生产，爆炸物生产，涉及氨的制造活动、整批储藏等；

⑤废弃物管理：废弃物焚烧与混合焚烧、垃圾填埋、其他形式的废弃物处理，废弃物回收、废弃物燃料生产，危险废弃物的临时或地下储存以及废水处理的焚烧和共同焚烧；

⑥其他：纸张、纸浆和纸板制造，碳、焦油和沥青、涂料活动，印刷和纺织品处理，染料、木材、橡胶，食品工业，工厂化养殖，碳捕获与封存。

指令 2010/75 针对某些情况设定了上限，任何高于上限的设施和活动必须拿到许可证才能运行。此类活动/设施发生任何重大变更时都必须先申请更改许可证，获得许可后方可运行更改后的活动/设施。只有在符合许可条件的情况下，才能运行设施。

每个成员国必须确定负责许可证申请、发放和执行的主管部门，监督或起诉可能由不同部门负责。通常，许可证的发放和执行由哪级政府（国家政府、地区政府还是市政府）负责，取决于活动或设施的风险大小和复杂程度。有的成员国许可证的发放由一个级别的主管部门负责，但执行是另一个级别的主管部门负责。

综合许可制度下的综合许可证适用于监管设施的整体环境要素，包括大气、水和土壤污染物的排放、废弃物的产生、原材料的使用、能效、噪声、事故预防和关停场地恢复等。许可证可适用于一个或多个设施，由同一生产经营者在同一地点运营的部分设施或由不同生产经营者运营的部分设施。许可证对每个生产经营者都有具体规定[①]。

工业活动的监管费用和环境税不是由欧盟决定的，主要是因为此类问题需要 28 个成员国达成一致，但是，这基本不可能实现，所以由成员国自行决定应上缴的税款和费用。

2．总结

指令 2010/75 仅适用于指令中第 2～6 章中提到的工业设施和活动[②]，即低于指令中提到的不同上限的较小工业设施不受许可制度的监管，而是由欧盟成员国进行监管，来决定中小型设施是否需要强制执行许可制度。但是，欧盟与成员国之间的权限重新分配再次凸显了欧盟层面制定的环境质量目标的相关性，无论成员国是否有专门针对中小型设施的许可制度，环境质量目标必须遵守。

指令 2010/75 不适用于核设施，而且指令仅针对热输入功率为 50 MW 或以上的大型燃烧厂，针对核设施安全有专门的立法[③]。2015 年欧盟通过了一项关于中等燃烧厂的指令，主要针对热输入功率在 1～50 MW 的设施[④]，该指令部分内容参考了指令 2010/75，但引入了自己的许可制度。

指令 2010/75 覆盖的工业设施与指令 2011/92 要求进行环境影响评价的设施相似，但不尽相同。例如，热输出功率为 300 MW 或以上的燃烧厂需要环境影响评价；其他可能对环境产生重大影响的燃烧厂也需要环境影响评价[⑤]，而指令 2010/75 仅针对热输出功率在 50 MW

---

① 指令 2010/75 第 4 条。

② 指令 2010/75（fn 15）第 2（1）条。这些设施都列在指令（第 2 章）附录 I、大型燃烧厂（第 3 章）、废弃物焚烧厂和废弃物混合焚烧厂（第 4 章）、使用有机溶剂的设施（第 5 章）和生产二氧化钛的的设施（第 6 章）中。值得注意的是，工业设施可能同时出现在指令的第 1 章和第 2 章，取决于设施的大小。

③ 指令 2009/71——欧洲原子能共同体的核设施核安全共同体框架，OJ 2009，L 172 p.18。

④ 关于中型燃烧厂排放大气污染物的限值指令 2015/2193，OJ 2015，l 313 p.1。

⑤ 指令 2011/92（fn 59）附录 1、附录 2。

或以上的燃烧厂。

所有受指令 2010/75 监管的设施都需要申请许可证，但使用有机溶剂的设施例外，这些设施仅需成员国规定一套注册登记系统对其进行监管即可[①]。这样安排的原因在于这些设施规模通常非常小，对其提出许可的要求会加重企业负担。

符合指令 2010/75 要求的设施有权获得许可证[②]，但还需遵守欧盟和国家层面的其他法律要求，如安全生产、消防安全等。

此外，设施还可能属于温室气体排放配额指令 2003/87 的监管范围[③]。指令 2003/87 可授权设施在市场上购买温室气体排放配额并使用。购买配额后，设施的排放量可能高于使用指令 2010/75 的最佳可行技术所达到的温室气体排放量。为避免产生这样的冲突，指令 2010/75 第 9 条规定，“如果一个设施同时受到指令 2010/75 和指令 2003/87 的监管，那么该设施的排污许可通常不包括温室气体的排放限值”[④]。

许可证的申请材料应附有若干文件[⑤]。申请的流程是公开的，有关公众可通过文件查阅、发表建议和反对等方式参与申请程序[⑥]。如果不尊重有关公众的参与程序，国家法律必须规定“成员国的公众可以诉诸司法或依法成立的独立和公正的机构，对许可程序决定的实体合法性和程序合法性提出挑战”[⑦]。

---

① 指令 2010/75（fn 15）第 5 条、第 56 条 ss。

② 指令 2010/75（fn 15）第 5 条第 1 款。

③ 建立欧共体温室气体排放配额交易计划的指令 2003/87，OJ 2003，L 275 p.32。

④ 指令 2010/75（fn 15）第 9 条。但由于指令 2010 / 75 的基础是《欧盟运行条约》的第 192 条，而根据第 193 条规定，成员国的设施应遵守这两项指令。

⑤ 指令 2010/75（fn 15）第 12 条。

⑥ 指令 2010/75（fn 15）第 24 条、附录 4。

⑦ 关于该程序的更多细节，详见指令 2010/75（fn 15）第 25 条。

指令2010/75第11条规定了设施生产经营者的一般性义务[①]，主管部门可以在许可证中规定条件，确保一般义务得到履行。此外，指令2010/75明确要求政府部门应保证许可证中规定的条件能够保障现行环境质量目标的实现[②]。指令2010/75规定的许可证至少应包括具体设施应用最佳可行技术的措施、保护地表水和地下水的措施、向水体排放污染物的数量、保护工人和生产安全的措施、事故预防措施、消防安全措施、符合适用建筑要求的措施、土壤保护的相关措施（废弃物处置）、能效措施、空气质量的相关措施、保护自然地和动植物的措施以及确保场地正当关闭程序的措施。

3．原则

指令2010/75要求成员国采取必要措施，确保设施按照以下原则运行[③]：

①采取所有适当的预防措施防止污染；

②应用最佳可行技术；

③不造成重大污染；

④防止产生废弃物；

⑤如果产生废弃物，按以下顺序处理，即重复使用、循环、回收，当以上活动在技术和经济上不可能实现时，采用不对环境造成影响或尽可能减少对环境影响的方式处置废弃物；

⑥能源得到有效运用；

⑦采取必要措施防止事故发生并控制其影响；

⑧企业最终关停后应采取必要措施规避污染风险，并修复生产场地，使其达到令人满意的状态。

---

① 一般义务涉及所有污染防治措施、使用最佳可行技术、避免重大污染；防止产生废弃物、妥善处理和处置废物；有效利用能源、事故预防措施、关厂后的恰当措施。

② 指令2010/75（fn 15）第14条、第18条。

③ 指令2010/75第11条。

4. 许可条件

许可条件的设置必须符合指令2010/75的要求，预防或在预防不可行的情况下，减少向大气、水体和土壤排放的污染物并预防产生废弃物，实现整体高水平的环境保护。许可条件包括基于最佳可行技术的排放限值。针对大型燃烧装置和垃圾焚烧等活动，指令2010/75针对具体污染物设定了全欧盟范围内的排放限值。

许可条件可以随时接受重审并在必要时进行修订。欧盟制订新的最佳可行技术和（或）修订最佳可行技术参考文件时，最有可能发生要求重审和修订的情况。生产经营者可随时要求修改许可证，但通常是在设施规模或操作有重大变化时申请修改。变更也给主管部门审查的机会，并在必要时要求变更许可条件以符合最佳可行技术标准。许可证的变更流程和初次申请流程类似，都要经过确定和协商程序。

许可条件之一也是监管规定的要求，即如果发生任何对环境产生严重影响的事件或事故，生产经营者必须立即通知主管部门，并立即采取必要措施控制事故影响，防止进一步引发事故。如果违反许可条件，根据许可条件或其他监管要求，生产经营者必须立即通知主管部门并立即采取必要措施，确保尽快合规排放[①]。

5. 许可证申请

许可证申请必须包括以下内容[②]：

①设施及其活动的描述；

②设施使用或生产的原料、辅料、其他物质以及能源；

③设施排放源；

④生产场地的条件，可能需要提交基线报告；

⑤可预见的设施排放到每种环境介质的污染物的性质和数量，以

---

① 指令2010/75第7条。

② 指令2010/75第12条。

及确定的排放物对环境的重大影响；

⑥用于防止或在防止不可行的情况下，用于尽可能减少设施排放的技术和工艺；

⑦预防、重复利用、再循环和回收设施产生的废弃物的措施；

⑧计划用于监测环境排放的措施；

⑨申请人在申请大纲中提到的技术、工艺和措施的主要替代方案。

许可证申请文件还必须包括上述详细信息的非技术性摘要。

6．许可证规定

指令2010/75要求许可证必须包括以下条件，保证生产经营者履行基本义务，实现环境质量标准[①]：

①指令中规定的物质以及其他物质的排放限值，这些物质很有可能由相关设施大量排出，其限值取决于它们是否有可能将污染从一种介质传播到另一种介质；

②有恰当的要求来保证对土壤和地下水的保护，以及相应的措施来监督和管理设备产生的废物；

③适当的排放监测要求，要明确测量方法、频率和评估程序；

④履行定期或至少每年一次向主管部门提供排放监测结果和其他所需数据的义务，便于主管部门核查许可证的合规情况；

⑤适当要求对预防土壤和地下水污染物排放的措施进行定期维护和监督；

⑥针对除常规操作条件之外情况下的措施，如开启和关闭操作、泄漏、故障、暂时停工和最终关停等；

⑦关于尽量减少远程越界污染的规定；

⑧评价是否符合排放限值的提及案件，或提及其他要求是否适用。

---

① 指令2010/75 第14条。

主管部门可以设定不同于最佳可行技术的许可条件，参见下文。

污染物排放限值适用于排放物离开设施之后。对于将污染物间接排放到水体的情况，在确定有关设施的排放限值时，还要考虑污水处理厂的影响。不过污染物排放限值要满足一个条件，即保证整体环境受到同等水平的保护，而且不会导致进一步的环境污染。

如果没有规定任何特定的工艺和技术，则排放限值、等效参数以及技术措施的确定都应基于最佳可行技术。设定排放限值是为了确保在正常操作条件下，排放不会超过使用最佳可行技术所能达到的排放水平。

7．排放限值

指令2010/75规定，设定排放限值时，不可超过最佳可行技术能够实现的最近排放水平。排放限值的计量时间段可和最佳可行技术排放水平的计量时间段相同或短于该时间段，同时参照与之相同的参考条件[①]。排放限值可因主管部门每年提供的数值、时间段和参考条件不同而变化，以评估排放监测结果，确保正常运行的排放量不超过最佳可行技术能够实现的排放水平。

如果评估表明，基于以下原因，要达到与最佳可行技术结论规定的最佳可行技术能够实现的排放水平将产生极高的成本，且与环境效益不成比例，主管部门可以适当放松排放限值：

①有关设施的地理位置或当地环境条件；

②有关设施的技术特性。

主管部门必须在许可条件的附录中记录设定条件的理由。然而，指令2010/75要求排放限值不应超过满足环境质量标准所要求的排放限值。如果环境质量标准要求的条件比使用最佳可行技术达到的条件更严格，许可证应包括额外措施，而且不能影响为达到环境质量标准

① 指令2010/75第15条。

可采用的其他措施。

主管部门还必须确保不会造成重大污染，并保证整体环境得到高水平的保护。主管部门可以因测试并使用新技术暂时允许超标排放，但总时长不能超过9个月。9个月后，要么停用新技术，要么生产活动至少能达到最佳可行技术能够实现的排放水平。

8．监管工具

欧盟有一系列监管方法确保生产设施履行指令和许可证的相关义务。

（1）许可证方法适用于监管较高风险和（或）非常规的活动，要求主管部门在决定批准或拒绝许可证之前进行更严格的评估。任何需要开展财务拨款评估、定制条件或涉及协商程序的活动都需在获得许可证的授权后进行。

许可证可能既包括标准条件也包括定制条件。定制许可证适用于具体的设施、活动和场地。

标准许可证包括一套针对常规活动的固定规则。标准许可证给生产经营者和主管部门节省了时间和金钱，但生产经营者不能试图改变规则，也无权上诉反对规则。

（2）登记注册的方法适用于对环境影响较小的活动，如废弃物运输或经销。针对适用登记的活动，主管部门只需进行简单评估或筛选即可决定是否批准该活动。如果需要注册，生产经营者需提出申请。登记注册仅涉及标准条件，即一套适用于某一特定活动的规则和限制，这些标准条件在制定之前要经过协商；一旦规则制定出来并用于注册，生产经营者就不能再对此提起申诉。如果生产经营者无法遵守适用于活动的标准条件，则必须申请许可证。生产经营者需要每三年重新注册一次。

（3）标准条件是指一些已经通过磋商、达成共识并公布了的条件和限制，既可适用于某一项受监管活动，也可以适用于受监管活动的某一部分。一般约束性规则（GBR）[①]是一套监管低风险活动的强制性规则。如果活动的生产经营者遵守全部规则，则其可无须申请其他授权或许可。如果生产经营者超标排放或未能遵守一般约束性规则，则需另外申请授权。一般约束性规则监管的低风险活动包括放射性物质活动、小规模家用设施，如化粪池或小型污水处理厂，通常这些活动预期不会造成污染，有规划许可且遵守规则。

（4）告知的方法适用于低风险活动，主管部门无须决定授权与否，但需要被告知正在开展的活动。告知也和必须遵守的一般约束性规则相关。

（5）豁免的方法适用于活动不需要许可证的情况，但生产经营者必须为活动申请豁免权。

（6）监管立场声明的方法适用于可能产生的环境影响可以忽略不计或无须许可证的情况。通常其有效期是有限的，且不需生产经营者做出任何行动。

9．检查和监测

成员国必须采取必要措施，保障工业设施的生产经营活动符合许可条件。成员国必须建立环境检查制度，全面监管相关设施的环境影响。成员国还必须确保生产经营者向主管部门提供一切必要的协助，进行实地检查、采样和收集必要信息评估指令规定的履责情况。[②]

成员国必须确保所有设施都受到国家、地区或地方环境检查计划的监管，并确保定期审查检查计划并酌情更新计划。每个环境检查计划都必须包括以下内容[①]：

①对相关重大环境问题的总体评估；

---

① 指令 2010/75 第 6 条。

② 指令 2010/75 第 23 条。

②计划所涵盖的地理区域；

③计划涵盖的设施；

④常规环境检查的程序；

⑤非常规环境检查的程序；

⑥不同检查机构在必要时进行合作的规定。

根据检查计划，主管部门必须定期制订常规环境检查计划，包括针对不同类型设施的实地检查频次。指令 2010/75 要求应根据相关设备的环境风险系统的评价结果确定两次实地检查的间隔时间，对风险最高的设施，两次检查的间隔时间不得超过 1 年；对风险最低的设施，不得超过 3 年。如果在检查时发现有关许可证条款的重大违规问题，在该次检查后的 6 个月之内应当进行一次额外实地检查。

常规实地检查包括以下事项：

①增进并加深对生产经营者的了解和理解；

②评估许可和授权；

③监测排放；

④检查内部报告；

⑤文件的后续行动；

⑥核查自我监测；

⑦检查使用的工艺；

⑧设施环境管理的充分程度。

非常规实地检查主要用于处理以下事项：

①投诉；

②事故和事件；

③违规行为的发生；

④需要新许可证；

⑤需要修改现在的许可证；

⑥调查和执法。

调查事故/事件/违规问题：

①澄清原因及其影响；

②确定法律责任和后果；

③准备结论上报检查机构；

④确定必须采取的后续行动。

在主管部门内部，监管机构会分享各工业部门的表现和面临的问题等信息；该信息将用于与最佳可行技术参考文件及其结论相比较。成员国主管部门工作人员之间有关行业惯例和表现的信息交流活动越来越频繁，交流中也包括分享各国检查和监测的最佳做法。此类交流多是在欧盟环境法律实施和执行网络（IMPEL）的支持下进行的[①]，该网络为工业排放指令 2010/75 检查的规划和实施提供了全面的指导[②]。

工业排放指令检查——工业排放指令实施指南：检查计划的制订和实施（IMPEL）[③]，其制订和实施流程见图 2-1。

在所有检查中，合规评价报告或检查清单均是非常有效的工具。使用这些工具可以确保检查涵盖所有必要的内容，确保检查有正式记录及后续行动的开展，并在必要时和生产经营者就检查内容和后续活动达成协议[④]。

---

① 欧盟环境法实施和执行网络（IMPEL）是由成员国环境主管部门组成的国际非营利性协会，欧盟、欧洲经济区和欧洲自由贸易联盟国家都可以申请加入。该协会在比利时注册，在布鲁塞尔有合法席位。目前，IMPEL 有来自 36 个国家的 53 个成员，包括所有欧盟成员国、（北）马其顿、塞尔维亚、土耳其、冰岛、科索沃、阿尔巴尼亚、瑞士和挪威。该网络的目标是在欧盟创建必要的推动力，在有效适用环境立法方面取得进展。IMPEL 的主要活动是提高意识，执法能力建设，分享交流环境法执行、实施、国际执法合作的信息和经验，推动支持欧洲环境立法的实用性和可执行性。

② IMPEL 的《做对事（IED）综合指南 2017/20——分步实施许可制度和检查指南》。

③ IMPEL 的《做对事——分步实施许可制度和检查指南第 2 期（2007)》。

④ 英国环保局关于许可证合规性评估和评分的协商。《合规分类计划》拟修订案。

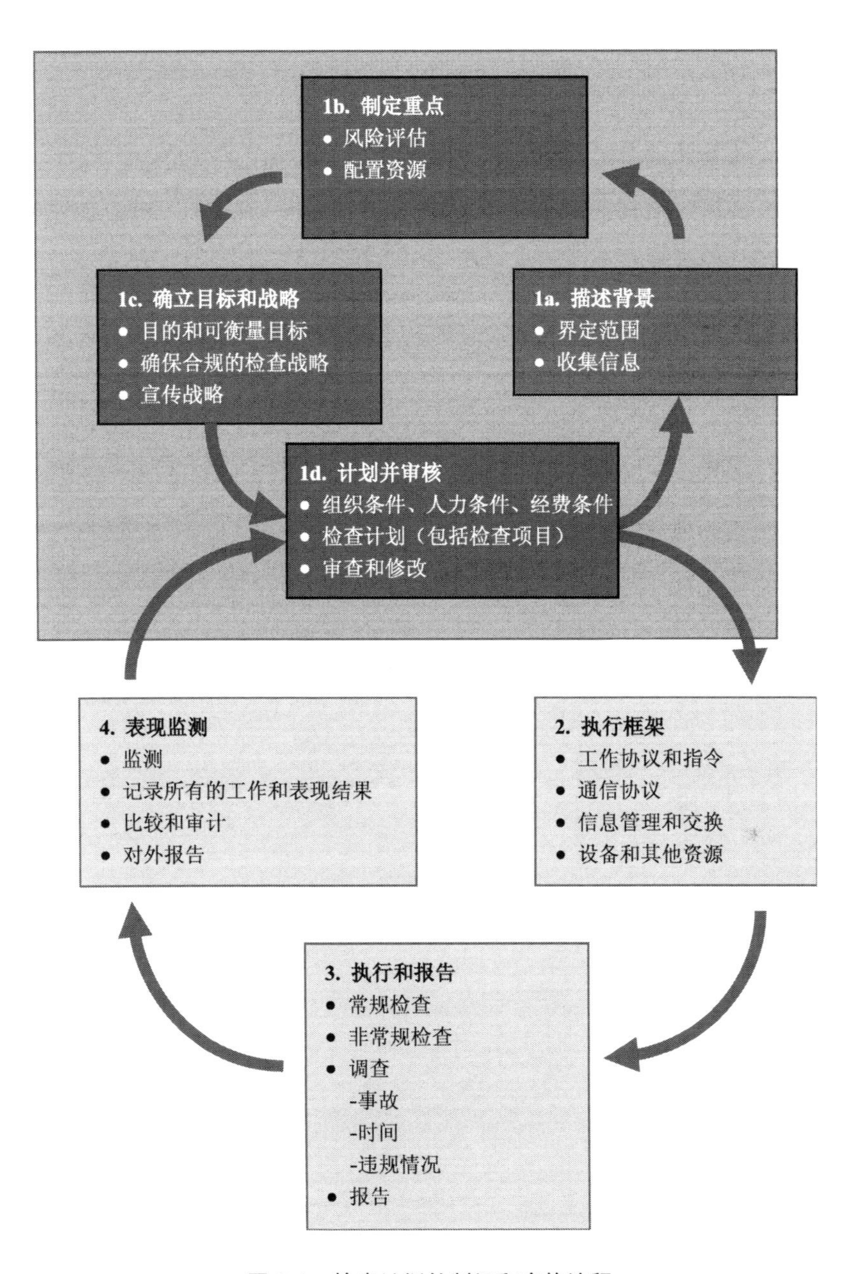

图 2-1 检查计划的制订和实施流程

生产经营者需要监控设施的排放情况，并根据许可证中的条件进行周围条件/环境监测（ambient/environmental monitoring）。许可证将详细说明监测的类型和频次，以及需要向主管部门上报的内容。生产经营者未按许可证的要求进行监测或报告属于违法行为，可能会导致执法行动；故意漏报信息属于重罪，责任方可能被起诉，并处以巨额罚款和/或监禁。

在英国，环保局有一系列执法方案[①]。作为英国的许可证主管部门，环保局可以直接采取行动（即无须执法人员或法院介入），并在以下情况下收回工作成本（recover costs of work）：

①活动造成严重污染；

②活动存在造成严重污染的风险；

③非法存放废弃物，并在通知移除后仍然无所作为；

④导致污染物进入水道或污染物处于可能进入水道的位置。

主管部门可采取执法行动以确保以下结果：

①阻止非法活动的发生或继续；

②纠正环境伤害或损害；

③让非法活动受到监管并保证合规；

④惩罚违法者并防止以后再犯。

主管部门可以施加以下民事制裁：

①定额罚款；

②变额罚款；

③合规通知；

④恢复通知；

⑤停产通知；

⑥执法；

---

① 英国环保局 2018 年执法和处罚政策。

⑦执行成本收回通知；

⑧违规罚款通知。

如有必要，主管部门可以提起刑事诉讼：

①定额罚款通知；

②正式警告，认罪并接受警告；

③如果有足够的证据且符合公共利益，则可以提起公诉。

主管部门可获得以下法院命令：

①吊销主管人资格；

②没收资产；

③犯罪行为令；

④没收用于实施犯罪的设备；

⑤吊销驾照；

⑥救济令；

⑦没收车辆。

10．基于风险的方法

根据指令 2010/75，对环境风险进行系统评价至少应基于以下标准[①]：

①在考虑到排放的级别和类型、当地环境的敏感性和事故风险后，衡量有关设施对人类健康和环境的潜在和实际影响；

②许可条件合规记录；

③生产经营者是否参与环境管理和审计计划（EMAS）。

监管的类型和级别由设施或活动的相关风险决定，风险是评估违反许可条件的活动对环境或人类健康的（潜在）影响。风险影响的标准包括：

①空气污染的数量/质量；

---

① 指令 2010/75 第 23 条。

②地表水污染的数量/质量；

③土壤和地下水污染的数量/质量；

④废弃物的产生量或废弃物管理；

⑤排放或存在的危险物质的数量；

⑥其他会造成伤害的物质（噪声、气味）。

风险影响结合生产经营者表现：

①生产经营者态度；

②合规记录；

③实施环境管理系统，如环境管理和审计计划；

④设施使用年限。

以下为评估生产经营者是否合规的不同方式：

①评估，案头检查生产经营者是否遵守许可证，如是否报送必需信息；

②检查，已通知或未通知的实地检查；

③监测，取样和观察。

11．公众获取信息

欧洲经济委员会（以下简称欧洲经委会）制定的《在环境问题上获取信息公众参与决策和诉诸法律的公约》，即《奥胡斯公约》（以下简称《公约》），保障了公众（个人及协会）在环境领域享有的若干权利。签署该公约的成员国必须做出相应的安排，确保国家、区域或地方的公共部门向公众提供环境信息。《公约》保障以下权利：

①从公共部门接收环境信息（“获取环境信息”）。信息可包括环境状况、所采取的政策或措施或受环境状况影响的人类健康和安全状况。公众有权在提出信息公开请求后一个月内收到相关信息，且无须说明获取信息的理由。此外，根据《公约》，公共部门有义务积极传播其所持有的环境信息。

②参与环境决策。公共部门必须允许受影响的公众和非政府环保组织就影响环境的项目提案或与环境相关的计划或项目提出意见，而且必须在决策中适当考量这些意见；必须提供与最终决定及其原因相关的信息（“公众参与环境决策”）。

③审查程序可以用于处理在违背上述两项权利或环境法（“诉诸司法”）的情况下作出的公共决策。

《公约》的规定也在指令 2010/75 中有所反映，该指令要求相关公众在确定许可证时提前获得有效参与以下阶段的机会[①]：

①新设备许可证的发放；

②针对任何重大变更或因变更最佳可行技术的使用要求或标准的许可证发放或更新。

指令 2010/75 规定了大量的工业设施必须向成员国和（或）公众提供的信息内容，以及成员国信息公开和向欧盟委员会报送信息的义务。

根据指令 2010/75，公众有权参与给工业设施发放许可证的程序[①]，详细程序见指令附录 4。保证受到设施运行影响的公众能获取许可证申请或更新的有关信息非常重要[②]。由成员国决定谁是相关公众以及如何通知相关公众[③]。相关公众必须有机会查阅申请文件，提出异议并就申请作出评价。许可证授权机构必须考虑这些公众评价和反对意见，但决定是否批准申请仍然是授权机构的职责。公众可以在法庭上解决程序上的缺陷[④]。

在作出关于批准、重审或更新许可证的决定时，主管部门必须通

① 指令 2010/75 第 24 条。

② 指令 2010/75 第 55（1）条和第 65 条。

③ 指令 2010/75（fn 3）附录 4 第 5 条举例说明了居住在设施某个半径范围内的公众应能通过邮件或阅读当地报纸等方式获得信息。

④ 指令 2010/75（fn 3）第 25 条、第 55 条和第 65 条。

过包括互联网在内的方式向公众提供以下信息：

①决定的内容，包括许可证的副本和任何后续更新；

②决定所依据的理由；

③决定前协商的结果，并解释在决策过程中是如何考虑协商结果的；

④与相关设施或活动有关的 BAT 参考文件的标题；

⑤如何根据最佳可用技术以及最佳可行技术能够实现的排放水平确定许可条件，包括排放限值；

⑥在暂时允许不遵守排放标准的情况下，必须根据相关规定列出标准和施加的条件说明原因。

主管部门还必须向公众提供主管部门根据许可条件要求收集的排放监测结果。

在下列情况下，成员国可拒绝公开环境信息[①]：

①收到公众请求的公共部门并不持有该信息，如果信息由另一个部门持有，则需要将公众请求转达给该部门并通知请求人；

②请求明显不合理；

③请求过于笼统；

④请求涉及正在完成阶段或未完成的文件或数据；

⑤请求材料涉及内部沟通信息，要考虑公布信息是否符合公共利益。

如果请求因涉及正在完善的材料而被拒绝，公共部门必须说明准备材料的机构的名称和预计完成所需的时间。

如果信息披露会对以下方面产生不利影响，成员国可规定拒绝环境信息的请求：

①涉及公共部门的保密性，而且这种保密性得到法律的保护；

① 关于公众获取环境信息的指令 2003/4 第 4 条详细列出了可拒绝公开环境信息的情况。

②涉及国际关系、公共安全或国防；

③涉及司法程序，任何人获得公平审判的能力或公共部门进行刑事或纪律性质调查的能力；

④涉及商业或行业机密，而且国家或共同体法律有规定保护合法经济利益的保密性，包括维护统计保密和税收保密的公共利益；

⑤涉及知识产权；

⑥涉及个人数据和（或）与自然人有关的文件的机密性，如果当事人未同意向公众披露信息，且机密性受到国家或共同体法律的保护；

⑦任何人在不出于履行法定义务或不具备承担法定义务的能力而自愿提供相关信息的条件下，出于对个人利益保护的考虑不予公布其信息，除非其本人同意；

⑧涉密环保工作，如稀有物种的地理位置。

处理申请的决定、许可证副本和其他信息必须至少通过网络这一方式向公众公布，这也适用于许可证的后续更新[①]。此外，根据指令2010/75 第 13 条[②]设立的论坛意见、最佳可行技术参考文件、最佳可行技术结论[③]以及有关设施的检查报告也必须向公众公布[④]。指令2010/75 没有提及是否需要披露工业设施排放，设施本身没有义务公布此类数据，但如果公共部门通过检查、设施主动提供的报告或其他方式获取到此类信息，公共部门有义务根据公众要求披露该信息，因为环境污染物的排放信息不能保密[⑤]。

成员国可自行决定其他需要向公众提供的信息。

---

① 指令 2010/75（fn 3）第 24（2）条。

② 指令 2010/75（fn 3）第 13（4）条。

③ 指令 2010 / 75（fn 3）第 13（6）条。

④ 指令 2010 / 75（fn 3）第 23（5）条。

⑤ 关于公众获取环境信息的指令 2003/4，OJ2003，L 41p.26，第 4（2）条。

12．核发和标准制定

主管部门将根据指令的相关要求对申请进行评估[①]。依据参考文件，评估最佳可行技术的使用[②]，将对周围环境、敏感地点和环境、物种及栖息地的影响进行评估。

生产经营者的能力也需要评估，以确保生产经营者能够满足许可证的要求。生产经营者要对许可证申请信息的准确度和质量负责。在可行的情况下，主管部门在发放许可证之前，需要核实生产经营者提供的信息。

在确定许可条件时，主管部门需协调最佳可行技术标准、排放标准和环境质量标准，以确保环境得到保护。主管部门还将确保许可证反映了不同法规的规定，并确定许可证的有效期，为许可证的审查和条件的修订设定时间表。

13．监管能力

主管部门需要具体说明员工履职所必备的教育水平、技能、培训和职业标准，具备大学本科学历并接受过研究生专业培训是最低要求。主管部门通常从行业内部招聘员工，这些人通常具有在受监管行业的管理层工作的宝贵经验，可以理解受监管设施的生产经营者所面临的压力和问题。如今，越来越多的主管部门工作人员申请成为国家和国际专业机构的会员，获得职业资格，以更好地证明其专业技能和能力。

《IMPEL 指南》列出了培训计划中可以包含的主题[③]。该指南指

---

① 指令 2010 第 11 条。

② 指令 2010/75 第 13 条。

③ IMPEL 的《做对事（IED）综合指南 2017/20——分步实施许可制度和检查指南》中有一系列情况说明书，培训计划是其中之一，以上信息就是根据该内容来编写的。IMPEL 正在开展“工业排放指令（IED）的实施”和“许可和检查时做对事”的项目，旨在为负责工业排放指令实施的监管机构制作一份互动手册。

出，应首先面向检查员开展培训需求评估，评估结果可以显示所需的技能和资质与现有技能和资质之间的差距。根据评估结果，培训计划可包括以下方面：

（1）知识

①政府组织内部的工作和生产流程；

②环境检查领域的程序、方法和系统；

③行业部门；

④适用法律；

⑤法庭程序；

⑥环境管理系统。

（2）专业技能

①基本检查技能；

②从排放物、土壤和废弃物中取样的技能；

③对主管部门和数据管理进行评估（如维护、监测、废弃物管理）的技能；

④基本的信息技术；

⑤社交技能，尤其是具备与难缠的利益相关方打交道的技能；

⑥与行业沟通的技巧，向公众呈现执法行动并在法庭上提供证据等沟通技巧；

⑦管理技能，保证高质量和有效的检查，其中包括规划技能。

《IMPEL 指南》建议检查机构应联合其他相关机构，共同开展工作人员培训或相互培训。

14．实施进度

由于指令 2010/75 是基于《欧盟运行条约》第 192 条第 1 款制定的，条约第 192 条第 4 款规定，成员国必须执行该指令的规定，即：①将指令的规定转化为其国家法令；②在实践中运用指令的规定。

欧盟委员会必须确保并监督成员国应用该指令[1]。欧盟委员会于2017年发布了一份关于指令2010/75在成员国实施情况的报告。报告显示：所有成员国都已将该指令的要求转化为其国家法令，而且在发现“模糊或错误转换”后，欧盟委员会与相关成员国进行了“对话”。截至2017年年底，已经启动了21次此类“对话”，没有出现成员国因未能正确转换指令而被告上欧洲法院的情况。[2]

指令2010/75主要新增的内容是赋予了最佳可行技术结论法律约束力[3]。欧盟委员会的报告显示，截至2017年年底，已根据不同类别的工业设施制定了31份最佳可行技术参考文件和两份参考文件。[4]到2018年8月底公布了《欧盟委员会关于最佳可行技术结论的实施决定》[5]：

——玻璃制造业的排放[6]；

——钢铁生产业的排放[7]；

——生皮鞣制工序[8]；

——水泥、石灰和氧化镁的生产[9]；

——氯碱生产[10]；

——纸浆、纸张和纸板的生产[11]；

---

① 《欧盟条约》第17条。

② 指令92/43（fn30）第4至8条。

③ 有关最佳可行技术参考文件和最佳可行技术结论的详细说明，请参见本研究第二部分的详细说明。

④ 欧盟委员会，COM（2017），727（fn 100）第5页。

⑤ 但指令2010/75第13（7）条规定：在实施指令2010/75之前采用的最佳可得技术结论，在一定条件下可视为最佳可行技术结论。

⑥ 第2012/134号决定，OJ 2012，L 70 p.1。

⑦ 第2012/135号决定，OJ2012，l70 p.63。

⑧ 第2013/84号决定，OJ 2013，l 45 p.13。

⑨ 第2013/163号决定，OJ 2013，l 100 p.1。

⑩ 第2013/732号决定，OJ 2013，l 332 p.34。

⑪ 第2014/687号决定，OJ 2014，l 284 p.76。

——油气精炼程序产生的废弃物排放[①]；

——木基板材的生产[②]；

——化学部门常见的废水和废气处理管理系统[③]；

——有色金属[④]；

——家禽和猪的集约化养殖[⑤]；

——大型燃烧厂[⑥]；

——有机化学品的大量生产[⑦]；

——废弃物处理[⑧]。

关于工业设施应用以上最佳可行技术的最终数据，特别是关于强制使用最佳可行技术结论是否可以降低环境排放的情况尚未公布。但欧盟委员会表示："虽然现在还为时过早，无法看到修改工业排放指令系统所产生的实际效果，但进展喜人；工业排放的走势看起来很乐观[⑨]。"成员国应从 2017 年起，每年向欧盟委员会逐一报告每家工厂的数据[⑩]，以便欧盟委员会更好地开展评估。预计 2020 年将对指令 2010/75 的有效性进行全面评估。

---

① 第 2014/738 号决定，OJ 2014，L 307 p.38。

② 第 2015/2119 号决定，OJ 2015，L 306 p.31。

③ 第 2016 / 902 号决定，OJ 2016，L 152 p.23。

④ 第 2016/1032 号决定，OJ 2016，L 174 p.3。

⑤ 第 2017/302 号决定，OJ 2017，L 43 p.231。

⑥ 第 2017/1442 号决定，OJ 2017，L210 p.1。

⑦ 第 2017/2117 号决定，OJ 2017，L 323 p.1。

⑧ 第 2018/1147 号决定，OJ 2018，L 208 p.38。

⑨ 欧盟委员会，COM（2017）727（fn 100）p.12。

⑩ 欧盟委员会关于实施第 2018/1135 号决定，明确了成员国在上报指令 2010/75，OJ 2018，L 205，p.40 的实施情况时，所提供的信息的类型、格式和频率。该决定取代了第 2012/795 号决定，OJ 2012，L 349 p.97，第 2012/795 号决定针对的也是同样的问题。

负责收集、处理和传播环境信息的欧洲环保署[①]尚未发布指令2010/75监管下的设施数据。

欧盟指令要求成员国实现指令规定的具体目标，但对于如何推进，成员国有很大的自由裁量权。例如，对于指令2010/75，成员国可采用根据该指令制定并由欧盟委员会正式通过的最佳可行技术参考文件的结论[②]，并根据这些结论为单独的设施制定许可，无须在国家层面进一步立法。成员国也可以将最佳可行技术结论纳入其国家立法，然后根据国家立法为单独的设施制定许可证。德国采用的就是这种方式执行指令2010/75，依据的是指令第6条的规定。

---

① 见第401/2009号条例，欧洲环保署在该条例下成立。

② 指令2010/75（fn 15）第2条第12小节："最佳可行技术结论包括最佳可行技术参考文件的部分文件，其中列出了关于最佳可行技术的结论、介绍、技术适用性评价的信息，使用最佳可行技术可以达到的排放水平、相关监测、相关消耗水平以及相关的场地救济措施。"

第三章 欧盟工业排污许可制度、德国排污许可制度实施经验及对我国的启示[①]

应欧盟环境总司邀请，中方代表团于2018年9月14—21日赴德国、比利时开展排污许可制度交流活动，其间拜访了欧盟环境总司，德国联邦环境保护、自然资源和核安全部（简称德国联邦环境部），德国北莱茵-威斯特法伦州环境保护局和杜塞尔多夫市环境保护局，克虏伯-曼内斯曼钢铁公司（HKM）以及欧洲环保协会布鲁塞尔办公室等机构，就欧盟和德国的排污许可制度设计、监督管理、最佳可行技术（BAT）、公众参与以及实施经验等方面进行了交流。

一、出访基本情况

本次交流活动的主要内容包括以下5个方面：①中国代表团介绍了中国排污许可制度建设的进展和中长期的工作安排；②听取欧盟环境总司的专家介绍欧盟“工业排放指令”的基本概念、内涵和适用范

① 2018年9月14—21日，中方代表团赴德国、比利时开展排污许可制度交流活动，出访团组成员有：生态环境部贾金虎、朱军琴，生态环境部环境与经济政策研究中心杨姝影、贺蓉、贾蕾、李媛媛。

围等，就许可证的综合管理、实施程序以及 BAT 做了详细的说明，并指出了排污许可在使用过程中与环境影响评价制度间的关系；③分别从联邦和地方层面听取德国联邦环境部、德国北莱茵-威斯特法伦州环境保护局和杜塞尔多夫市环境保护局的专家介绍德国排污许可制度的实施情况，了解德国在许可证的核发、监管、合规、执法及其与其他制度的衔接等领域的主要做法，以实际的案例充分说明了实施排污许可制度对污染防治的重要作用和意义；④与克虏伯-曼内斯曼钢铁公司就排污许可证的申报、更新、企业责任履行等方面开展了对话交流；⑤与欧洲环保协会布鲁塞尔办公室就政府的环境保护责任等方面做了一些交流。

二、欧盟工业排污许可制度

欧盟工业排污许可制度主要分为两个层面，即欧盟层面和成员国层面。欧盟层面主要负责制定相关的法律法规、指南等来指导各成员国实施工业排污许可制度。各成员国在欧盟指令的基础上，根据自身情况制定许可证的核发、变更、监管等措施。各成员国将欧盟各项指令要求，内化为本国法律，以便实施和执行，但各有差异，不尽相同。

截至 2018 年 9 月，欧盟各成员国共发放 55 000 余张工业排污许可证，其发放对象并非企业，而是排污设施。主要针对固定源采用综合性、一证式管理，并以完善的立法和监督体系给予支撑。主要特点如下：

（一）具有充分和强有力的法律基础

欧盟于 1996 年颁布了《综合污染预防与控制指令》（以下简称 IPPC 指令），该指令是综合性的污染控制指令，目标是对环境实施综合管理，预防或减少对大气、水体、土壤的污染，控制工业和农业设施的废物产生量，确保提高环境保护的水平。该指令的颁布，代表了欧盟开始采用综合许可证制度，对各种环境要素中的污染物进行统一控制。IPPC 指令要求具有较高污染潜力的工业和农业活动需要获取排污许可证，只有规定的环保条件都得以满足后才可以发放排污许可证。该指令适用于能源、金属生产及加工、采矿、化工、废物管理、畜牧业等行业的新建或现有污染源。

IPPC 指令于 2008 年进行了修订，即 IPPC（2008/1/EC）。IPPC（2008/1/EC）提出了对工业污染源的排放控制要求，确立了有排污潜力的工业项目的审批要求及发放许可证的程序。

2010 年，欧盟将有关工业排放的七项指令整合升级为一则指令，即工业排放指令（IED，2010/75/EC）。该指令自 2011 年 1 月起实施，旨在最大限度地减少整个欧盟范围内各种工业源的污染，涉及能源产业、金属生产和加工、采矿、化工、废物处理等多个行业，在规定行业内的企业项目需获得有关机构发放的综合排污许可证后方可开工运行。IED 是欧盟排污许可证申请、发放、证后监管的法律基础，各成员国必须按照 IED 的相关要求对污染企业进行管理。目前，欧盟约有 55 000 个设施受排放指令的监管。

（二）以先进的污染防治技术作为全过程控制排放的支撑

IED 特别强化了 BAT 在环境管理和许可证管理中的作用和地位。BAT 是制定许可条件和排放水平的基础：通过 BAT 结论给出工业设施在正常运行条件下，使用 BAT 或者 BAT 组合技术能够达到的排放水平，基于 BAT 的排放水平将作为制定许可证的参考条件。为了防止欧盟内部工业活动排放标准不平衡以及确认 BAT 的适用范围，欧盟委员会组织欧盟成员国、相关工业行业代表和非政府组织等进行信息交流，评估和筛选出BAT，制定并发布BAT结论。

欧盟委员会根据BAT结论制定许可条件，包括污染物的排放限值、相关技术参数、技术措施、监测要求等，并要求欧盟各成员国定期向欧盟委员会提供相应的监测结果，欧盟委员会至少每年要对监测结果进行一次评估，确保工业设施的排放水平没有超过许可条件。尽管BAT是制定许可条件和排放限值的依据和基础，但在实施过程中根据工业活动的地理位置和当地的环境条件，BAT可以根据地点的不同而不同，对于敏感的环境问题可以根据当地实际情况执行不同的排放限值。目前，欧盟已经发布了14个BAT结论。

但是，欧盟BAT不是一成不变的，而是随着技术进步和环境需求不断改进的。通常，BAT结论每8年更新一次。一旦欧盟出台BAT指南，各成员国需要在4年内更新许可证。

（三）公众参与贯穿许可制度的全过程

公众参与在欧盟排污许可制度的实施过程中发挥了非常重要的作用，其中，许可证的申请、重大变更（设施改变或造成重大环境影响）都需要公众参与；此外，包括BAT结论的制定等公众也可以参与到其中，发挥重要的作用。

三、德国排污许可制度经验

为更好地贯彻IPPC指令，BAT也被加入到德国法律中。在德国，有192种不同类型的设施需要获取综合预防和控制许可证，远远超过了IPPC指令要求的33种。此外，IPPC指令要求的是综合许可证，而德国发放的许可证是综合且集中的许可证。集中许可证包括综合环境许可、建设许可、蒸汽锅炉使用及爆炸物处置的特别技术性许可、与自然保护相关的许可、铁路建设及运营的许可、有害物质的处置及操作的许可等。

（一）排污许可证的排放限值主要适用 BAT

德国排污许可证适用的排放限值是“基本约束条例”（GBR）。为了将 BAT 纳入排放标准，联邦环境部在制定和修正 GBR 时会考虑最佳可行技术参考文件（BREF）。联邦环境部设立顾问委员会，定期评估新的 BREF，基于排放限值的要求审核这些文件是否超出或能够补充现有技术性准则中的要求，并决定现有 GBR 是否需要修订或更新。但与基于技术标准不同，GBR 并未规定任何具体的技术，只是规定了必须满足的排放限值。尽管如此，由于 BAT 的加入，为了确定污染控制的具体水平，GBR 有时会对具体的技术进行规定。

（二）德国各州的排污许可证申请和发放程序不尽相同

作为一个联邦制国家，德国各州的排污许可证申请和发放形式并不完全一致。德国的国家法律规定了申请许可证需要提交的申请材料的范围，但在国家层面并没有标准的申请形式，只有在各州的法律中，才有关于申请需要的文件以及编制这些文件的详细说明。同时，也有法律对许可证的许可程序和决策程序作出规定。许可证的申请程序中有一些固定的期限，如提交许可证书面申请后，须在一个月内对申请文件的完整性进行审核；在文件齐全后，须在一个月内做出决策。值得注意的是，除了填埋场设施（每 4 年审核一次）以外，在综合污染预防和控制许可中没有规定重审期限。

1974 年，德国开始施行《空气污染、噪声、振动等环境有害影响预防行动》，其核心内容之一就是规定了颁发排污许可证的要求和程序等。德国 1964 年开始实施并先后多次进行修订的《空气质量控制技术指南》，规定了不同生产设施排放空气污染物的限值和措施要求，重申了许可证颁发要求。德国排污许可证颁发的相关法律在遵照欧盟要求的基础上进一步得到了加强。

（三）德国排污许可证覆盖企业全生命周期

在管理时段上，德国的排污许可证覆盖了企业生命周期的各个阶段，包括将生产活动结束之后的场地恢复纳入其管理范围。从企业的开工建设到最终消亡，实现“从始至终”的全过程监管。在管理对象上，排污许可证综合了多种环境要素的污染行为规范，德国的综合许可证对大气、水体、土壤的污染进行综合管理。排污许可证同样集合了排污申报、排污许可证发放、许可的技术标准、许可量的确定及排放监测、排放报告等各类要求，并将国家、州和地方的各类排放管理要求集成为统一的管理平台，便于政府监管、公众监督和企业守法。在排污许可制度实施方面，德国同样具有法律依据详尽、排放标准以技术标准为基础、许可形式因污染源类型而异、以环境经济政策为补充、注重各地区自身发展、用严厉的惩罚措施提供保障、强化信息公开和公众参与等特点。

（四）德国排污许可与环评是充分融合的

德国的排污许可和环评均需要环保部门审批，环评是排污许可的前置，实行“最多跑一次”。环评作为排污许可内容的一部分，纳入排污许可证中，政府部门的审批结论只有一个，环评是排污许可审批结论中的一部分。当企业新上污染治理设施、污染物排放量发生变化或根据新出台的 BAT 更新排污许可证时，需要重新做环评。

（五）德国排污许可检查与处罚以督促和指导企业履行环保责任为出发点

德国排污许可执法人员进行执法的基本流程包括及时做出决定、公布相关信息、及时做出处罚。德国现场执法检查的目的是掌握企业是否遵守许可证的条件和企业运行时对周边环境的影响。在企业开工建设时，要去现场检查；在正常运营前，也要去现场检查；发生特殊情况时，更要去现场检查。如果企业污染物超标，小时均值超过日均值两倍以上，需持续监测。在执法过程中，轻微违法行为，通过书面、邮件的方式，对企业提出整改要求，不进行处罚；如果企业不纠正或违法行为较严重，进行罚款；如果是非常严重的违法行为，移交并进行刑事处罚。但据了解，还从没有一例进行过刑事处罚。

四、启示

通过此次交流活动，了解到欧盟许可制度的真实情况，除收获了上述经验之外，有几点与我国目前管理现状不同，值得我们思考和学习借鉴。

（一）排污许可制度覆盖面广

排污许可制度是欧盟生态环境管理的重要手段之一，适用范围非常普遍，几乎可以说是全覆盖，涉及各行业、各领域、各类污染要素、各种大小的污染源，欧盟成员国根据本国实际需要，落实欧盟的指令要求。但是，许可证是分门别类的规定，并不是由一部统一的许可指令规定，也并非一企一证，各个国家执行的种类、内容、程序和处罚等各不相同。

与我国《排污许可管理条例（草案征求意见稿）》最相近的是欧盟的《工业排放指令》，它仅管理部分行业、规模以上的污染源。欧盟实行许可制度20多年来，也只发放了5万多张工业排污许可证，还在逐步推进之中，尚未全部普及。我国作为"世界工厂"，企业数量之巨，全覆盖难度之大，到2020年时间之紧，都将给我国排污许可管理制度的推进增加困难，影响这项制度的有效运转。

（二）执法的目的是促进企业改进而非处罚

政府对企业进行执法检查，绝大多数情况都会提前几天告知企业，与企业从事环境保护管理的技术人员约定时间，检查时也多以指导和帮助企业改进为主要目的，如果发现比较严重的违法情况要进行处罚，更多的是与企业协商，给企业改正的机会或者商量处罚的程度。欧盟成员国相关负责人员表示，执法的目的是促进企业合规守法，而非处罚，并不希望企业被处罚导致严重不利后果，甚至关闭。在克虏伯-曼内斯曼钢铁公司（HKM）交流时，虽然是提前预约过的，但现场仍看到企业存在烟囱冒黑烟、扬尘四起的情况，企业表示该设备确有问题，属于不正常运行，但杜赛尔多夫市环境保护局人员也并未对其开罚单，仅做了交流和了解情况。此外，我们还了解到，欧盟虽然有很多严格的规定和十分严重的惩罚，但几乎不会使用，仅为警示作用，是一把高悬的利剑，不会轻易砍向企业。总体来说，环保部门与企业是"老师教学生"的关系，虽然有时学生做得不好，可能会面临处罚，但仍以教育和促进为主。

对比我国，执法者与排污单位是"猫捉老鼠"的关系，执法者铆足了劲，想尽办法找到排污单位的违法行为，并进行处罚，却几乎没有指导和帮助，不利于问题的解决，形成了对立局面，这也是导致企业怨声载道的原因。

第四章　意大利排污许可制度实施经验[①]

受意大利环境、领土与海洋部（IMELS）邀请，2018 年 11 月 18 日—12 月 2 日，中方代表团赴意大利执行“中意合作环境管理与可持续发展项目排污许可管理培训”任务，开展了为期 15 天的学习培训。本次培训采用课堂授课和实地考察的方式，通过培训，出访团组成员对意大利和欧盟《综合污染预防与控制指令》（IPPC 指令），最佳可行技术（BAT），工业污染防治技术问题及要求，石化行业排污许可管理要求，农业污染防治要求和技术，工业活动环境管理案例分析等有了基本了解。

一、培训总体情况

本次培训授课地点主要在米兰理工大学科莫校区、米兰校区、克雷莫纳校区，授课老师均为米兰理工大学教授，主要讲解大气、土壤、

① 2018 年 11 月 18 日—12 月 2 日，中方代表团赴意大利开展排污许可制度交流，出访团组成员有：生态环境部多金环、潘英姿、孙峰，生态环境部环境与经济政策研究中心王彬，生态环境部环境保护对外合作与交流中心刘侃、陈坤、韵晋琦，内蒙古自治区生态环境厅付叔，山东省生态环境厅李文峰，湖南省生态环境厅吴小平，海南省生态环境厅符朝辉、吴晓晨，重庆市生态环境局杨洪彬，贵州省生态环境厅周婷，青海省生态环境厅何文娟。

BAT 等方面的环境保护技术性知识，此外还邀请了大区环保局人员讲授排污许可证发放情况，知名律师讲授环境法。授课老师结合典型案例，重点介绍了石化工业、食品加工业等工农业生产活动中的环境管理要求，以及排污许可证发放和开展证后管理等内容。

培训期间，代表团先后赴砖瓦企业、奶酪食品加工企业开展现场教学，现场考察了自动化控制的环保砖生产车间、观看了环保砖的制作流程、探讨了制作工艺和环保管理情况；参观了养猪场、污水处理设施、污水回收利用循环系统，现场观摩奶酪食品制作车间、储存车间，交流了企业的环保管理情况。

二、欧盟排污许可制度概述

本次培训围绕排污许可制度这一主题，内容广泛，涉及欧盟 IPPC 指令、《工业排放指令》（IED）、BAT、工业污染防治技术问题及要求、石化行业排污许可管理要求、农业污染防治要求和技术、工业活动环境管理案例分析等内容。

（一）工业来源的环境控制程序和监管方法

1. 欧盟环境保护战略

欧盟对工业污染实行全过程控制管理，主要包括：①从源头上预防污染，通过回收/再循环最大限度地减少生产过程中的原材料，替代在生产过程和最终产品中的危险物质，延长产品生命周期，在最终处置前，重新使用/回收/再循环；②利用过程中的污染防治，通过用户教育，提高正确使用的意识，避免误用和产生过多的废物；③通过末端污染控制措施，消除污染和正确管理残留废物。

2．欧盟污染监管控制的原则要求

欧盟污染监管控制的原则要求包括：污染物排放限值、环境质量标准（EQS）、健康影响。

其中，EQS 建立的污染物浓度限值是为了避免、预防或减少对人类健康和环境的有害影响。限值是基于环境要素（如空气、土壤、水、生物等）、污染物的影响（如对人类健康、水体、植被、气候、全球变化等产生的影响）、有害影响的性质［包括健康影响，无毒或者有毒（非致癌、致癌、致畸、致突变）］以及一般环境生态毒性化学/生化特性（如生物降解性、生物累积、持久性）确定的。

3．欧盟工业污染源控制的制度框架

欧盟出台的 IED，适用于约 52 000 个工业设施，针对产生大气、水、土壤和废弃物等关键污染物的主要来源，通过实施综合许可制度和 BAT，进行综合污染预防和控制，在经济和技术可行的条件下考虑成本和优势，有效实现整体高水平环境保护的目标。因此，各成员国必须按照 IED 的要求申请排污许可证并对污染企业进行管理。

在欧盟，企业申请许可证的内容包括：关于装置及其活动说明；工厂使用或产生的能源及原辅材料；安装的排放源；装置场地的环境条件；预期排放物对环境的性质、数量及其重大影响；防止或在可能的情况下减少污染物排放的拟议技术和其他技术；设施产生的废物的预防、再利用、再循环和回收的措施；监测向环境排放污染物的措施；概述申请人研究的拟议技术，技术和措施的主要替代方案；非技术性摘要。

许可内容/条件包括：最佳可行技术结论至少应作为设定许可条件的参考；污染物排放限值；土壤和地下水保护的要求；监测和管理产生废物的措施；排放监测要求（测量方法、频率和评估程序、向主管部门报告以及评估符合最佳可行技术相关水平要求的可用性）；定期维护和监督防止向土壤和地下水排放污染物的措施的要求；定期监测可能涉及土壤和地下水污染的有害物质的要求；除正常操作条件以外的其他条件有关的措施（启动、关闭、泄漏、故障、瞬间停工和最终停止操作）；关于尽量减少远距离或跨界污染的规定。

IED 附件详细列明了许可涉及的工业部门，包括能源生产、金属的生产和加工、矿业、化学生产、废物管理和其他操作 6 大类，其中每类又详细分为很多小类。

4．BAT

BAT 确定的准则包括：使用低废物技术；使用危害较小的物质；回收产生和使用的物质/废物；类似的工艺技术；技术进步和科学知识的变化；有关排放的性质、影响和数量；新的或现有装置的调试日期；采用该工艺所需时间；原材料（包括水）的消费和性质；能源效率；尽量减少环境影响/排放风险；国际公共组织公布的信息。

BAT 要解决的主要问题是：效率；成本（资本、运营/维护）；经证明的全面适用性；商业可用性；跨媒介效应；次生残留物（固体、液体、气体）的产生。

5．环境影响评价（EIA）

欧盟要求在决定推进工厂授权许可之前，评价个人或公司对实际项目的环境影响（正面和负面）。

在欧盟监管框架内，EIA 必须提供项目描述；已经考虑的替代方案；环境描述；描述对环境的重大影响；减排，缓解污染；非技术性总结；技术缺陷/技术困难等信息。

（二）工业来源的环境控制程序：技术问题和要求

1．工业废水

管理方案要求，工业废水间接排放遵守公共污水排放规定，直接排放遵守地表水排放规定。

污染物分为两类：一类是“黑名单”（有毒、持久和生物可累积的化合物），要求进行浓度限制（比监管更严格）以及进行自动和（或）连续监测；另一类是“灰名单”（在放电后随时间失去危险性的化合物），要求符合受体质量标准的浓度水平——采用最有效的浓度削减技术。

根据欧盟水框架指令 2000/06，列入“黑名单”的主要水污染物包括有机卤素、有机磷、有机锡化合物；被证明具有致癌或诱变特性的物质和制剂；持久性烃类与持久性可生物累积的有机有毒物质；金属及其化合物、砷及其化合物；杀菌剂和植物保护产品；悬浮材料；引起富营养化的物质（硝酸盐和磷酸盐）；对氧平衡有不利影响的物质（可以使用 BOD、COD 等参数测量）。

结合物理、化学和生物方法的废水处理工艺的单元过程可分为初级（机械）处理（筛选、沉淀）、二级（生物）处理（微生物氧化）和三级（高级）处理（污染物处理）。

2．工业固体废物

根据固体废物管理系统中的功能要素进行分类管理。对于可以恢复使用功能的，作为资源管理。废物指令（2006/12）附录 2B 中详细列举了 13 类“恢复”操作（专栏 4-1）：

专栏 4-1　13 类“恢复”操作

– R1 主要用作燃料或其他方式产生能量

– R2 溶剂回收/再生

– R3 再循环/回收未用作溶剂的有机物质（包括堆肥和其他生物转化过程）

– R4 回收金属和金属化合物

– R5 回收/再生其他无机材料

– R6 酸或碱的再生

– R7 用于减少污染的组分的回收

– R8 从催化剂中回收组分

– R9 油再精炼或其他油的再利用

– R10 有利于农业或生态改善的土地处理

– R11 使用从编号为 R1 ~ R10 的任何操作中获得的废物

– R12 交换废物以提交至编号为 R1 ~ R11 的任何作业

– R13 存放废物，等待编号为 R1 ~ R12 的任何操作（不包括临时存储的固体废物、收集后待处理的固体废物以及在其生产的场所中的固体废物）

能源回收是固体废物利用的主要途径，分为生物处理和热处理两类。生物处理主要是厌氧消化，自然发生的分解和腐烂过程，有机物质在厌氧条件下（无氧气）分解为更简单的化学成分。热处理方式有三种：焚烧，如以减少固体废物体积、产生能量或预处理固体废物的受控燃烧；热解，在没有空气的情况下固体废物的高温热降解产生焦炭（固体残余物）、热解油（液体燃料）和合成气（气体燃料），如将木材转化为木炭；气化，通过部分氧化将材料的含碳量在高温下转化为气态，气态物质包括一氧化碳、氢气和甲烷，如煤炭转化为城市燃气时的甲烷。

欧盟实施统一的固体废物清单分类，欧盟固体废物清单（固体废物来源）包括 20 类（专栏 4-2）。

专栏 4-2　欧盟固体废物清单（固体废物来源）

–01 勘探、采矿、选矿和矿物以及采石场进一步处理产生的固体废物

–02 来自农业、园艺、狩猎、渔业和水产养殖初级生产的固体废物，以及食品加工过程产生的固体废物

–03 木材加工和纸张、纸板、纸浆、板材和家具生产的固体废物

–04 来自皮革、毛皮和纺织工业的固体废物

–05 来自石油精炼、天然气净化和煤的热解处理的固体废物

–06 来自无机化学过程的固体废物

–07 来自有机化学过程的固体废物

–08 涂料（油漆、清漆和玻璃搪瓷）、黏合剂、密封剂和印刷油墨的制造、配方、供应和使用（MFSU）产生的固体废物

–09 来自摄影行业的固体废物

–10 热过程产生的无机固体废物

–11 来自金属处理和金属涂层的无机金属固体废物，以及有色金属湿法冶金固体废物

–12 金属和塑料成型及表面处理产生的固体废物

–13 油废物（食用油、“05”和“12”除外）

–14 用作溶剂的有机物质产生的固体废物（“07”和“08”除外）

–15 固体废物包装；没有特别说明的吸收剂、擦拭布、过滤材料和防护服

–16 清单中未另行说明的固体废物

–17 建筑和拆除固体废物（包括道路建设）

–18 来自人类或动物卫生保健和（或）相关研究的废物（厨房和餐馆废物除外，不属于直接卫生保健）

–19 来自废物处理设施（如场外废水处理厂和水工业）的固体废物

–20 市政产生的固体废物和类似的商业、工业和机构产生的固体废物，包括单独收集的馏分

其中，根据固体废物的危险性，将一些固体废物认定为危险废物（专栏 4-3）。

专栏 4-3　具有危险性的废物的性质

H1 爆炸物：可能在火焰的作用下爆炸或比二硝基苯对冲击或摩擦更敏感的物质和制剂

H2 氧化：与其他物质，特别是与易燃物质接触时表现出高度放热反应的物质和制剂

H3 A 高度易燃：

– 闪点低于 21℃的液体物质和制剂

– 在环境温度下与空气接触而不施加任何能量可能变热的物质和制剂

– 在短暂接触点火源后易于着火，并在除去点火源后继续燃烧或消耗的固体物质和制剂

– 气态物质和在常压空气中易燃的制剂

– 与水或潮湿空气接触会产生高度易燃气体的物质和制剂

H3 B 易燃：液体物质和闪点等于或大于 21℃且小于或等于 55℃的制剂

H4 刺激：通过立即、长期或反复接触皮肤或黏膜，可引起炎症的非腐蚀性物质和制剂

H5 伤害：吸入或摄入或渗透皮肤可能涉及有限的健康风险的物质和制剂

H6 有毒：如果吸入或摄入或渗入皮肤，可能会导致严重、急性或慢性健康风险甚至死亡的物质和制剂（包括剧毒物质和制剂）

H7 致癌：吸入或摄入或渗透皮肤可能会导致癌症或发病率增加的物质和制剂

H8 腐蚀性的：可能破坏接触处活组织的物质和制剂

H9 感染的：已知或可靠地认为在人或其他生物体内引起疾病，含有活微生物或毒素的物质

H10 致畸：吸入或摄入或渗透皮肤可能诱发非遗传性先天性畸形或增加其发病率的物质和制剂

H11 诱变：吸入或摄入或渗入皮肤可能诱发遗传性缺陷或增加其发病率的物质和制剂

H12 与水、空气或酸接触能释放有毒或剧毒气体的物质和制剂

H13 能够通过任何方式处理后产生另一种物质的物质和制剂，如渗滤液具有上述任何特性

H14 生态毒性：对一个或多个环境部门存在或可能存在直接或延迟风险的物质和制剂

此外，危险废物的定义也依赖于所谓的“风险短语”代码，这些风险短语源于理事会指令 67/548/EEC（以及修正案）的附件Ⅲ，包括：

– R34 会导致烧伤

– R35 引起严重烧伤

– R36 刺激眼睛

– R37 对呼吸系统有刺激作用

– R38 对皮肤有刺激作用

– R40 不可逆效应的可能风险

– R41 严重损害眼睛的风险

– R46 可能引起遗传性损伤

– R60 可能损害生育能力

– R61 可能对未出生的孩子造成伤害

– R62 生育能力受损的可能风险

3．大气污染物

大气污染物分为三类：一般污染物（如 SO_2、NO_x、CO、PM、

NH_3、VOC）、有毒微量污染物（如 PAHs、PCBs、PCDD/Fs、重金属）和温室气体（如 CO_2、CH_4、N_2O）。

大气污染控制方法一般分为两类，一是过程干预，包括燃料转换、能源/材料利用效率、流程修改，主要适用于以下几个加工行业：水泥生产（CO_2、PM、NO_x）、钢铁（CO、PM）和金属表面处理（非甲烷挥发性有机物）。二是烟气处理，运用专用的清除技术，包括：选择性非催化和催化转化 NO_x；干/湿吸收处理 SO_2 +酸性气体（HCl、CO_2）；运用干/湿颗粒分离处理 PM；运用热/催化转化处理 CO、非甲烷挥发性有机物。

（三）CEMS 以及 CEMS 网络

1．CEMS

烟气排放连续监测系统（CEMS）是用于监测固定源排放的设备。根据意大利国家法规（D.Lgs 152/2006）和区域监管法规（DDS 4343/2010 + DDUO 12834/2011），以下工厂设备必须安装 CEMS：城市垃圾处理厂、水泥窑（容量超过 500 t/d）、玻璃熔炉（容量超过 20 t/d）、大型燃烧设备（LCP）和钢铁厂（仅用于粉尘参数）。

CEMS 能够测量的参数包括污染参数、烟气参数和系统参数。其中，污染参数包括 CO、NO_x、SO_2、HCl、HF 和粉尘等；烟气参数包括温度、压力、湿度和流量等；系统参数包括运行条件、产生的能量和减排系统条件等。

CEMS 管理要求包括：在许可证中显示限值（可以比立法中的限值更严格）；企业人员负责 CEMS 的运行；数据的保存时间必须不得少于 5 年。CEMS 的管理手册包含维护 CEMS 仪器高效率的所有操作、数据处理和异常管理；CEMS 仪器校准的标准由 UNI EN 14181/2015 规定。

2．CEMS 网络

CEMS 网络是伦巴第大区（ARPA Lombardia）的一个项目，目的是对伦巴第地区最重要的排放源建立连续监测系统网络，地方法规（DGR 11352/2010）明确了哪些工厂必须在 CEMS 网络上连接，这些工厂包括废物内燃机厂、水泥窑、玻璃熔炉和大型燃烧设备（LCP）。该项目的目标是创建类似于现有空气质量网络的“CEMS 网络”；安装在工厂的 CEMS 用于采集排放数据；接收伦巴第地区最重要污染来源的所有 CEMS 数据；根据同质标准处理所有 CEMS 数据；评估大面积大型工厂的排放性能（伦巴第大区面积为 23.844 km^2）。

CEMS 网络应用包括：特定工厂设备分析（如大型工厂设备的污染物排放通过相互比较以发现关键差异）、环境影响评价、向当局提供支持。

（四）农业和食品行业：资源特征、污染控制要求和技术

1．欧洲农业概况

草地和农田共占欧洲土地覆盖面积的 39%，50%以上的耕地用于谷物生产。欧盟成员国的农业用地面积（UAA）各不相同（从丹麦的约 60%到瑞典和芬兰的约 7%），欧洲各国的农业结构。

欧洲约 94%的氨排放来自农业，如粪肥储存、浆料扩散和无机氮肥的使用等活动。农业用泥炭土中每年 CO_2 排放量为 100.5 Mt，林业为 67.6 Mt。欧盟是全球第二大泥炭土 CO_2 排放地（紧跟在印度尼西亚之后）。可再生水资源的主要压力来自农业（季节性的，农业消耗占欧洲水资源的 50%以上），农业是地表水和地下水硝酸盐的主要来源之一。约 9%的农业用地属于 Natura 2000 网络（欧盟自然保护区网络）。农业还贡献了 2 500 万 t 油，相当于可再生能源的产量（2015

年），占所有可再生能源产量的12.3%。

2．农业环境问题

（1）水质——硝酸盐指令

欧盟硝酸盐指令（91/676/EEC）将农田的氮负荷超过170 kg/(hm^2·a)认定为来源于农业的硝酸盐污染“脆弱地带”，需要实施水质监测与“行动计划”。

以意大利伦巴第大区为案例，各市76%的养猪场（551个养猪场）位于脆弱地带，应当遵循IPPC指令96/61/CE以及相关的环境综合许可的规定。

（2）气候变化——CH_4和N_2O排放

伦巴第波河河谷（意大利）是世界上28个NH_3含量较高的地区之一。伦巴第地区95%的氨排放来自农业（畜禽+化肥）。

伦巴第地区还需要控制氮，以应对空气质量问题（2014年欧盟提出了侵权诉讼）。

3．欧洲的食品加工行业

根据2013年统计数据，欧洲的食品加工行业年营业额为10.39亿欧元（占制造业总营业额的14.6%），70%的农业原料来自欧盟的287 000家公司（其中285 000家是中小企业），提供了442万个工作岗位（占制造业总就业人数的14.5%）。

意大利是欧盟的第二大农业国，食品加工业是仅次于金属工业的第二大制造业，吸纳了38.5万人就业，占全国农业生产的70%。农产品产业收入为1 870亿欧元（食品工业1 320亿欧元+初级农场和畜牧业550亿欧元），占国民生产总值的11.3%。

4．饮食行业

饮食行业的主要环境问题包括：产地土壤和水体环境质量保护；污水和废物、废气排放；食物浪费导致资源浪费和温室气体排放；包装废弃物的产生，废物回收、再利用、循环利用（包装指令 94/62/EC）；食品安全和卫生要求：用于清洁设备的水。

为了确保可持续性，必须考虑和控制原料供应、食品加工、运输、分配、制备、包装和处置带来的影响。

（1）气体排放

饮食加工产生的主要气体污染物，不包括能源生产等相关活动中释放的污染物，包括：灰尘、挥发性有机污染物和臭气（一些是由挥发性有机污染物带来的）；含氨和卤素的制冷剂；燃烧产物，如 CO_2、NO_x 和 SO_2。臭气主要是区域问题，臭气的排放受妨害法约束，一些国家已经开始立法。

（2）水消耗

包括：用于冷却和清洗；作为原料，特别是用于饮料业；作为工艺用水，如用于洗涤原料、半成品和成品；用于烹饪、溶解、运输；作为辅助水，用于蒸汽和真空的生产；清洁用水；用于冷却和清洗。

水质需求取决于具体用途。水回收和（或）再利用是饮食行业的常规技术（水流分离和水流分化）。

废水污染物包括：有机可降解物（COD、BOD_5），浓度比一般生活污水高 10～500 倍；脂肪、油、油脂；分散/悬浮固体；营养素（氮和磷）；pH 值可从 3.5 到 11（在加工、清洗操作中使用碱性或酸性溶液，酸性废气或成酸反应）；其他化合物可单独对污水处理厂产生反作用（盐、农药残留、消毒或产品清洁产生的残留物和副产品）；致病生物（肉类鱼类加工）。

5．饮食业污染物处理技术

（1）废水处理技术

一般工艺流程是初级（机械）处理，去除固体或悬浮颗粒、脂肪和油、调节 pH 值；二级（生物）处理，去除有机物；三级处理，去除氮、磷、病菌。工艺又可分为有氧的和无氧的。

（2）提高资源利用效率的技术

主要包括：回收残渣作为动物饲料使用（欧盟委员会条例第68/2013号）或作为副产品（废物指令98/EC 2008）；工业废水回收（防火用水、清洗用水、热循环用水等）。欧洲食品规范委员会发布的《食品厂加工用水再利用卫生准则草案（1999—2001）》要求食品厂加工用水质量高于饮用水；意大利法令D.L. 185/2003第3章要求“工业用水可再利用，但不能与食品、药品、化妆品接触”，利用废水灌溉土地，经过适当处理，充分利用其中的养分。

（3）厌氧消化（AD）产生沼气

在没有氧气的情况下通过微生物处理可生物降解的残留物，从而产生沼气和沼渣。沼气用作燃料（燃气发动机/锅炉），沼渣用作肥料。

厌氧消化是在没有氧气的情况下将有机物质转化成甲烷和二氧化碳的生物过程。复杂有机物的厌氧降解是由许多细菌通过协同作用进行的。

（五）工业活动的环境管理系统

工业活动的环境管理系统包括：一般方法、框架、规章和程序案例研究。

企业环境管理通常有4个主要的模式：被动管理模式、自适应/反应管理模型、预期管理模式和创新管理模式。

大公司（通常是跨国公司）环境管理内部驱动力较多，可以通过具体而直接的方式感知对可持续性的需求。小公司（中小型企业）环境管理主要来自外部的压力和动力，生态兼容性的激励只能来自公共政策或市场。

企业环境管理使用的特定工具包括：环境管理系统（EMS）；环

境会计；环境平衡表/可持续性；环保标签；生命周期评估（LCA）；环境足迹。

（六）环境影响评价

1．环境影响评价（EIA）概念框架

（1）环境影响

环境影响为导致个别环境成分（如水、土壤和空气）或整个环境系统（如生态系统、人类健康）恶化的人为干预影响。某一初始污染物造成的种种干扰所导致的结果，通过复杂或简单的事件链条，对重要的环境目标物产生压力，并有可能改变它们。

（2）EIA 概念

行政和技术程序旨在评估新建设的兼容性和（或）环境的实质性变化，此时环境被理解为种种人类活动和多样自然资源的一整套组合。EIA 识别并描述事实状态并对设计阶段进行评估。它是对初始环境状况可能造成的破坏性影响的预测，即预测实现项目所产生的影响。

2．EIA 立法

（1）EIA 指令

1985 年，欧洲经济共同体通过了第一项环境影响评价指令（指令 85/337/EEC：特定公共或私人项目的环境影响评价）。它是一项具有详细规约准则的框架法，用于约束成员国，并让它们自由选择如何在 1988 年 7 月 3 日前实施该指令。1997 年通过了指令 85/337/EEC 的修正案（指令 97/11/EC）（筛查阶段）。2001 年通过了欧盟《关于特定规划和计划的环境影响评价指令》（指令 2001/42/EC，简称 SEA 指令），为欧盟开展战略环境影响评价提供了有力的法律保障。

指令 85/337/EEC 在 1997 年、2003 年和 2009 年进行了三次修订。

修订后的指令分别为指令 97/11/EC、指令 2003/35/EC、指令 2009/31/EC。指令 97/11/EC 通过增加所涵盖项目的类型以及需要进行强制性环境影响评价的项目数量，扩大了指令的范围。它还规定了新的筛查安排，包括附录 2 所列项目的新筛查标准（附录 3）和明确确立的最低信息要求。指令 2003/35/EC 旨在使其中的公众参与条款与关于公众参与决策的《奥胡斯公约》保持一致。指令 2009/31/EC 通过增加与二氧化碳的运输、捕获和贮存相关的项目，修订了指令的附录 1 和附录 2。

（2）相关立法

EIA 相关的立法主要包括《综合污染防治与控制指令》（指令 96/61/CE，简称 IPPC 指令）和《关于保护自然和半自然栖息地以及动植物群（“栖息地”）指令》（指令 92/43/CEE，简称 IE 指令）。

（3）意大利相关法规

根据第 349/1986 号法，意大利启动了环境影响评价的实施过程，该法解决了一般性的问题。同时，意大利根据该法，建立了环境部。该法第 6 条规定了环境兼容性裁决，确立了环境损害法规，还界定了环境部审批发展许可的程序。1988 年 12 月 27 日的 D.P.C.M.（D.P.C.M. 27 dicembre 1988）界定了起草环境影响研究和形成环境相容性判断的技术标准。

3．环评范围

应进行环境影响评价的项目包括 Art. 1（指令 85/337/EEC 和指令 97/11/EC）指令涉及的“可能对环境产生重大影响的项目”，应提交环境影响评价的项目类型包含在该指令的附录 1 和附录 2 中，计划应开展工作的特征、规模和位置见指令附录 3。

（1）强制

对环境有重大影响的项目应进行影响评价。其中包括：热电站和其他燃烧装置，其热输出功率为 300 MW 或以上；用于大量饲养家禽或猪的装置，即肉鸡饲养装置超过 85 000 处，母鸡饲养装置超过 60 000 处，种猪（超过 30 kg）饲养场所超过 3 000 处，母猪饲养场所超过 900 处。

（2）在有重大影响的情况下强制

针对环境影响不确定的项目，如果成员国认为可能对环境产生重大影响，则对这些项目进行评价。成员国可以设定阈值或标准，以确定哪些项目应根据其环境影响的严重性进行评价。

（3）意大利公共工程框架

根据 1994 年 2 月 11 日第 109 号“默洛尼法”，按照以下步骤执行：工程项目—初步规划（视环境影响评价结果而定）—最终规划（应成为实施 EIS 的标准）—执行。

随着默洛尼法的配套规章的实施，步骤改为：初步规划（根据环境预可行性研究）—最终规划（受 EIA 约束）。

4．EIA 程序

EIA 程序可总结为以下几点：

（1）开发者可要求主管部门说明开发者提供的环境影响评价信息应涵盖哪些内容（范围界定阶段）；

（2）开发者必须提供有关环境影响的信息（环境影响评价报告——附录 4）；

（3）必须向环境部门和公众（以及受影响的成员国）通报和咨询；

（4）由主管部门确定并考量多方协商的种种结果；

（5）公众随后被告知最终决定，并可以向法院提出质疑。

5．EIA 行动方

EIA 行动方包括开发者、相关部门以及任何公民或任何公共主体。

（1）开发者（公共的或私人的）

– 开启程序

– 区域立法：区分开发者和提议的部门

（2）相关部门

• 主管部门

– 发布有关项目的环境兼容性的法令

– 环境部、遗产和文化部、各部委律师

• EIA 委员会

– 指导程序进展

– 评估计划框架、项目概况和环境影响

• 地方政府（各地区）

– 相关地区应由环境部负责

三、欧盟及意大利排污许可制度的特点

（一）排污许可按重点项目和一般项目实行分类管理

按照欧盟 IPPC 指令颁发的许可证为综合环境许可，包括水、大气、土壤、固体废物等环境管理内容，目前已为欧盟约 50 000 个工业设施颁发了许可证，其中意大利约有 5 500 个获得许可证。许可证核发权限由立法来确定，原则上环境部为最重要的工厂颁发许可证，即重点管理许可证；地区当局根据技术委员会的初步评估结论，颁发较次要的工厂许可证，即一般许可证。

企业按照规定提供许可证申请材料，申请材料主要包括生产装置情况、使用的能源和原辅材料、工业设施周围的环境状况、工业设施将产生的主要污染物情况、拟采取的技术方法、拟采取的污染物控制

措施、污染控制方案的替代方案以及其他需要说明的材料。

意大利环境部门根据技术委员会作出的评估报告给工业设施发放许可证，原则上 180 天内颁发综合许可证，90～120 天内颁发一般许可证。颁发许可证一般按照从严、取严的要求来划定许可限值，许可证的期限一般为 10～16 年。意大利许可证的主要内容包括：最佳可行技术要求，排放限值要求，土壤和地下水保护的要求，排放污染物控制措施、自行监测的要求，企业日常管理运行措施要求，土壤和地下水有毒有害物质的监测要求，非正常工况的情况，远距离、跨界污染转移的管理规定要求等。

（二）BAT 应用及大数据库支撑

BAT 是取得许可证的主要依据之一。IED 明确规定，BAT 结论应该作为制定许可证条款的参考，合格的权威机构不能违反 IED 第 18 条规定，但是可以制定比 BAT 结论中最佳可行技术能够实现的排放限额更为严格的许可证条款。BAT 是进行污染控制措施的主要标准。

适用 BAT 不搞“一刀切”。考虑到 BAT 的研发状况及其他设备的改装，许可证条款应当进行定期审议，并且在必要时进行更新，当采用了新的或者更新了 BAT 结论时更应如此。在特殊情况下，如果通过对许可证的重新评估和更新，发现在 BAT 结论发布的 4 年之后才有可能引入新的 BAT，那么合格的权威机构应当根据 IED 中的标准适当延长旧 BAT 结论的适用期限。

BAT 在法律中体现为 BAT 参考文件和 BAT 结论。BAT 参考文件是根据 IED 第 13 条规定进行充分交流后达成的一份文件，该文件规定了特定的工业活动，描述了一些可利用技术、当前的排放水平、消耗水平以及技术，从而界定何为 BAT 以及 BAT 结论和其他新兴技术，制定该文件时参考 IED 附录 3 中的各项标准。BAT 结论文件包含了

BAT 参考文件中界定 BAT 的结论部分，还包含了这些技术的描述、可行性评估信息、这些技术导致的排放水平以及相关的检测和消耗水平，在合适的情况下还包括相关地点的补救措施。

为了保证落实的条件统一，IED 授权欧盟委员会制定有关数据收集和 BAT 参考文件起草及质量保证（包括参考文件格式和内容是否合适）的指导意见，旨在划定何为开启和关闭的时间。为了确认何为 BAT 以及限制欧盟内部工业活动排放标准不平衡现象，起草、审阅并且在必要时更新 BAT 参考文件，让利益攸关方进行信息交流，并且通过欧盟委员会相关程序制定 BAT 结论。欧盟委员会应为数据的收集进行指导，明确 BAT 参考文件的内容及质量保障标准。BAT 结论应当作为制定许可证条款的参照。这些结论应当以其他资源作为补充。欧盟委员会应当在不晚于上一版 BAT 参考文件发布 8 年之后对其进行更新。

为了积极而有效地进行信息交流，制定高质量的 BAT 参考文件，欧盟委员会建立了一个运作透明的论坛，并进行信息交流。BAT 参考文件要向公众公开，目的是保证成员国和利益攸关方能够依照既定的指导意见提供足质足量的数据，保证能够认定最佳可行技术以及新兴技术。具体来说，成立了欧洲 IPPC 局（The European IPPC Bureau，EIPPCB），设立了专门的网站（http：//eippcb.jrc.ec.europa.eu/），用于交流各国 BAT 的信息。

原则上，BAT 技术每 4 年进行一次评估，技术更新周期为 4 年。BAT 技术一旦得到更新，技术水平得到提升，污染物排放水平发生变化，政府会主动为工业设施变更许可证，以确保工业设施运行管理符合相关技术规定要求。

（三）综合许可与环境风险分级管理

自 20 世纪 90 年代以来，欧盟关于环境问题的立法走向综合方法

（许可或控制活动），如 IPPC 综合污染预防控制。

为了按照环境风险进行分级管理，意大利开发了规划控制支持系统（SSPC），风险因素包括实际影响和潜在影响两大类。实际影响包括实际排放（空气、水、废物）和工厂周边环境，潜在影响包括环境管理问题和工业装置类别。

通过 SSPC 算法，每个工业设施都有一个风险指数（范围 1～10）。检查频率取决于风险指数，最低风险的设施检查每 3 年一次，最高风险的每年一次。

根据环境风险评价等级对企业证后管理实行分类管理，对于环境风险较高的企业每年至少检查一次，对于环境风险较低的企业保证 3 年检查一次。通过实施分类管理，环境部和区政府合作检查，共同实施企业的监管，确保落实许可证要求。

（四）诚信守法意识

意大利伦巴第大区环保局开发了专门的排污许可网络（ARPA），环保部门可以基于 ARPA 网络的工具，开展在线检查。每次 ARPA 在 VISPO 中进行实地访问，操作员通过输入，得到以下数据：实地考察日期（开始/结束）；检查组；会议纪要和最终报告；违规情况（如果相关）。检查数据（每年基数）详细说明在网站上公布结果，并用于辅助风险标准工具。

企业可以基于 ARPA 网络的工具，用于自我监控数据，每年自我监测数据由运营商直接输入 AIDA，数据由运营商验证（每年），自我监控数据被转发到 ARPA，在 ARPA 数据中详细阐述（以年为基础）以供发布。根据所有这些数据，环保部门可以确定来自每个 IPPC 的排污量（通道排放）。

第五章　澳大利亚排污许可制度实施经验及对我国的建议①

为落实《中国-澳大利亚建设项目环境管理行动实施方案》，2016年10月10—14日，环境保护部环境工程评估中心（以下简称“评估中心”）赴澳大利亚新南威尔士州参加了基于排污许可的污染源管理经验交流会，与新南威尔士州环保局、新南威尔士州大学等深入交流了新南威尔士州排污许可制度，为推进我国排污许可制度改革顶层设计理清思路、解决难题、积累经验和提供借鉴。

一、出访的基本情况

澳大利亚在20世纪90年代末期实施排污许可证管理。与美国等国家不同，澳大利亚各州都有自己的环保法规，其中以新南威尔士州和维多利亚州最具代表性，其排污许可制度较为完善，取得了良好的效果。以新南威尔士州为例，排污许可体系是依照该州《环境保护操作法》建立的，该法下设多个法规以及行动计划，整合了受单项法约束的排污行为，不但奠定了综合排污许可制度的法律基础，而且对排

① 2016年10月10—14日，中方代表团赴澳大利亚开展基于排污许可的污染源管理经验交流，出访团组成员有环境保护部环境工程评估中心邹世英、李元实、柴西龙、顾睿。

污许可证的具体核发对象、程序、权限和收费标准等要求作出了详细规定。新南威尔士州排污许可制度的执行要求、申领要点、综合管理设置与环境影响评价衔接体系等管理思路对完善中国以排污许可为核心的污染源管理制度体系具有很重要的借鉴意义。访问澳大利亚期间，代表团先后访问了新南威尔士州环保局、新南威尔士州大学，实地参观了 North Head 污水处理厂，主要活动包括：

1．与新南威尔士州环保局就排污许可制度进行交流

中方代表团向新南威尔士州环保局介绍了中国排污许可制度改革进展及相关环境管理制度衔接整合情况，与新南威尔士州环保局深入交流了新南威尔士州排污许可证的法律法规体系、管理规程、管理对象、申领核发程序、技术体系、监管与处罚以及公众参与等关键问题，并就中、澳两国在环评与许可衔接、许可排放量核定、合规检查等方面进行了深入探讨。

2．与新南威尔士州大学就排污许可技术体系及研究进行交流

中方代表团向新南威尔士州大学介绍中国排污许可技术支撑体系设计以及水泥、冶金行业排污许可试点情况，听取了新南威尔士州大学在水污染源管理标准制定中的经验及水污染源管理、大气排放清单等方面的研究成果，共同探讨了如何建立面源、点源排放与水环境质量的联系等。

3．实地参观 North Head 污水处理厂

中方代表团实地参观了位于悉尼港国家公园中的 North Head 污水处理厂，实地参观污水处理厂的环保设施，查阅污水处理厂的排污许可证、年度报告，并就许可内容、许可事项（具体因子及限值）、管理要求、自行监测等与环境管理人员进行了深入交流。

二、澳大利亚排污许可制度概述

（一）健全的法律法规体系是排污许可制度实施的基础

排污许可制度法律法规体系完善。主要以新南威尔士州《环境保护操作法》为基础，下设多个法规以及行动计划，从 1999 年 7 月 1 日起开始实施。该法取代了《清洁空气法》《清洁水法》《环境犯罪和处罚法》《噪声控制行动》《污染控制行动》《废物减量化和管理法》等多个单项法，整合了受单项法约束的排污行为，奠定了排污许可制度的法律基础。此外，新南威尔士州环保局还制定了《合规性政策》《许可证指南》《基于风险的许可证——改善环境规程》等。

排污许可管理对象明确。新南威尔士州《环境保护操作法》规定，被列入清单中的项目须申领排污许可证，分为固定源和移动源两大类。固定源是以房屋为基础的活动，分为 43 类，包括农业、水产养殖、酿造和蒸馏、水泥或石灰工程、陶瓷工程、化工生产、化工储罐、煤炭工程、焦炭生产等。移动源是不以房屋为基础的活动，分为 3 类，包括废物运输等。对不同项目规定了规模限制及豁免特例，如水泥或石灰生产能力超过 150 t/d 或者 30 000 t/a 的纳入许可管理。管理对象清晰明了，企业有据可循。

《环境保护操作法》也对具体核发程序、权限和收费标准等要求作出了详细规定。

（二）规范完备的管理和技术体系是排污许可制度实施的有力支撑

为保障排污许可证实施，新南威尔士州环保局制定了完善的技术支撑体系，既包括管理性规范文件，又包括技术性规范文件。

在管理性规范文件方面，新南威尔士州环保局制定了排污许可证标准格式文件，每个排污企业可以在网站下载标准格式文件。以参观的 North Head 污水处理厂排污许可证为例（许可证编号为 378），排污许可证共 42 页，内容包括许可证信息，行政条件，向空气、水和土壤排放污染物的申请，限值条件，运行条件，监测和记录条件，报告条件，一般条件，污染研究和减排计划，特殊条件，名词解释等，排污许可证内容设置合理、规范，也便于执法检查。

新南威尔士州环保局对企业年度执行报告的格式、内容有明确规定，执行报告包括许可证细节合规性、监测与投诉、许可条件合规性、基于负荷的费用计算工作表的合规性、污染事件响应管理计划、公开监测数据、环境管理体系与实施、签名和认证 8 个方面，便于企业规范编制。

在技术性规范文件方面，新南威尔士州环保局制定了《空气污染物模型与评价核定方法》《水污染物的采样与分析核定方法》等。《空气污染物模型与评价核定方法》中明确了排放清单、气象数据、背景空气质量的地形、敏感的受体和建筑物尾流效应、扩散模型、模拟污染物转化、环境影响评价、排放限值、转换因子、案例等，可供环保部门、排污企业或第三方进行污染物核算、预测评价。

（三）严厉的处罚机制是排污许可制度实施的有效保障

对违反排污许可的行为，新南威尔士州环保局建立了金字塔式的处罚方式，主要分为三级：底端是非故意的违法行为，一般采取警告等方式处罚；中间是投机取巧等行为，采取罚单等方式处罚；顶端是最严重的，故意或过失违法行为，最高判刑 7 年，罚款 100 万澳大利亚元。

针对更为敏感的地区，新南威尔士州采用基于污染物排放负荷的许可（LBL）方法，运行了 15 年，比较成功。在设定污染物排放限值的同时，将许可费用和实际排放量结合起来，实际排放量越高，许可费用越多。而一旦实际排放量超过排放限值，超出部分会收取双倍的许可费用。同时，基于负荷的许可方法还为排污交易提供了基础平台。通过允许企业出售、购买排污量，可以有效控制区域排污总量。

2015—2016 年新南威尔士州共颁发了 2 500 多张排污许可证，其中，280 张是基于污染物排放负荷的，开具罚单 220 张。

（四）综合许可和“一证式”管理提高了企业和环保部门的管理效能

新南威尔士州实行包含废气、废水、噪声、固体废物等在内的综合许可。排污许可证除载明法定需要遵守的污染物排放标准、排放量等信息外，还对污染物排放条件（如旱季、雨季）、运行条件、排污收费、监测与记录、年度报告、环境审计、持续改进、公众投诉等提出要求。采用“一证式”管理，有助于企业内部合规性管理，也有助于政府和环保部门的统一监督管理，提高了环境管理效能。

三、建议

（一）尽快建立健全我国排污许可制度的法律体系

完善的法律法规体系是实施排污许可制度的基础和保障，我国目前正在进行排污许可制度改革。在法律层面，《中华人民共和国环境保护法》《中华人民共和国大气污染防治法》《中华人民共和国水污染防治法》中仅有“国家依照法律规定实行排污许可管理制度”等概要性描述，并无实质要求。《中华人民共和国噪声污染防治法》《中华人民共和国固体废物污染环境防治法》中尚无相关条款。一方面，现阶段将噪声、固体废物等要素纳入排污许可管理的法律支撑不足；另一方面，排污许可的法律要求不具体、难操作。

因此，一是建议加快《噪声污染防治法》《固体废物污染环境防治法》等法律的修订，将排污许可纳入上述法律，为实施噪声、固体废物许可提供法律支撑；二是现阶段尽快颁布《排污许可管理暂行办法》，为排污许可工作实施提供支撑；三是尽快出台《排污许可管理条例》，规定制度内容、程序要求、职责分工、处罚规定等，为排污许可实施提供有力的法律保障；四是修订《建设项目环境保护管理条例》，明确“三同时”验收与排污许可的衔接要求；五是细化完善《排污许可管理名录》，明确纳入排污许可管理的固定污染源行业类别，远期移动污染源也纳入许可管理。

（二）细化完善排污许可管理和技术体系

规范完备的管理体系和技术体系是排污许可制度实施的有力支撑。改革中，我们应借鉴西方国家的成熟经验，一是制定规范的管理体系，制定规范化、标准化的许可证申请表、许可证文本，细化完善许可证的各项条款和内容，如运行条件、监测、报告、管理要求等，规范企业申领、环保部门审核、监管，减少自由裁量权，提高监管效能。二是制定完善的技术体系，支撑许可证申领、核发、监管。制定排污许可技术规范，统一环评与排污许可污染源源强核算方法，规范企业自行监测要求，规定企业环境管理台账及排污许可证执行报告技术要求等，上述技术体系共同服务于企业、环保部门、第三方机构，实现排污许可技术体系的规范化、透明化。

（三）加快完善排污许可监管处罚机制

严格的监管处罚机制可以形成强有力的震慑，为排污许可制度实施提供有效保障。现阶段，我国正处于改革初期，即将印发的《控制污染物排放许可制实施方案》仅提及“严厉查处违法排污行为”，正在制定中的《排污许可管理暂行办法》仅仅监督管理，均未对不同情形的违法行为提出明确而严厉的处罚要求。建议尽快制定《排污许可管理条例》，细化完善对无证和不按证排污、故意违法、投机取巧违法、非故意的违法等情形的处罚，对情节严重的，采取严厉处罚，增强排污许可证的威慑力。同时，出台《排污许可证监督管理暂行办法》，明确许可证监督检查的分类、程序、内容、方式、频次、记录、结果处理等具体要求。

第六章　美国州层面排污许可制度和碳排放权交易制度实践经验及对我国的启示[①]

20 世纪 70 年代，欧美等国陆续开展了排污许可制度实践，经过几十年的发展，排污许可制度已逐步成为欧美等发达国家支柱性的法律制度。碳排放权交易制度与排污许可制度一样，也是国际通行的环境管理基础制度，具有成熟完备的管理体系，在帮助欧美等国家应对气候变化挑战和大气污染防治压力中发挥了较好的效果。应美国环保局（EPA）邀请，中方代表团于 2017 年 2 月 12—17 日赴美国进行了为期 6 天的访问交流活动，学习美国排污许可管理的制度框架、管理政策及实施经验，了解美国州层面碳排放权交易的实施情况与实践经验。

一、出访基本情况

访问交流期间，中方代表团访问了美国环保局（EPA）和中国环

① 2017 年 2 月 12—17 日，中方代表团赴美国开展了排污许可制度和碳排放权交易制度交流，出访团组人员有环境保护部环境规划院陆军、杨金田、王彦超。

境论坛威尔逊中心，会见了 Jeremy Schreifels、Jennifer L.Turner 等政府官员和专家，听取了联邦层面排污许可法律制度框架、政策等方面的报告；访问了马里兰州环保局，会见了 Bill Paul、Chris Hoagland 等政府官员，听取了有关州层面排污许可证颁发、运行、管理经验及区域温室气体倡议（The Regional Greenhouse Gas Initiative，RGGI）实施情况的报告，并就有关问题进行了座谈交流。通过听取报告及座谈，学习美国排污许可制度框架体系与相关政策、马里兰州排污许可实践经验等，深入了解了 RGGI 的实施背景、运行机制等，为推进我国排污许可制度建设、碳排放权交易等工作的开展提供重要参考。

二、美国排污许可制度的法律基础

1970 年美国颁布了《清洁空气法》，该法规定联邦政府和州政府都要对固定污染源或移动污染源制定限制排放的措施，以实现治理空气污染和保护人体健康的目标。1977 年，美国为了全面实现空气质量标准，通过了《清洁空气法修正案》，并在第 I 章中提出了建设许可证这一环境管理要求，规定常规大气污染物潜在排放量超过限定值的新建或改建项目在建设前须申请获得建设前许可证，表明新建或改建项目未来可能会产生的环境影响。1990 年，美国再次通过了《清洁空气法修正案》，增设了第Ⅴ章关于运营许可的规定，要求所有主要污染源及部分非主要污染源、取得建设前许可证的污染源都需取得运营许可证。

根据法律规定，联邦政府授权各州结合自身的环境质量状况来发放排污许可证，也授权各州可以设定更加严格的空气质量标准。

三、排污许可证分类

根据《清洁空气法》的规定，排污企业相关污染物年潜在排放量超过限定值的固定污染源需获取相应的许可证。根据许可性质不同，可分为建设前许可证和运营许可证。

（一）建设前许可证

根据《清洁空气法修正案》第Ⅰ章的规定，并结合固定污染源所在区域的空气质量达标情况，可将建设前许可证分为两大类：一类是空气质量达标地区新建或改建项目潜在排放量大于等于一定限度的固定污染源需取得“防止重大恶化”（prevention of significant deterioration，PSD）许可证，以防止达标地区的空气质量出现显著恶化；另一类是空气质量未达标地区新建或改建项目的重大污染源需取得“新源审查”（new source review，NSR）许可证，避免新增排放源影响未达标地区的空气质量改善进程。同时规定，在未达标地区新建或改建项目必须要执行排污抵消制度，即要为新增排放源找到可抵消的污染物排放量，一般情况下新源与替代源的比例为1∶1或1∶2。用于抵消的污染物排放量还必须满足以下要求：①必须真实存在；②必须满足联邦可执法、可测算、可考核的基本要求；③必须是在法定减排任务之外产生的可抵消量；④必须是州环保局许可的排放量。

（二）运营许可证

根据法律规定，运营许可证的受控污染物为6种常规大气污染物、6种温室气体和187种有害大气污染物（能对人体健康及环境产生严重影响的危险大气污染物，HAP）。需要获得运营许可证的企业主要有四类：一是污染物潜在排放量≥100 t/a 的重大污染源及温室气体潜在排放量≥100 000 t CO_2 eq/a 的所有工业设施；二是需取得建设前许可证的排污单位；三是规模在 2.5 MW 以上的所有类型的 2 000 多家电厂；四是固体废物焚烧装置、城市固体废物填埋场及需要遵守有害大气污染物国家排放标准 NESHAP（MACT 或 GACT）等非重大排污单位。《清洁空气法》赋予了 EPA 统一的监督管理权限，允许 EPA 授权各州来颁发运营许可证，但需要根据许可工作的需要征收一定的费用，一般标准折合成人民币是 320 元/t 污染物，如果各州排污许可工作能够降低成本，EPA 也会核准并降低收费标准。

四、许可证的申请程序和主要内容

（一）许可证的申请程序

运营许可证一般每 5 年更新一次，申请流程为：第一步，企业填写申请表，向州环保局（EPB）提交相关信息；第二步，由 EPB 的工程师审核企业提交的申请材料，起草排污许可证的初稿；第三步，EPB 把起草完成的排污许可证初稿发送给申请企业，请其提出相应建议，并按时反馈给 EPB；第四步，EPB 对申请企业反馈的建议进行研究处理，根据意见的采纳情况完善初稿，并将其在网上公示；第五步，EPB 把完善后的许可证初稿提交给 EPA，由 EPA 来提出建议，EPB 的工程师会根据 EPA 的意见进一步修改完善许可证文本。通常情况下，在排污许可证颁发后的 120 天时间内，任何组织或个人如果对企业的运营许可证存在意见，都可以反馈给 EPA，EPA 会视情况决定是否撤销运营许可证。

建设前许可证的申请与核发也需经过一定的流程，申请与核发需要的时间因地区不同而存在差异。建设前许可证的有效期一般为12～24个月，企业必须在有效期内进行建设活动。建设前许可证一般包含许可对象、需达到的排放标准、操作标准及核发机构在分析数据时需用到的参数等。

（二）许可证的主要内容

美国排污许可证文本主要包括六大部分内容，具体如下：

第一部分包括许可时限、企业排放设施信息、污染物排放限值、排放速率、最佳管理实践等，其中污染治理技术主要包括湿法脱硫（W-FGD）、选择性催化还原法（SCR）、电除尘等。同时，该部分还包括联邦层面所有大气环境管理方面的要求。

第二部分包括排污企业的许可信息、许可证费用缴纳情况说明、执法部门检查情况说明等。

第三部分主要包括：①对工艺过程烟粉尘治理的要求，规定排污企业需要对所有工艺过程产生的烟粉尘采取治理措施；②对避免安全事故的一些要求，如氨逃逸后导致的事故等。

第四部分是针对不同单元的要求。主要包括：①对总量控制的要求，既有对企业排污设施排放总量的要求，也有对排放速率的控制要求；②对污染物排放监测的要求；③对原料来源、原料燃烧后的废弃物处置等的要求。

第五部分为其他要求。主要将排污企业拥有的运输车辆、厨房等基本信息纳入排污许可证，未提出具体排放控制要求。

第六部分为州层面的一些环境质量管理要求。包括主要污染物排放权交易、RGGI等内容。

五、马里兰州排污许可制度实践

（一）州环保机构设置

马里兰州环保局是州政府 120 个同级部门中的一个，按不同介质划分，下设水环境质量管理、大气环境质量管理、土壤环境质量管理三个子部门。

大气环境质量管理部门下设监测、规划、排污许可以及环境执法 4 个职能部门，其中排污许可部门下设 3 个科室，主要负责燃烧、化学物质、技术支持等工作，该部门共有 23 个工作人员，既有全职人员，也有兼职人员。

（二）州排污许可制度概述

1．建设前许可证

根据《清洁空气法》的规定，马里兰州环保局要求所有新建或改建企业都要取得建设前许可证，对排放量特别小的污染源（年排放量不到 1 t 的）则可以采取豁免措施。但由于各州的空气质量存在较大差异，污染源对空气质量的影响也不尽相同，因此豁免清单一般由各州自行确定。马里兰州环保局在给新建或改建项目颁发建设前许可证时，要同时考虑联邦层面和州层面的法律及环境管理要求，以满足环境质量改善的需求；而对于一些得到豁免的小污染源，虽然不需要取得运营许可证，但其运行期间的环境管理要求会被写入建设前许可证中。

在污染物的监测方面，马里兰州在所有地区都设有监测源网络，用于监测各地区 SO_2、NO_x 等污染物的浓度。根据监测结果，州环保局可以更准确地划分达标区域和不达标区域，也可以确定需要采取加强措施的区域。在污染物达标判定方面，要根据一段时间内（很长时间甚至几年）污染物浓度连续达标率来确定。

2．运营许可证

较大的污染源不仅要取得建设前许可证，还需取得运营许可证，运营许可证每 5 年更新一次。根据污染源监管机构分类情况，运营许可证主要分为两种：一种是《清洁空气法》title Ⅴ 规定的运营许可，主要针对的是联邦监管的大型污染源，由 EPA 授权各州来颁发运营许可证；另一种是针对州监管的小污染源，由 EPB 发放运营许可证。对于一些季节性的排放源，马里兰州环保局明确要求其污染物排放量不得超过许可的临界排放量，并会与此类企业签订保证书来确保企业的污染物排放量以满足这个要求。目前，马里兰州环保局对联邦监管的 120 个污染源和州监管的 345 个污染源发放了运营许可证。

运营许可证是一个综合性的许可证，集合了联邦层面、州层面所有的环境管理要求，方便企业了解政府的环境管理政策，促进企业守法。对于新申请运营许可证的企业，必须通过监测等手段证明其新增污染源能够达标排放；对于已获得运营许可证的企业，虽然已提供了达标排放的证明，但州环保局仍会通过抽查企业运行记录、暗查等方式进行检查，若发现违法情况，就要依法进行处罚。同时，马里兰州环保局还要求获得运营许可证的企业必须在当年 4 月前上报上一年的运行情况、污染排放情况等。

3．PSD 许可证

根据《清洁空气法》的规定，EPA 依据大气中 6 种标准污染物（O_3、SO_2、NO_2、CO、PM_{10}、Pb）浓度达标情况，将全国分为达标区和非达标区，其中马里兰州属于非达标区（O_3 不达标）。PSD 许可证不允许在非达标区域建设大型排放源，以防止影响区域环境质量改善的进程。

PSD 许可证的申请工作非常复杂，申请者需要运用空气质量模型测算项目污染物的排放，以确保不会对当地的空气环境质量产生影响。申请者使用的模型由 EPA 统一规定，涉及的参数较多，考虑的影响因素也是多样的，如达标区的企业申请 PSD 许可证可以选择最佳可行技术及成本因素；而非达标区的企业则只能考虑最低排放限值，不能考虑成本因素，并且在非达标区域，新建或扩建项目还必须执行排污抵消制度，项目的抵消量一般来自区域内关停的企业或者企业采取污染控制措施形成的减排量，抵消比例为 1.3∶1。另外，抵消量也可以来自其他州，但需证明其对马里兰州空气环境质量是有影响的，过程十分复杂。

4．公共服务证书（CPCN）

马里兰州公共服务委员会主要负责当地供电的需要和安全，向当地电厂颁发公共服务证书（CPCN）。CPCN 的内容十分全面，包含空气、水、森林等，比单一排污许可证包含的内容要多。例如，对于已经在大气排污许可证中载明的内容，CPCN 仅会明确需遵守大气排污许可证中的有关要求，而对于大气排污许可证中没有提及的大气环境管理要求则会写入 CPCN 中。

从机构职能来看，马里兰州环保局负责颁发 CPCN 以外的许可证，公共服务委员会只负责颁发 CPCN。据马里兰州环保局统计，每年大概颁发建设前许可证 550～700 张，州运营许可证 75～95 张，联邦 titleⅤ运营许可证 20～30 张（表 6-1）。马里兰州环保局有 12～15 张工程师，负责许可证的起草与审核工作。

表 6-1 马里兰州每年各类许可证的发放数量 单位：张

许可类型	发放数量
建设前许可证	550～700
州运营许可证	75～95
联邦 title V 运营许可证	20～30

（三）许可证收费

马里兰州环保局依据不同的许可证类型进行收费，收取的费用会统一上交给州财政部门，再由财政部门划拨给州环保局使用，主要用作许可工作的运转管理等。具体的费用见表 6-2。

表 6-2 马里兰州各类许可证的收费与办理时限情况

许可证类型	收费标准/美元	许可办理时限
建设前许可证	100～1 000	1～3 个月
建设前许可证+运营许可证	1 000～5 000	可能 6～12 个月
PSD 许可证	20 500	可能 6～12 个月

此外，企业每年必须缴纳排污费，目前是按吨污染物排放来收取的，一般是 58 美元/t（不包括 CO_2），但这个费用并不是固定的，会根据通货膨胀率变化情况进行调整。

（四）其他许可问题

在马里兰州开展许可证申请工作时，PSD 等许可证的初稿都需要提交给 EPA 审议，由 EPA 在技术层面提出具体建议和意见，再由马里兰州环保局对许可证进行调整。另外，马里兰州环保局在起草许可证初稿时也会与一些项目进行合作，具体包括：一是与守法项目合作，确保许可证中载明的污染源信息和法律依据更加准确，避免与法律出现歧义；二是与规划项目合作，能够结合新的环境政策来预测新建项目可能产生的环境影响；三是与监测项目合作，便于利用更高级的模型进行环境影响预测，为许可证文本起草工作提供更多的技术支持；四是与环保组织合作，便于解决一些环境纠纷事件。

六、区域温室气体倡议（RGGI）

（一）RGGI 背景

碳排放权交易制度作为国际通行的环境管理基础制度之一，在美国应对气候变化挑战和大气污染防治压力中发挥了较好的作用。目前，美国虽未建立国家层面的碳排放交易体系，但由地方政府探索建立的区域碳交易体系也取得了较好的效果，为美国区域 CO_2 排放控制做出了巨大的贡献，其中较为知名的区域碳排放交易体系就是区域温室气体倡议（RGGI）。

RGGI 于 2009 年 1 月 1 日正式施行，是美国在州政府层面成立的第一个采用市场机制限制温室气体排放的减排体系，也是世界上首个主要通过拍卖形式分配配额的碳交易体系。

2017 年，RGGI 由 9 个州参与，仅将电力行业列为控制排放的部门，针对的是规模大于或等于 50 MW 化石燃料发电企业，控制的温室气体为 CO_2。RGGI 首先会设定一个排放配额总量，然后再通过拍卖的形式将排放配额分配到各个控排企业，配额总量会逐渐减少。

（二）RGGI 规则

由于 RGGI 有 9 个成员州，因此碳排放权交易、配额分配等规则的制定也比较复杂，需要 9 个州的相关人员进行谈判，并形成统一的规则模板，然后再由各成员州结合自身的情况制定规则。同时，每个成员州还需要把自己制定的 RGGI 规则放在 RGGI 的网站上，便于各个州之间查阅。

（三）总量设定

RGGI 总量的设定过程十分复杂，设定过程大概分五个步骤：①召开公众会议，了解公众预期可能存在的情景以及对未来的环境影响；②选择电力调度模型；③使用模型进行情景模拟，模型模拟情景需考虑的因素包括排放量的影响、成本的影响、发电厂燃料变化的影响（马里兰州目前在推进天然气替代煤炭）；④模型模拟出结果后再次召开公众会议，向公众说明测算结果，征询公众对预测结果的意见；⑤了解公众对结果的倾向性，并与之协商。图 6-1 是马里兰州环保局对不同情景下 CO_2 配额总量以及排放量的预测。

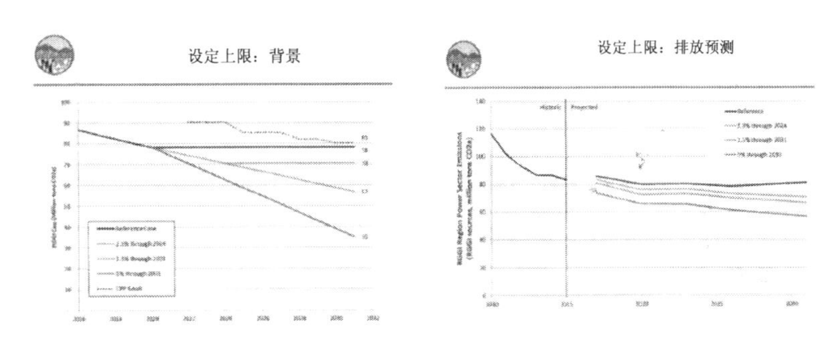

图 6-1　不同情景下 CO_2 配额总量及排放量预测

（四）配额分配

RGGI 配额分配主要采用拍卖的方式，大部分 CO_2 排放配额都是通过拍卖的方式分配给企业的，所有受到温室气体排放影响的组织或个人都可以购买 CO_2 排放配额。马里兰州将 CO_2 排放配额拍卖收益的 55%用于帮助低收入能源项目，主要用于帮助这类企业支付电费，也有一部分用于提高能效、清洁能源等项目。

七、启示

美国的排污许可制度经过多年的实践已较为成熟和完善，其基于排污许可证的空气质量管理手段效果十分明显，相关经验对中国实施排污许可制度具有很好的参考价值；马里兰州开展温室气体排放权交易的相关经验，也值得我们学习和借鉴。

（一）开展排污许可制度首先应完善法律法规体系

美国大气排污许可制度分类细致、设计严密，具有很强的针对性和可操作性。法律法规在细化管理对象上对新排放源和现有源、达标区和非达标区、重点源和非重点源进行区别管理；通过 PSD、NSR、建设前许可证、运营许可证等项目将管理对象、目标进行分类管理。相比之下，我国虽在探索大气污染物排污许可制度，但国家层面相关立法尚待完善，仍需在法律上进一步确定排污许可制度的法律地位。

（二）排污许可证管控范围有待拓展

美国通过排污许可证实现了对新增污染源的准入控制和对现有排放源的有效监管，所控污染物更为全面。而我国目前仅在电力行业开展了大气排污许可工作，且控制的污染物仅限于二氧化硫和氮氧化物，不能有效并全面地控制工业企业的环境污染行为。因此，我国需要在管控行业和污染物的种类上进一步拓宽，尤其是要根据当前环境质量改善要求加大对有毒有害物质的管控。

（三）排污许可管理工作需要有一支专业的队伍

美国排污许可管理人员数量较多，从联邦到州的环保部门，都有一支专业的熟悉相关领域许可工作的人员队伍，可以高效快速地处理各类排污许可申请。我国应借鉴美国经验，加强排污许可技术人才保障和人员培训，保证排污许可管理工作的顺利开展。

（四）尊重区域异质性有利于统一碳市场的建立

尽管 RGGI 是由美国 9 个州共同组成的区域性碳交易市场，但其较好地协调了各成员州之间的全局性和区域性。RGGI 拥有统一的交易规则、统一的配额管理平台、统一的配额拍卖平台，但具体到碳市场的监督与管理、奖励与惩罚等内容，又归于各成员州保留。我国各碳交易试点差异较大，面临一致性和独特性如何协调的问题。在探索建立统一碳市场时，可以充分借鉴 RGGI 的经验，尊重各地区间的异质性，允许其在碳抵消比例、履约程序等方面保留地方特色，给予一定的自主选择权。

第二篇

管理要素全覆盖许可管理

第七章　美国大气和水排污许可制度实施经验及对我国的建议[①]

受美国环保局（EPA）邀请，2016年11月29日—12月15日，中方代表团赴美国执行排污许可制度培训任务，开展了为期17天的排污许可制度学习培训。通过授课和实地考察学习，初步了解掌握了美国排污许可制度框架、法律法规支撑以及EPA、区域办事处、州、企业的排污许可制度体系等。此次培训专业性较强，信息量大。培训期间与美方官员和专家展开深入交流，在学习了解美国联邦及典型州经验的同时，共同研究讨论如何完善发展我国的排污许可制度设计。

一、培训的基本情况

本次培训班共计举办了25场专题报告，美方主讲人（主要为政府官员）达30余人，授课地点主要在EPA总部、EPA区域办事处及地方环保局。讲座内容涵盖了美国排污许可制度的创建、实施和执行

---

① 2016年11月29日—12月15日，中方代表团赴美国开展了排污许可制度交流，出访团组成员有：环境保护部童莉、冉丽君，环境保护部环境规划院宋晓晖、张静，环境保护部环境工程评估中心柴西龙、吴铁，山东省环境保护厅王倩雯，山东省济宁市环境保护局刘云廷，海南省生态环境保护厅李振兴，海南省环境科学研究院王晶博、陈菲。

的总体框架；以质量改善和人体健康为核心的美国环境质量管理思路；排污许可制度的法律政策支撑体系，《清洁空气法》许可体系及《清洁水法》许可体系；按介质分类的许可证详细内容和许可授权过程，包括许可证、排放限值和许可条件的制定、审查和批准等；公众参与许可过程及非政府组织在许可程序中的作用；EPA 各级管理机构的角色以及监督、执法机制；许可证的申请流程，企业自行监测、记录、报告体系及信息公开；利用定位工具和数据分析达到透明度，许可管理信息平台的建设及未来方向；以空气质量不达标的得克萨斯州地区和水质不达标的西雅图地区为典型，了解州层面排污许可制度的管理及具体实施。

培训期间，先后在华盛顿哥伦比亚特区，得克萨斯州的休斯敦、达拉斯、奥斯汀，华盛顿州的西雅图等地区进行了考察交流。一是先后访问了位于华盛顿哥伦比亚特区的 EPA 总部、位于得克萨斯州达拉斯的 EPA 第六区办事处、位于得克萨斯州奥斯汀的得克萨斯环境质量委员会（TCEQ）、位于华盛顿州西雅图的 EPA 第十区办事处以及华盛顿州环保局。在课程培训的同时，进行深入的学习和交流。二是实地参观了得克萨斯州休斯敦的 Valero Texas 炼油厂，就石化行业许可要求、污染物监测、监管等议题开展了实地调查和讨论；实地参观了华盛顿州西雅图 Longview 的 Kapstone 造纸厂和 King County 的 Brightwater 污水处理厂，了解和讨论污水许可证和雨水许可证内容要求、主要监督、监测方法手段等。在实地考察期间，培训团员就相关问题与环保管理和技术人员进行了深入讨论。

二、美国排污许可制度基本理念

（一）美国固定源管理的法律法规制度

1．美国固定源管理的法律法规建设情况

（1）法律层面

立法层次高。在联邦层面，与排污许可制度直接相关的法律主要包括《清洁水法》（Clear Water Act，CWA）和《清洁空气法》（Clear Air Act，CAA），两部法律在修订过程中先后从法律上确立了污水排污许可制度（1972 年）和大气排污许可制度（1990 年）。此外，联邦行政许可法等规定了许可程序等要求，也是排污许可法律体系的重要组成部分。上述法律都是美国国会通过的强制性法律，其中《清洁水法》和《清洁空气法》详细规定了两种许可制度体系。

法律内容翔实。《清洁水法》和《清洁空气法》内容翔实，有数百页，其中《清洁水法》有 234 页，《清洁空气法》有 465 页，涉及排污许可证的分类、申请核发程序、公众参与、执行与监管、处罚等具体要求，类似于我国法律、法规及部门规章的综合体。

惩罚措施严厉。基于上述法律的处罚措施极为严厉。美国环境法律包括行政、民事和刑事三类处罚。《清洁水法》中行政处罚有两档：第一档按违法次数计，一般对每次违法行为的罚款最高上限 1 万美元，最高罚款上限 2.5 万美元；第二档规定按日计，每日罚金上限 1 万美元，最高处罚上限 12.5 万美元。对于一般的民事处罚，每天每次违法行为将被处以 2.5 万美元以下的罚款。该处罚措施采取按日按件计罚，起到了较好的震慑作用，极大地提高了企业按证排污的意识。

（2）联邦法规

《清洁水法》和《清洁空气法》下面是联邦法规（code of federal regulations，CFR），包括排污许可具体流程，以及排放标准、最佳可行技术等技术层面的规定。联邦法规是《清洁水法》和《清洁空气法》的具体“实施细则”。

对于 CFR 以外的特殊条款，法律上不能直接引用，可以通过一套程序将其法制化，最终提高法律效力。

（3）州立法层面

各州法律。联邦层面法律法规是最基本要求，各州可在联邦法律法规基础上制定各州的具体规定，如《得克萨斯州空气行政令》《得克萨斯州水行政令》等，是在联邦法律法规框架下制定的，将联邦要求落实在各州层面。同时，各州可在联邦法律法规基础上加严或补充管理要求，如得克萨斯州有《得克萨斯州污染物排放消除制度》，华盛顿州有《华盛顿州污染物控制法》。

州实施计划（state implementation plans，SIP）。EPA 和各州实施计划明确了利益相关各方的权利和义务，同时约束了各方行为，并设置了威慑性强的惩罚措施，具有很大的强制性。SIP 是基于 CAA 的一个减少污染从而满足联邦空气质量标准的计划，由州制订并提交给 EPA，是联邦层面可执行的。

同意令（consent decrees，CD）。在许可证执行和监管过程中，各州可将具体条款通过相关法律程序赋予其一定的法律效力，可应用于许可证条款的制定等。该法令是基于个案分析得到的，仅适用于相应许可证。

2.《清洁空气法》和《清洁水法》发展历程及主要内容

（1）《清洁空气法》

EPA 于 1970 年 12 月 2 日正式成立，成为一个覆盖研究、监测、标准制定和执法等职责的联邦政府机构。《清洁空气法》是美国联邦法律，旨在国家层面控制大气污染，美国大气排污许可制度源于《清洁空气法》及其修订案的规定。

《清洁空气法》是一个逐步完善起来的法律体系，1970 年发布时对固定源和移动源提出法律要求，涵盖了全美地区的各种生产及活动，并扩大了联邦执法内容；1990 年修订时增加了酸雨、臭氧层破坏及有毒空气污染等内容，建立了国家的固定源大气排污许可制度，并增加了相应的执法权。这是美国第一个且最有影响力的环保法律之一，也是世界上最全面的保护大气环境质量的法律之一。依据《清洁空气法》要求，EPA 制定并颁布了相应的法规、技术导则，落实《清洁空气法》对大气排污许可证需要满足的各项要求。

《清洁空气法》分 Title Ⅰ至 Title Ⅵ六个层面来保护和改善空气质量，每个层面对空气质量的管理都有详细的要求和规划。Title Ⅰ主要内容是预防和控制空气污染物，包括空气质量标准及排放限值的要求，如国家空气质量标准及控制技术、新固定源排放标准、有毒有害空气污染物名录、联邦实施和执行计划、检查监测及报告要求、违规惩罚、特定的非常规污染物名录、州实施计划的合规保证、公众参与、固体废物燃烧等；臭氧层保护的要求；防止空气质量有严重退化的排污许可证审批；空气超标地区新源排污许可证审批。Title Ⅱ主要内容是移动源的排放标准，包括机动车排放标准和燃料标准、航空器排放标准和清洁燃料交通工具的管理要求。Title Ⅲ是通用条款，主要介绍了 EPA 的行政管理权限。Title Ⅳ主要内容是噪声污染和酸雨控制计划。Title Ⅴ主要内容是运营许可证，包括运营许可证定义、运营许可证计划及申请、运营许可证的要求及条件、运营许可证的信息公开、其他与此相关的授权内容等。Title Ⅵ主要内容是平流层的臭氧保护。六个部分的内容与空气质量相关的内容全部整合，基于人群健康的目的建立空气质量改善目标，制订具体的实施计划，待计划实施完成后，对空气质量目标的完成情况进行评估，同时提出下一阶段的新目标，如此反复循环，实现空气质量的不断改善。在此过程中，依据大气排污许可制度对固定源进行管理。大气排污许可制度一直沿用至今，成为有效管控固定源大气排污行为的核心制度。

（2）《清洁水法》

联邦层面水环境管理相关法律包括《清洁水法》、《安全饮用水法》（Safety Drinking Water Act，SDWA）、《濒危物种法》（Endangered Species Act，ESA）等相关法律法规，其中最主要的法律为《清洁水法》。《清洁水法》作为保护水质的框架性法律，为管理水污染物排放确立了基本架构，主要目标是减少污染物排放，明确了除经许可外，禁止所有工业和市政污染物排放，并建立针对固定源水管理的国家污染物排放消减制度（national pollutant discharge elimination system，NPDES）许可证项目。在NPDES许可证项目下，任何向美国境内水体排放污染物的点源均需获得排污许可证。

联邦层面法规主要为《联邦法典》，类似于法律配套的编制说明，每年修订一次，详细说明了NPDES相关内容要求、州项目规定、决策过程、管理标准、水质管理方案、水质标准、污水处理方案相关规定、预处理方案规定、排放限制、导则和标准等内容。联邦层面法律法规是最基本要求，各州法律法规在满足联邦法律法规要求的情况下，可加严或补充相关内容，如得克萨斯州有《得克萨斯州污染物排放消减制度》，华盛顿州有《华盛顿州污染物控制法》。

《清洁水法》和《联邦法典》构成了美国联邦层面水环境管理的主要法律框架，其通过不断地修正、完善，涵盖了对废水点源NPDES排污许可证的主要法律法规要求。相较于我国相对分散且不健全的环境管理法律法规，美国联邦层面的水环境管理法律法规体系系统性、集成性更强，避免了“铁路警察各管一段”的局面，减少了许可证申请、受理、核发、监管等不同部门、不同环节之间的不衔接，有利于更好地发挥法律法规的效力，提高环境管理效能。

3．各方职责

（1）排污者

美国污染源管理遵循的首要原则是：排污者是污染源控制的责任主体，有义务根据联邦及州环境质量现状和达标规划，减少污染物排放、提高控制技术、如实申报排放情况并向社会公开，这些要求都需要通过排污许可证一一说明；排污者需要根据法律规定，申请排污许可证，并根据规定的表格，填写和提供有关的企业信息和排放数据。

（2）管理机构

与我国地方政府对环境质量负责不同，EPA 对全国环境质量负责。因此，美国排污许可证均由 EPA 负责核发，EPA 可授权各州发放排污许可证。对于不具备发证能力或不愿发放排污许可证的州，EPA 将负责该区域发证工作。

EPA 是核心。EPA 处于排污许可证体系的核心地位，具有最高权威，是全面负责排污许可制度、建立国家排放清单、制定标准规范及管理规定的主体。EPA 既可针对各州，也可直接面对企业，其具有强有力的手段指导、制裁、惩罚各州和企业以保证排污许可证项目的顺利实施。EPA 对各州核发的排污许可证，均保留 30 天的审核期，对不符合规定的，EPA 可以退回要求重新编写；EPA 还对各州采取不同方式的排污许可制度的评估工作，同时具备抽查、审核州环保部门的职能。

区域办公室是 EPA 的分支机构。EPA 在全美设立了 10 个区域分支机构，更多层面的许可证审核、抽查、评估以及排污许可证核发等技术工作，是由区域分支机构承担的。

各州是许可制度实施主体。各州是编写和授权核发排污许可证的具体机构，EPA 陆续授权给具备能力的州发放排污许可证的权力。以污水排污许可管理为例，目前全美仍有爱达荷州等 3 个州没有被授权，这些州的排污许可证由 EPA 发放。如果各州不愿意发放或者认为没有能力发放排污许可证，也由 EPA 来核发，因为排污许可证是环保部门最主要的收入来源。因此，各州会努力提高技术能力，以获得核发排污许可证的资格。各州通过提交州实施计划（state implementation plan，SIP），将辖区内排污许可证等环境管理计划上报 EPA，经批准后依照实施，包括排污许可证核发、监管等内容。

（二）排污许可证的分类与主要内容

1. 排污许可证的分类

按介质分类，对不同点源实施分类管理。美国的排污许可证一证管辖了所有的新、改建企业，覆盖污染源建设、运行全过程，是新、改、扩建企业必须取得的行政许可。排污许可证体系分类细致，设计严密，可操作性强，不同企业所需具备的排污许可证种类不一致。根据介质，主要分为大气、水、固体废物三种污染物排污许可证。

（1）大气许可证

美国的大气许可证分为建设许可证（也可称为建设前许可证、新源审查许可证等）和运营许可证。根据排放源污染物的年排放量是否超出法律规定的阈值，建设前许可证又分为重大源建设许可证和非重大源建设许可证，统称为新源审查许可证。其中重大源建设许可证在达标地区称为防止重大恶化（PSD）许可证，在不达标地区称为新源审查（NNSR）许可证。非重大源大气建设许可证在各州或地方环保部门会有不同类型，以得克萨斯州为例，非重大源建设项目许可证包括微量排放豁免、简易许可证、标准许可证和新源审查许可证。

（2）废水许可证

废水许可证只有运营许可证，没有建设前许可证。按照废水来源，废水许可证可以分为污水许可证和暴雨许可证；按照许可证类型，分为个体许可证和一般许可证。

（3）固体废物许可证

美国固体废物是指废弃材料，包括餐厨垃圾（garbage）、毫无用处的垃圾（refuse）、破碎的垃圾（rubbish）、污水处理厂污泥（sludge）、供水处理厂或大气污染控制设施的淤泥，以及其他废弃材料（来自工业、市政、商业、采矿和农业过程以及社区和机构活动的固体、液体、半固体或气态物质），包括一般固体废物和危险废物，其中危险废物根据化学性质（可燃性、腐蚀性、反应性、毒性）在 40 CFR 261.3 中有明确定义。

一般情况下，危险废物的处理处置需要许可证，从危险废物中回收能源也需要许可证，特殊情况下不需要许可证，如在储罐或容器中储存时间小于 90 天、在全封闭式处理设施进行处理。许可证由工业和危险废物（Industrial and Hazardous Waste，I&HW）许可部门起草。

2．排污许可证的主要内容

大气和废水许可证类型不同，载明事项也不尽一致，但均要求至少包含企业生产和排污设施基本信息、排放量限值、监测记录报告要求、公众参与、承诺书等。

固体废物许可证主要内容与大气、水不同。固体废物许可信息包括设施所有者/运营商标识和位置、管理计划（废物接收/识别计划、检验计划、应急和溢漏预防计划、工作人员培训计划）、工程计划和规格（单元类型、地质报告、一般工程报告和具体单位要求）、关闭计划、关闭后计划和财务保证，其中单元类型包括集装箱存储单元、罐、容器建筑物、废物堆、土地处理单元、垃圾填埋场、地面蓄水池、燃烧单元、杂项单元；关闭计划必须详细说明设施如何计划关闭废物管理设施（而不是整个工厂），包括基于第三方在最昂贵条件下执行关闭的所有成本估算；关闭计划（对适用的处置单位）须详细说明设施如何维持关闭的处置单位。必须包括基于第三方在最昂贵条件下执行关闭后操作至少 30 年的成本估算。

（三）排污许可制度管理程序

1．排污许可证发放流程

一般来说，大气和废水许可证发证流程分为 5 个阶段，分别是申请阶段、起草阶段、许可证草案公众参与阶段、许可证草案审查及最终许可决定和公众参与回复的发放阶段、许可决定上诉阶段。

（1）申请阶段：在 CAA、CWA 等法律框架下，根据许可证类型、排放类型、设施类型、活动类型等，解决谁来申请、何时申请、申请什么等问题。许可证申请的基本内容包括：名称、地址、设施联系人、设施位置、业务描述、认证和签名；针对废水许可证，还包括生产信息、治理技术和废水排放方式、进出水结构位置、排放口描述、排放特性（通常包含监测数据等）；针对大气许可证，还包括排放信息、排放点描述、污染控制设备信息、原燃料信息及生产率、大气模型信息、排放抵消信息。

（2）起草阶段：被制定的许可证编写者将审查申请材料的完整性，评估申请者背景信息，然后进行记录，并起草许可证草案。许可证草案包括封面、排放限值、监测和报告要求、特殊条款、标准条款等。解释清楚许可限值确定的理由是整个许可证编写过程最棘手的问题。

（3）许可证草案公众参与阶段：许可证草案被公开，公众被告知可以提出意见、请求听证或者参加公开听证。

（4）许可证草案审查及最终许可决定和公众参与回复的发放阶

段：许可部门审查技术文件或者公众意见，可以修改许可条款、条件等。

（5）许可决定上诉阶段：一般来说，在没有上诉情况下，许可决定在通知后的 30 天生效，公众参与的任何人都可以质疑许可决定。

许可证申请处理时限因类型而异，以得克萨斯州大气许可证为例，规定申请处理时限从 45 天到 365 天不等，实际所用时间可能更长。其中，既有规定的许可证为 45 天，标准许可证为 45 到 195 天，许可证小修改需要 120 天，更新需要 270 天，新建设许可证需要 285 天，大修改需要 315 天，大型新排放源需要 365 天。

危险废物许可证审查程序与大气、废水许可证不同，审核时间通常为 450 天，包括行政审查、技术审查、许可证草案、公众参与和签发。

（1）行政审查：通过审查确定所有提交的材料允许技术审查。需要申请人和审查人员之间的密切沟通，审查将使用审查清单进行，行政审查后的早期会提供允许技术审查的通知和获得许可的意向的相关信息，在整个申请审查期间接受评论。

（2）技术审查：对申请的所有技术方面进行深入审查。此步也需要申请人和审查人员之间的广泛沟通，审查将使用审查清单进行。

（3）许可证草案：基于工作人员审查的许可证的第一版本提供给申请人和其他相关方（EPA、内部办公室）审查。审查的各种意见酌情纳入最后的许可证草案。

（4）公众参与：提供申请通知和许可证草案，设定 45 天评议期，收到的所有评议都会回复，或修改许可证草案，如有必要召开公开会议和公众听证会。如果委员会决定必须举行公开听证会，委员会将建立听证会的当事人、问题和时间表，并最终决定是否发放许可证。

（5）签发：如果许可证内容达成一致，执行主任可以签发许可证。

2．公众参与

《清洁空气法》和《清洁水法》明确规定在排污许可证的制定、颁发和运行的全过程中都应保证公众参与的权利，可以通过提交公众建议、参加听证会等方式，从整个授权过程的初始阶段就可行使。例如，EPA 或州环保局在核发许可证之前应将许可证决议进行不少于 30 天的公示以供公众监督；对于涉及范围较广、与公众利益关系密切的项目，则须举行听证会。公众可以提出意见，许可证核发机构需要对公众意见进行答复，并将其作为审批的重要依据。如果许可证办理过程中有申诉，整个许可证过程均会停止直至上诉结束。

联邦环境法规允许“任何有兴趣的人”参与，许可申请人、周边社区、州和地方政府、非政府组织（NGO）、其他企业和公众等利益相关者参与，但在部分州公民提出异议的范围是有规定的，如在得克萨斯州要求影响区域范围内的居民才能提出异议。

许可和上诉过程中的公众参与包括：许可证和辅助材料的公共审查；对许可证草稿发表评论；获得最终许可决定和许可颁发者对公众意见的回应、决策的说明，以及所有支持数据和许可决定的基础分析；行政诉讼至环境上诉委员会（Environmental Appeals Board，EAB）。

公众参与的一般步骤为：

（1）环保机构将许可证草稿在当地报纸上进行不少于 30 天的公示，这是公众参与许可证核发最重要的阶段。

（2）环保机构通过 E-mail 或信件接收公众意见，联邦政府、州政府也会针对重大源提出意见。在此期间，公众可以通过书面形式向环保机构申请组织听证会，说明拟在听证会上提出的问题。

（3）环保机构一一回复公众意见，或修改许可证草稿；对于涉及范围较广、与公众利益关系密切的项目，则须举行听证会，并提前至少 30 天发布听证会通知，征求意见阶段时间将顺延。

（4）发布许可证终稿。

（5）许可证发布后，若对许可证最终版本有异议，有 30 天的时间可以对环保机构提起诉讼。

通过调研了解，州环保局经常被诉讼，企业会诉讼州环保局许可太严，第三方会诉讼许可太松。诉讼第一级是污染物防治法院，第二级是州政府法院，第三级是联邦政府法院。

3．EAB 许可审查

（1）对于存在争议的许可证，由 EAB 进行许可审查。EAB 属于 EPA 的一个管理机构，类似于我国环境保护部的政法司。为确保公平，EAB 独立于 EPA 的其他部门运行。

（2）EAB 审查（决策的范围和标准）内容仅限于行政记录内容，包括应用和支持文件、EPA 的许可证条款草案的原因（情况说明书）、许可证草稿、公众评论、对意见文件的反馈和最终许可决定。

（3）EAB 的裁决过程分为四步。首先是感兴趣方可以由自己或委托律师提出复审许可决定的请求，对审查保留的任何问题提出上诉，但只能对草稿和最终许可之间的更改提出上诉。其次是对许可颁发者进行响应，并提供行政记录的认证索引（公共文件）。再次是 EAB 可以举行口头辩论或要求进行额外简报，但不举行证据听证或者传唤证人。最后 EAB 发布最终书面决定。同时，EAB 审查过程中要求充分探讨行政补救措施。

在透明度方面，EAB 不与案件任何一方进行单方面沟通，包括环保部门员工在内，并向公众提供所有书面记录；所有听证会向公众开放；对 EAB 决策进行解释说明，以及所有 EAB 决策、程序和简报均可在线查阅。

（4）替代性争议解决机制。替代性争议解决机制（alternative dispute resolution，ADR）主要依据1990年、1996年行政争议解决法，

1998年替代性争议解决法，每个美国政府实体都使用ADR。EAB的ADR计划是自愿和保密的，且包括对案件优劣的早期中立评估。EAB和解法官和律师作为中立调解人（协调人）都试图达成双方同意的决议。

ADR的好处在于：更快解决问题；可以得到具有创意、令人满意和持久的解决方案；更广泛的利益相关者对结果的支持；改善沟通和信任。自2010年开始该计划以来，25%的EAB的争端会采用替代性争议解决方式，通过这种非诉讼纠纷解决方式有90%达成双方同意的决议。

（5）公众参与 EAB 行政裁决的好处。一是有第二次听取公众意见的机会。二是促进各方更好地履行责任，包括许可证申请人、许可证颁发者和公众。许可证申请人提供关于工业过程和污染物的数据，参与许可证过程，受许可证义务的约束；许可证签发者准备许可证，提供机会征询公众意见，回复意见，验证是否符合许可证，并强制执行不合规的现象；公众参与许可决策，有义务向许可证颁发者提供他们想要的信息，并且将不遵守许可证要求的企业的信息也提供给许可证颁发者，从而引起他们的关注。三是优化决策。在挑战和提出解决方案方面可以从当地有利点得到更加健全和知情的决策。许可证颁发者在许可证最终确定之前有第二次解决问题的机会（如果有的话）。四是提高争议解决的效率。不仅降低了诉讼费用，而且减少联邦法院资源使用（在大多数情况下，理事会审查解决了这一问题），有助于实现决定的国家一致性。

4. 各州管理程序

各州排污许可证管理程序可在联邦要求基础上进行完善。以得克萨斯州为例，其在排污许可制度管理程序中增加了竞争个案听证会，规定了受影响人员的范围。受影响的人可以申请竞争个案听证会，由官方委员会（共 3 名委员）决定是否启动听证会。若启动，将召开包括许可证申请者、审批者以及上诉者在内的听证会，类似于法庭，得到决定后，交由官方委员会（共 3 名委员）做决定。一般来说，委员会很少违背这个决定。

（四）排污许可制度实施的监管和执法

1. EPA 对州环保部门实施排污许可制度的监督检查

美国是联邦制国家，州拥有较为完整的权力。EPA 拥有最高的授权和监督的权力与责任。EPA 授权给达到能力的州排污许可证发放的权力，但并不是每一个州都达到了可以发放排污许可证的能力。例如，在 EPA 第 10 区（R10），阿拉斯加州、俄勒冈州和华盛顿州被授予 NPDES 发放的权力，EPA R10 负责颁发爱达荷州的所有 NPDES 许可证。EPA 会帮助爱达荷州以达到许可证发放的能力，目前爱达荷州已将其 NPDES 计划提交给 EPA 批准。

图 7-1 为 EPA 第 10 区 NPDES 许可证发放情况。

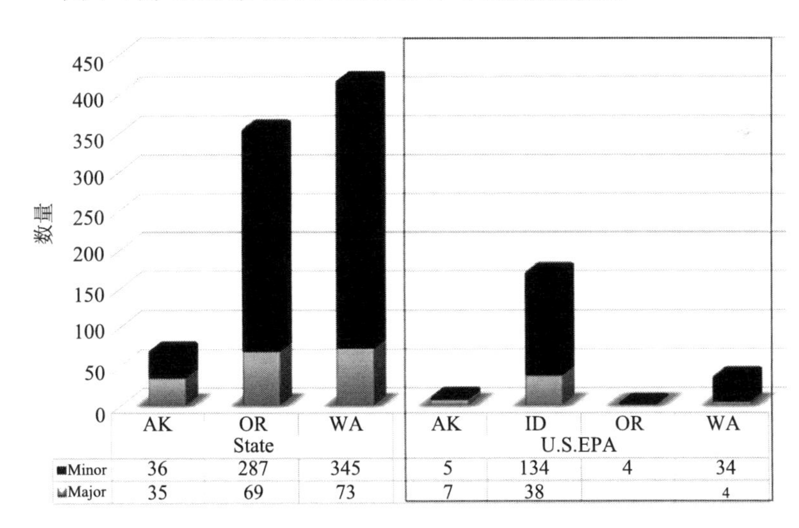

	AK	OR	WA	AK	ID	OR	WA
	State			U.S.EPA			
Minor	36	287	345	5	134	4	34
Major	35	69	73	7	38		4

图 7-1 EPA 第 10 区 NPDES 许可证发放情况

注：AK—阿拉斯加州；OR—俄勒冈州；WA—华盛顿州；ID—爱达荷州。

方框里为 EPA 发放的许可证数量，左边未标方框为州颁发的许可证数量。Minor、Major（小源、大源）的区分由评分体系决定，市政以设计排水量 1 MGD（兆加仑）为分水岭，工业源的大小区分跟设计、污染物排放、受纳水体有关。

为有效和一致地监督全国各州NPDES计划的实施，EPA开发了一系列工具：

协议备忘录（memorandum of agreement，MOA）。MOA提供了一个EPA和各州共同实施联邦和州的法律法规的框架。它制定了联邦法规中所述的政策、职责和程序，并规定了一些NPDES计划由各州管理的方式。EPA还专门开发了MOA模型，用来做新的和更新的MOA模板。

绩效合作协议（performance partnership agreement，PPA）。EPA和各州通过谈判PPA实现绩效伙伴关系。这些协议规定了联合制定的优先事项和保护战略及EPA和各州如何通过共同努力满足优先需求。PPA中的关键要素包括：描述环境条件、优先事项和战略；评估环境进展的绩效指标；评估PPA工作和通过改进达成一致的过程；描述相互问责的过程，包括明确界定每个缔约方在实施PPA方面的作用，并概述为了完成工作如何部署资源；描述优先事项如何与EPA战略计划和各州自己的战略计划中的优先事项的一致性。另外，各州有独特的环境优先事项和方案执行需要。

EPA的许可质量审查（permit quality review，PQR）。EPA利用PQR过程来评估NPDES许可是否满足《清洁水法》和相关环境法规的要求。在每个PQR期间，EPA审查州NPDES许可证的代表性样本，并评估许可语言、概况介绍、计算、在行政记录中的支持文件以及各州许可计划举措。通过这种审查机制，EPA可以促进整个国家的一致性，确保NPDES计划实施成功和改进NPDES计划的机会。

EPA的州审查框架（state review framework，SRF）。定期审查各州遵守和执行计划情况。

NPDES计划绩效指标（NPDES Program Performance Metrics），主要是指积压的过期许可证和优先发放许可证两个方面，减少许可积压。为努力保持许可是现行的，各州和 EPA 关于许可积压减少有一系列规定，例如，NPDES 许可证的持续时间不能超过 5 年；许可证可以在行政上延长，直到重新签发许可证；EPA 跟踪现行许可证的数量和百分比；EPA 对现行许可证的目标是 90%。

优先许可倡议：优先许可证计划的目的是从符合条件的过期许可证中选择优先许可证，并承诺在一年内完成（发出或终止）某一百分比。符合选择优先的许可证必须至少过期 2 年，各州从合格许可证中选择优先许可证。

此外，EPA 区域办事处还建立了监督州计划和提供技术援助的程序。

审查州发布的许可草案。EPA 审查许可草案，并可以批准或反对许可条件。

提供技术援助。向州许可证申请者、受监管的社区和利益相关者提供外部技术援助。向具体的计划其他方面提供内部援助，如水质标准和水清洁计划（TMDLs）。

与 EPA 总部就国家法规、指导和问题进行协调。区域办事处担任 EPA 总部和授权州计划之间的联络人。

2．环保部门对企业的监督检查

在国家一级，EPA 负责实施相关联邦法规。本着“谁发证谁监督”的原则，在 EPA 的 10 个地区办事处内，工作人员监督批准的州实施计划。各州环保局负责对其发放许可证的企业进行监督。通常，对于同一个企业，许可证的编写到最后的监督者整个过程是同一人。许可证规定各级环保局均有权利对企业进行监督检查。将许可证作为执法的重要依据，并以违法成本高为原则强制执法。

（1）自行监测、记录及报告要求

许可证的发放只是许可制度实施的开始，申领企业在执行层面需要做好三方面工作：

一是监测。企业在运行过程中，必须按照许可证要求对监测做全程记录。监测包括排放量的计量以及污染物排放浓度的在线监测与人工监测。企业的监测数据是不需要上传给环保部门的。

二是记录。企业应该如实记录污染物排放量及污染物排放浓度，同时还应该记录社会投诉及处理情况。自行记录会随企业的报告交上去，记录的报表格式在许可证中会有讨论，每个企业的表是不一样的。

三是报告。监测报告必须每 6 个月提交一次。企业应将记录的内容定期汇报给环境主管部门（过去采用纸质报送形式，近期改成电子签名报送）。同时企业的记录信息还应该定期向公众公开，接受公众的审查评议。企业监测报告可以在 EPA 在线监管执法系统（Enforcement and Compliance History Online，http：//echo.epa.gov）中查到。

监测、记录、报告的具体要求均在许可证中有明确的规定。对非正常工况，许可证会给出特殊的要求，但也会有上限要求。

（2）监管的内容和技术方法

环保部门依法根据许可证载明事项对企业进行监管。环保部门可以在不通知企业的情况下进行检查，如环保部门检查时可以在完全不通知企业的情况下取样送检，若出现环保部门的检测结果与企业结果不一致的情况，环保部门会再次取样，通常，他们认为企业的结果是更可信的。在美国，环保部门对企业进行的检查是很少的。针对不同的工业源，环保部门检查的频率也是不同的。例如，在西雅图的一个创立于 1927 年的 KAPSTONE 造纸厂，环保部门检查的频率为：大气一年一次，水一年三次，固体废物三年一次。西雅图的 Brightwater 污水处理厂，一个于 2012 年建成的现代化污水处理厂，环保部门（水）仅来检查过一两次。但对于一些复杂的工业源，检查的频率会高一些。

若需要对连续性数据进行监督性监测，如最大日监测值，则可将设备放置在企业监测点，等比例采样，再混合或者连续采样。

除人工监测之外，环保部门还会采用先进的监测手段，如移动监测设备、红外摄像机、围栏线监视器、无人机等，及时发现污染及不达标问题。

通常，在美国的信用体系下，环保部门完全相信企业的数据，因为美国对作假的行为有很严厉的惩罚，甚至刑拘。除企业自身申报外，还可以通过大数据分析来判断哪些数据是有问题的。EPA 希望从更多的在线监测数据中得到有用的信息，如录像、卫星图像、空中摄影、汽车传感器、水上浮标，探索利用云计算进行高速分析。

3．社会监督

有效的信息公开是保障公民参与与监督的前提。排污许可证的申请人和持有人应严格履行提供排污信息的义务，在保护商业机密的前提下，法律规定的向环保局提交的工业设施、排放源及许可证要求执行情况等相关信息须向公众公开。

排污许可证的草稿、编制说明、正文及企业获得排污许可证后的所有监测及报告信息，公众均可在政府网站上查阅。环保部门将污染源排放设施等进行统一编码，甚至将法规当中的每条规定进行电子编码，使排污许可证的各类信息和数据逐步格式化。目前，EPA 正在构建最新的管理信息平台，将排污许可数据（包括许可证申请书、守法方案、许可证、监测和达标报告）、环境质量监测数据、敏感目标分布数据以及其他地理信息系统的相关数据全部整合在一起，用大数据来全面管理污染源和环境质量，信息公开有助于遏制违法行为和督促企业。图 7-2 给出了单个设施的网页信息。

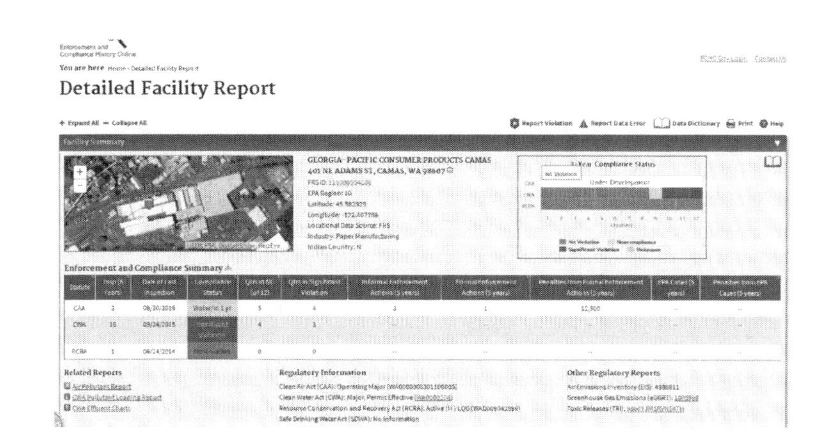

图 7-2 单个设施的网页信息

此外，美国的公民诉讼制度进一步保障了公众监管，即任何人均可对违反环保法律的行为提起诉讼，而不要求与诉讼标的有直接利害关系。美国有众多的第三方环境保护机构，对于企业的违法行为，第三方也可以收集证据上诉，一旦企业败诉，通常被告企业会付出几十万美元的罚款。第三方通常上诉的是企业的违法行为，而不是上诉政府或环保部门没有罚款之类的执法行为。

非政府组织 Earth Justice 于 1971 年成立，是一个非营利性组织，作为美国环保的法律组织，从事保护天然资源、维护公众健康、促进清洁能源等工作。Earth Justice 的宣传口号是“因为地球需要一个好律师”。Earth Justice 也会参与排污许可的过程。Earth Justice 可以以自己的名义起诉，也可以代表公众、企业对政府提起诉讼或帮助政府。Earth Justice 一般对企业进行调查监测后，发现企业违规行为，对企业提起诉讼。

美国的第三方和公众可以起诉企业，但需要事先通知 EPA，EPA 通常会提供帮助。

4. 执法与处罚机制

严格的处罚机制。环保主管部门若发现企业有违反排污许可证规定的情况，按情节严重及先后次序，可采取行政命令、民事处罚、刑事处罚三种方式进行惩罚。行政命令的形式包括非正式通知、行政守法令和行政罚款令；民事处罚以罚款为主；刑事处罚则分罚金、监禁、监禁并罚金等形式。其中行政命令可以直接下达，民事和刑事处罚需向当地法院申请。三种惩罚方式若需要罚款均为按日计罚方式，从确认违法行为之日起按日叠加罚款金额，若无法确定则从建成日开始计算。处罚额度依据是否提前告知违法、违法企业规模、对企业的经济影响、违法历史及性质、持续时间及其他企业类似违法情况的惩罚确定。

环保部门会根据企业的超标排放是如实报告还是虚假报告而有不同的惩罚力度。美国法律中对虚假报告等程序违法规定了严厉惩罚措施，从动机上减少了以掩盖超标排放为目的而虚假报告的违法行为。同时为鼓励对违法情况的自行报告，具体执法过程中，EPA 设置了一些激励政策。对于主动报告属于非强制性要求上报违法行为的企业，给予全部或部分处罚减免。

强调企业主动报告。事实上，环保部门对企业自行报告的违法行为（如超标排放）不会每次都进行处罚，有时候 1～2 年才会进行一次罚款，且环保部门对企业的罚款相对较低，对华盛顿州来说，对企业的罚款几千到几万美元都算相当高了。

与此同时，许可证对企业的合法权利也有保护作用。美国运营许可证中设有“保护盾”条款，对持证者给予免责。只要污染源持有明确规定相关适用环境要求的许可证，污染源将不受关于违反相关适用环境要求的执法、诉讼或公民诉讼的侵扰。美国还规定了许可证的救济事项，对于未被批准的许可证，申请者可以向 EPA 环境上诉委员会提出复议。

三、美国大气排污许可管理经验

（一）基于《清洁空气法》的大气环境管理体系

1. EPA 各行政区域对空气许可证计划的管理职责

EPA 作为美国环境管理最高行政单位，对美国的空气质量管理负责。EPA 下设 10 个区域办公室，每个区域办公室对各自辖区内各州的环境管理工作进行指导和监管。

EPA 的大气许可证管理计划主要包括：对授权的州和地区的许可证实施计划进行全面监管，全面审查和评议建设前及运营许可证草稿，评估大气许可证的模型草案，确保发放的许可证含有同意令要求的各类条件，对未授权的州发放大气许可证（如近海岸的液化天然气工程、种族部落的有关事项等），审查空气许可证中与州实施计划 SIP 有关的管理要求，审阅并参与运营许可证的相关整改要求及过程，对州、地方及企业的许可证管理情况提供技术指导，此外还要执行其他法律法规的要求。

2. 联邦及州实施计划（以得克萨斯州为例）

大气许可证管理中还需要吸收联邦及各州实施计划的相关内容，联邦及各州制订空气管理实施计划用以管理全国及各州的空气质量。一般情况下联邦实施计划要在州实施计划提交前发布，并对一些部落州的区域贯彻执行联邦法律法规；如果有些州无法在规定时间内提交州实施计划，或者提交的计划不够完整或未通过，联邦层面必须介入进行指导。

州实施计划是一个与完成美国空气质量目标有关的本州法规和管理规定的集合。计划制订后各州先对它们的计划进行自查，然后需要对计划举行听证会并采纳合理的修改意见，在此之后要将计划草稿提交 EPA 进行初审并吸取 EPA 的讨论意见。之后各州将计划稿正式提交 EPA 各区域办公室，EPA 会比照 CAA 及联邦计划的管理要求对各州实施计划进行合规性及技术完整可行性审查并进行备案，在考虑公众评议的意见后对可行的州实施计划列入联邦强制性管理规定中。

当州实施计划完成审批正式生效后，各企业在申报、修改或更新许可证的时候必须要参考州实施计划中的相关管理要求，并且要在许可证中载明。

3．大气排污许可证管理制度

美国大气许可证根据许可性质的不同，分为建设前许可证（Title Ⅰ）和运营许可证（Title Ⅴ）两大类。其中建设前许可证又可分为 3 种类型：空气质量达标区域的防止重大恶化（prevention of significant deterioration，PSD）许可证、空气质量未达标区的主要新源审查（nonattainment new source review，NNSR）许可证以及全部区域的次要新源审查（minor source）许可证，统称为新源审查（NSR）许可证。

（1）建设前许可证（Title Ⅰ）

建设前许可证又称为新源审查许可证。根据 1990 年 CAA 修订案，如果新建或改扩建污染源的一种或多种空气污染物的最大排放量高于或等于特别排放限值时，该排放源就需要取得新源审查许可证，这一审批过程被称为新源审查过程。最大排放量是指根据运行设计决定的某个排放源排放某种污染物的最大能力，一般根据该排放源每周运行 7 天、每天运行 24 小时计算。受新源审查许可证管制的污染物包括：国家空气质量标准（national ambient air quality standards，NAAQS）中涉及的污染物（O_3、CO、PM、NO_2、SO_2、Pb）、温室气体（CO_2、CH_4、N_2O、HFCs、PFCs、SF_6）及其他污染物（硫酸雾、硫化氢及氟化氢）等。企业获得建设前许可证后必须在 18 个月内或批准的延期时间内开始建设，否则环保部门有权撤销许可证。建设前许可证在项目建设完成后仍然有效，有效期一般为 10 年，失效前必须获得更新批准。建设前许可证根据固定源的排放量以及所在区域的达标情况，可以分为不同类型。

PSD 许可证。达标区域的新建或改扩建重大污染源必须进行 PSD 审核，受 PSD 管制的污染物主要有 NAAQS 中规定的所有污染物、温室气体及其他污染物。对于新建污染源，任何单个常规大气污染物最大可能排放量≥100 短 t[①]/a（针对 EPA 规定的 28 类污染源）或≥250 短 t/a（针对其他类别的污染源），即被认定为重大污染源，需要申请 PSD 许可证；如果重大污染源改扩建项目可能造成的排放超过规定的 PSD 显著排放水平，则该项目也需要申请 PSD 许可证。PSD 显著排放水平规定见表 7-1。PSD 审核的主要内容包括最佳适用控制技术（best available control technology，BACT）分析、空气质量影响分析、敏感区环境影响分析，对生态、土壤等其他环境的影响分析等。

表 7-1 PSD 显著排放水平 单位：短 t/a

污染物	PSD 显著排放水平
SO_2	40
NO_x	40
VOC	40
CO	100
PM	25
PM_{10}	15
$PM_{2.5}$	10
硫化氢或总还原性硫	10
H_2SO_4	7

① 1 短 t 等于 0.907 t，下同。

NNSR 许可证。NNSR 许可证是对于空气质量未达标区域而言的，主要目的在于避免新建污染源或者改扩建污染源影响未达标地区的空气质量改善进程。受 NNSR 管制的污染物只有 NAAQS 中涉及的污染物。NNSR 审核适用于未达标污染物或其污染物前体的最大排放量≥100 短 t/a 的新源或改造源，但根据未达标的严重程度，排放阈值可能会低于 100 短 t/a。受 NNSR 管制的主要排放源排放阈值见表 7-2。

表 7-2　NNSR 许可证管制的主要排放源排放阈值　　单位：短 t/a

不达标污染物	不达标程度	主要排放源排放阈值
O_3	临界	100（VOC 或 NO_x）
	中等	100（VOC 或 NO_x）
	严重	50（VOC 或 NO_x）
	严峻	25（VOC 或 NO_x）
	极端	10（VOC 或 NO_x）
PM_{10}	中等	100
	严重	70
CO	中等	100
	严重	50
CO_2、NO_x、$PM_{2.5}$ 和 Pb	不达标	100

在未达标地区获得许可证的要求比在达标地区更为严格。首先，要执行“削减替代”原则，即新增污染物排放量必须小于现存企业的污染物削减量，也就是说企业只有替新污染源找到“排污空间”，才能获得 NNSR 许可证；其次，要采取最低可达排放速率（lowest achievable emission rate，LAER）控制技术，为达到污染物最低排放速率可以不考虑成本、经济、能耗等因素。

全部区域的次要新源审查许可证。全部区域的次要新源审查许可证主要适用于污染物空气排放低于重大新源及主要新源审查规定值的排放源，受该许可证管制的污染物除 NAAQS 中涉及的污染物外，还有各发证机关根据具体情况规定的其他污染物。各州或地方环保部门一般会根据排放源类型、排放量以及可能的环境影响等因素进行许可证申请和审批的流程简化，关于该许可证的具体细则，各个州、地区之间有着明显差异。

（2）运营许可证（Title Ⅴ）

运营许可证是指重大工业排放源或某些特定排放源在运营前必须取得的许可证。需要申请运营许可证的排放源主要有以下 4 类：

①任何污染物排放量≥100 短 t/a 的排放源、任何单一有害空气污染物排放量≥10 短 t/a 或有害空气污染物总排放量≥125 短 t/a 的排放源、EPA 要求的非主要排放源，新源审查（NSR）许可证中包括的排放源；

②需要遵守联邦酸雨计划法规的污染源；

③固体废物焚烧源；

④需要遵守有害空气污染物排放标准的非重大污染源。

运营许可证是把污染源需要遵守的所有法律法规要求及大气建设前许可证条款归纳汇编到一个具有法律约束力的文件里，目的在于更容易地遵守和执行所有相关的大气污染法律法规和大气建设前许可证条款要求，包括适用的法律法规、污染物排放标准、污染物排放控制技术、许可排放限值、许可排放条件、运行操作、监测、记录和报告等。项目生产运行后 12 个月内需申请运营许可证，申请期间，企业可以照常运行。运营许可证有效期一般不超过 5 年，失效前必须获得更新的批准。

（二）大气排污许可证的主要内容及审核

1．大气排污许可证的主要内容

建设前许可证主要内容包括：通用条款（所有大气建设前许可证

都适用的内容）、特别条款（针对具体项目适用的许可条款）、各个排放源各类污染物的允许最大小时及年排放速率、附件（以炼油厂为例，主要包含低排放活动识别、常规维护活动识别、各个设备的维护、启动和停机 MSS 活动列表等）。其中建设前许可证的通用条款包括：许可授权条款、许可失效条款、项目建设进度要求条款、开始生产的通知条款、采样要求条款、等效方法条款、记录保存条款、排放控制设施的维护条款、合规性要求条款、项目其他一些基本内容介绍和要求条款等；特别条款记载了持证企业所有大气污染源的排放限值和排放条件，并根据不同工艺、设备、控制技术的排放特征、法律要求和技术规范，合理结合源头管理、过程控制、末端治理等手段，规定了企业为有效管控大气排放行为需要遵守的各种要求。

运营许可证主要内容包括：基础声明，适用的全部排放限值与标准，关于监测、记录与申报的相关要求，合规执行计划，关于年度合规认证的要求，关于申报许可证条目执行偏差的要求，许可证盾。

2．大气排污许可证的技术审核

在美国，大气排污许可证在正式授予之前需要经历非常科学系统的技术审核阶段。

以得克萨斯州为例，排污许可证技术审核主要体现在对新源的排污许可过程。依照污染源排放量和潜在环境风险的大小，得克萨斯州将新源排污许可证分为小排量许可证、既有规定许可证、标准许可证以及新源建设前许可证四大类。随着排放量及环境风险的提高，其许可程序要求和技术审查过程越复杂全面。其中，新源建设前许可证对技术审核的要求最高，需要进行逐例分析评估。

技术审核的基本要素包括污染源计划建设所在地的空气质量是否达标、污染源可能排放的污染物的种类和数量、装置的类别（是否适用特定的联邦法规或州实施要求）、所在区域周边的新源与现有源污染情况等。技术审核的主要内容和审核步骤包括确定污染源的类别并计算污染物排放水平、审阅并确定最佳可行技术，检查评估其过去守法情况、确认是否遵守公众通告中的要求、审查评估其对周边人群健康影响、评估是否符合联邦及州的相关法规规定、明确其是否需要联邦审批、确认是否处于非达标区、分析评估其是否有可能造成空气质量严重恶化等。

3．大气排污许可证的程序性审核

除最重要的技术性审核之外，大气排污许可证的发放还需要特定的程序性审核。

一般来说，许可证专员根据固定源的申报材料撰写许可证草稿，然后进行首次公示，此时与固定源有关的所有个人或组织都有权在公示期内提出意见；公示期满后，许可证专员会吸纳这些意见进行许可证的修改，同时要附明意见的采纳与否及原因，形成许可证终稿，进行再次公示；如果此时还有公众持不同意见，专员仍需进行回应，必要时可以召开听证会进行讨论；如果再深入的话，可以诉诸法律，由EAB 进行仲裁，协调各方，形成统一的意见；专员需将这些内容都写入许可证，最终发放许可证。

4．大气排污许可证的执行和监管

（1）许可证的执行

企业是大气排污许可证合规保证的承担者和责任主体。大气排污许可证的执行主要包括监测、记录和报告 3 个方面的内容。

监测、记录和报告机制是确保许可证切实有效实施的重要方法。1990 年 CAA 修正案要求某些主要污染源要强化自身的监测系统，如连续排放监测系统，从而提供精确的污染物排放趋势图。此外，还要求各州对区域空气进行监测，检查该区域的空气质量是否按照法律规定的时间框架进行改善。企业需每月向环保部门报告自身运行监测结果，并向社会公开。

记录的目的不仅为企业证明其守法提供依据，还为政府管理部门实施许可证核查、判断企业排污行为是否合法提供依据。许可证中要求的记录内容不仅包括监测结果，还包括监测手段或方法、监测过程、结果推算等。同时，EPA 还要求企业如实记录各种投诉以及企业针对这些投诉采用的态度和处理措施等。

报告是指企业要定期向其管辖范围内的环保部门提交监测和操作记录结果、许可证内容的实施情况，以便环保部门可以判断该企业污染源是否符合许可证中的所有适用要求，包括合规执行报告和背离报告。背离报告是指企业在生产过程中出现与许可证要求不符合的情况报告。如果发生不符合排污许可证内容要求的情况，企业按时提交了背离报告和可信证据，环保部门审查后可根据企业的信用评级以及实际运行情况认为是可以免于处罚的，就有可能对企业不进行处罚（如正常的工艺波动等因素造成的），但如果企业没有提交背离报告或提交虚假的背离报告，则会受到处罚。环保部门可随时对企业进行突击检查，以确定其提供的报告中的数据是否真实。报告的所有内容都对公众开放，使公众能有效地参与许可证的实施，公众如果发现任何问题都可以向环保部门进行投诉。

（2）许可证的监管

EPA 对美国的大气环境质量负责，EPA 可授权各州环保部门进行大气排污许可证的发放，并对各州环保部门大气排污许可证的发放情况进行监督检查。EPA 和州环保部门有权对企业的大气排污许可证执行情况进行实时审查，一旦违反了许可证中的相关规定，企业除缴纳一定数额的罚款外，还需要缴纳该执法过程中产生的一切费用。

环保部门通过对企业的建设前许可证和运营许可证进行审核和发放，确保企业明确知晓实现合规需要遵守的所有要求；通过参与企业的初始和合规证明的过程，如观摩连续排放监测系统（continuous emission monitoring system，CEMS）的相对准确度测试审计过程等，监督企业的合规过程；通过对企业各项监测、采样记录、生产数据、设备运行记录等进行抽查，来监督企业的合规操作；通过审查企业提交的合规报告、背离报告和排污申报材料，来核查企业的合规情况。

（三）许可技术方法与标准体系

1. 基于技术的排放标准体系

美国的排污许可限值标准的构成按照新源、现有源以及污染源所在区域的空气质量是否达标进行分类管理。大气污染物排放标准在很大程度上是基于技术的排放标准。标准体系除包括固定源排放浓度、排放量等数值标准外，还包括涉及污染源运营尤其是环保设备运行和保养等操作要求的运行技术标准。排放标准的制定并非整齐划一，而是针对不同固定源的技术经济水平进行考察，结合 EPA 公布的控制技术清单和本州的空气质量控制目标，制定具有针对性的排放标准，以体现公平性和边际成本有效的原则。

针对固定污染源，EPA 制定的大气污染物排放标准分为《新污染源执行标准》（New Source Performance Standard，NSPS）和《有害大气污染物国家排放标准》（National Emission Standard for Hazardous Air Pollutants，NESHAPs）。

（1）《新污染源执行标准》（NSPS）

NSPS 针对常规污染物（颗粒物、SO_2、NO_x、CO、Pb、O_3）、酸性气体（氟化物、氯化氢等）和 VOCs，按工业行业分类（污染源种类）确定的标准限值。依据《国家环境空气质量标准》，一个州的各地区可划分为达标区和未达标区，不同地区的不同类型污染源执行不同的技术标准。

①最佳适用控制技术（BACT）。在达标区，重点源如火电厂、水泥厂、金属冶炼厂、纸浆厂、焚烧装置等的 NSPS 技术依据，是最佳适用控制技术。即在考虑到能耗、环境、经济成本等影响因素下可以获得的能达到最大减排量的技术。BACT 的构成包括污染防治、设备的具体要求和监测监控、减排控制装置、优质的工程实践方法和最优的管理实践方法以及治理装置的性能指标等内容。

②最低可达排放速率（LAER）。CAA 要求对位于在未达标区（空气质量较差地区）的新污染源实施最严格的污染物控制技术与标准，采用最低可达排放速率，不考虑运行成本、企业经济效益等条件的最严格技术。

③合理可得控制技术（RACT）。一些州为了实现州特定的污染源管理要求或者空气质量改善目标，确定的新源或现有污染源技术标准。例如，得克萨斯州用以实现降低空气质量退化相关规定的合理可得控制技术和合理可得控制措施（RACM），是臭氧不达标区域中执行的州实施计划最核心的技术标准依据。它规定了某一特定污染源通过采用合理的控制技术而应当达到的最低排放限值要求，以及为了促进空气质量达标而采取的控制措施。一般来说，RACT 规定的主要是控制水平和控制级别，而非强制性要求采用特定的技术或控制途经。

（2）《有害大气污染物国家排放标准》（NESHAPs）

NESHAPs 对特定的危险性有害大气污染物，包括氡气、铁、汞、氯乙烯、核素、石棉、无机砷、苯等发布了 22 项固定源排放标准，技术依据采用最佳适用控制技术。选择这些污染物作为危险性污染物，是因为此类污染物会造成或部分造成公众死亡率提高或导致公众患上不可治愈的疾病。

NESHAPs 还规定对“主要”有害大气污染源必须使用最大可得

控制技术（most achievable control technology，MACT），实施 MACT 标准。主要污染源是指每年排放单项 HAP 在 4.5 t 以上的或排放几种 HAP 之和在 11.4 t 以上的工厂就被认定为主要污染源。以最大可得控制技术为基础制定的 MACT 标准，主要侧重于采用技术标准，对固定污染源（含点源和面源）的污染预防措施提出要求，包括控制装置的安装、控制方法的采用、生产工艺的改进、物料替代、操作流程、原材料成分的要求，事故排放的规定，记录和报告，监测如安装连续排放监测系统等。在 MACT 标准中，对同一排放点源的多种污染物按有机 HAP 或无机 HAP 实行统一控制，一反以往对同一排放源排放的多种有害污染物分别制定标准的做法。MACT 标准既适用于新污染源，也适用于现有工业污染源，截至 2009 年 2 月已发布了 123 项 MACT 标准。

2．基于环境质量和标准的许可要求确定方法

（1）许可要求的构成

对于建设前许可，基于技术标准的许可限值和要求主要包括新源或现有源的技术与性能标准、有害大气污染物的技术性能标准、最佳适用控制技术或最低排放率技术、执法部门或法令规定的其他标准要求、防止州际传输的污染物限值、防止超国家环境空气质量标准的限值要求（州实施计划中明确的限值要求）等。

对于运营许可，基于技术标准的许可限值和要求应当综合建设前许可以及各州的管理规定等全部要求。至少包括新污染源排放标准要求、有害大气污染物国家排放标准、达标地区的 PSD 许可或未达标地区的 NSR 许可要求、州实施计划及其他规定等内容。

（2）许可要求的确定方法

针对达标地区的 PSD 许可和未达标地区的 NSR 许可，对技术标准和性能要求是不同的。

PSD 许可基于最佳适用控制技术（BACT）的排放标准进行确定，通过进行逐一的最佳适用控制技术分析，综合考虑能源、环境和经济的影响，保障新增的许可授予后依然能够保持良好的环境质量状况。最佳适用控制技术分析大致可分为五步：一是确定正在审查的排污单位所适用的所有控制技术，列表应尽可能全面；二是针对该污染源评估其特定的技术可行性，剔除技术上不可行的选项；三是按照控制有效性将剩余的控制技术基于每项污染物和控制单元进行排序，控制有效性包括控制效率、预期减排量、预期排放率、经济影响（成本效益）、环境影响、能源影响等；四是通过比较控制有效性、不利影响，包括其附带的环境影响，将列表中的控制技术逐一进行分析评估；五是选择 BACT。

NSR 许可的要求则比 PSD 许可更为严格。一方面，要求企业必须安装污染物最低排放速率技术，即不考虑成本的现有控制技术中最严格的技术，并执行最严格的排放限值；另一方面，要求企业执行排污抵消制度，即新增污染物排放量必须小于现存企业的污染物削减量，企业只有替新污染源找到“排污空间”，才能获得 NSR 许可。无论是从现行法律还是实践的角度出发，对于这一类污染源中每一个排放环节执行的都是最为严格的排放限制。LAER 除表现为限值的要求外，同样也是综合的技术考虑，可以指定某种系统设计、操作规程或者设备标准。

此外，新源许可中除标准限值和技术性能要求外，还详细规定了包括限值合规性要求、监测监控要求、记录与报告的要求、检查和执行条件、启停等特殊时段要求等核心的许可条件。

同时，对于新建或者改扩建的污染源在许可过程中还需实施环境影响评价，通过空气质量模型等技术手段预测和评估污染源对周边环境的污染物浓度水平的影响，据此作为是否授予建设前许可的重要判断依据。评价的方法主要分为三种：一是基于国家空气质量标准对主要污染物进行预测分析；二是基于州内对厂区地界线的分析；三是对所有污染物进行单独分析评价。

（四）案例分析

1. 炼化案例

瓦莱罗得克萨斯城炼油厂位于得克萨斯州的 Ship Channel，在休斯敦东南方向距离市区约 40 mi[①]。通过几个最近的升级项目，炼油厂为 Valero 的墨西哥湾沿岸业务提供了重要的原料和产品。该工厂建于 1908 年，建成之初每天处理 1 500 桶俄克拉荷马原油。炼油厂经历了不断的升级和扩建，包括从 1955 年到 1970 年的主要升级阶段，炼油厂的总生产量从每天 4 万桶增加到 13 万桶。1996 年，对柴油加氢处理装置和残油溶剂萃取装置进行了调试，并对催化裂化装置和 3 号原油装置进行了重大改造。1997 年以来，瓦莱罗已在得克萨斯州炼油厂投资超过 7.5 亿美元进行扩建和升级。最近，该工厂完成了一个主要的扩建，包括一个新的延迟焦化装置和一个汽油脱硫装置。这些扩展和升级对原料的要求更加灵活，从而产生比传统炼油厂更高的毛利润。即使是较重的原油，新装置也能加工出大量低硫的清洁燃料。到目前为止，炼油厂的原油加工能力已经超过每天 25 万桶。

（1）许可证类型及相关管理要求

瓦莱罗得克萨斯城炼油厂的许可证主要有：新源审查许可证（NSRAP）、运营许可证（Title Ⅴ）、水许可证（NPDES）、固体废物处理储存和处置的管理要求（TSDF）。

相关的环境管理要求主要包括以下几个方面：

一是对于无组织逸散排放的管理计划。主要依靠泄漏检测与修复

① 1 mi=1.609 km。

（LDAR）技术和延迟修复技术对 VOCs 的排放进行监测，并对泄漏点进行修复，此举对 VOCs 的减排效果非常明显。得克萨斯州炼油厂无组织排放大概有15万个点，10年以来开展LDAR，减排量达到75%，现在的 VOCs 排放量为 200 t/a。

二是对于有组织排放要符合炼油厂新源排放标准的要求。

三是对浮顶罐的储存物质要符合蒸气压的要求。

四是对于废水的管理要求，主要管理废水中的苯，其他排放控制要求需符合 QQQ。

五是对于固体废物管理，小于 90 天的临时储存，不需要申请许可证，只需要提管理要求。

六是温室气体的排放需要记录备案。

（2）污染物排放控制及监测系统

催化裂化装置：用 LoTox 技术脱除催化裂化烟气的氮氧化物。

加热器和锅炉：使用低氮燃烧技术和选择性催化还原（SCR）技术去除氮氧化物，对 22 个排放源都安装 CEMS 在线监控系统。

火炬系统：5 个火炬全部安装连续的气相色谱监测装置，全部可以监测总硫的排放情况。对于 VOCs 的排放能回收的要先进行回收，不能回收的才进入火炬系统。

冷却塔：按照点源来进行管理，7 个冷却塔全部安装 GC 气相色谱装置，GC 监测的是冷却塔中水里的 VOCs 含量，并非直接监测空气中的，此举一方面是环境管理要求，另一方面也是工艺管理要求，可以根据 VOCs 的泄漏情况提高工艺管理和操作水平。

硫黄回收装置：安装 2 套 CEMS 系统对尾气焚烧后的排放情况进行监测，主要监控尾气中 SO_2、NO_x 和 O_3 的数据。

废水处理装置：主要有油水分离器、气浮装置、澄清池等，废水中的气体使用活性炭吸附装置及水封来控制排放。

所有的监测数据全部自己保存，不会与环保部门联网上传数据，只需要每年递交一次报告即可。

（3）排放量的确定

一是逸散排放。对于需要监测的会发生逸散排放的部件，采用LDAR实际监测到的数据计算。

二是储罐。根据源强计算手册AP-42中指定的储罐计算方法来计算。

三是火炬、焚烧炉和燃烧器采用烟囱测试确定的排放因子进行计算。

四是废水中VOC通过监测得到排放量。

五是锅炉、加热炉、窑炉和压缩机采用CEMS、AP-42排放因子、实测的燃料气体流速和燃料气的热值记录值，以及EPA方法进行的烟囱测试结果和（或）烟囱测试前进行的移动监测仪的结果进行计算。

六是FCCU（PM/PM_{10}）采用烟囱流速记录和相关计算方法确定。

七是FCCU（NO_x、SO_2和CO）采用CEMS监测结果和烟囱的流速记录进行计算。

（4）报告及监管

按照许可证中的要求按时上报各项材料，有的半年报，有的一年报。如果自行报告的记录确实存在超标情况，会由TCEQ来决定如何处罚。

据了解，TCEQ会建立一个企业环保管理名录，对各企业的环保管理及运行状况进行排序，如果一个企业的环保工作非常好，偶尔出现一次超标情况，可能不会处罚，或者处罚很小，而如果一个企业环保工作排名靠后，出现超标则会接受必要的严格处罚。但是不管何种处罚，都会公布，接受公众监督。

（5）Valero Texas City 的运营许可证

Valero Texas City 的运营许可证主要内容分为通用条款和特殊条款。

通用条款主要介绍的是程序性和应该遵守哪些法律法规要求的内容。

特殊条款包括排放限值和标准、监测与测试、记录保存与报告的要求，其他的监测要求，新源审查授权的要求，合规的要求，平流层的臭氧保护以及其他的一些管理要求。

所有的管理要求几乎全部引用已有的法律法规和标准的内容，要求持证者按证经营，由此可见许可证的管理基础是环环相扣的法规和标准体系。

所有装置的污染物排放限值与标准、相关的州或联邦法律、监测和测试要求、记录保存要求都会有一个表进行详细说明。同理，监测保证合规也会有详细的要求。

2．钢铁案例

（1）美国钢铁企业分类

美国钢铁企业主要包括联合钢铁企业、电炉企业和焦炉企业。其中，联合钢铁企业共有 12 家，产钢量占 35%；电炉企业共约 90 家，产钢量占 65%；焦炉企业共有 16 家，回收化学副产品的有 11 家，仅回收热和能源的有 5 家。

（2）美国钢铁行业基于技术的国家大气污染规定

1）钢铁行业 NSPS 规定

钢铁联合企业颗粒物一次排放限值是 50 mg/m^3，二次排放限值是 23 mg/m^3，透明度限值是 10%；最佳减排系统是袋式除尘器；最新的 NSPS 审查和发布日期是 1983 年 1 月。

电炉企业颗粒物一次排放限值是 12 mg/m^3；最佳减排系统是袋式

除尘器；最新的 NSPS 审查和发布日期是 1983 年 1 月。

焦炉企业无 NSPS 规定。

2）钢铁行业 NESHAP 规定

钢铁联合企业 NESHAP 规定包括高炉、转炉、热金属工艺和处理的颗粒物和透明度限值，烧结厂颗粒物、透明度和挥发性 HAP 限值，以及大多数排放源的工作实践。

电炉企业 NESHAP 规定包括电炉颗粒物和透明度限值，以及汞排放限值。

焦炉企业 NESHAP 包括焦炉炉门、炉盖、分支和装煤过程的排放限值，推焦过程的颗粒物和透明度限值，熄焦水的可溶解固体和有机物限值。

行业中的大部分污染源采用袋式除尘器来控制排放，但是，仍有一些源采用静电除尘器或洗涤器。

（3）钢铁厂运营许可证

1）基本情况

以美国钢铁公司——盖瑞钢铁厂为例，该企业位于印第安纳州盖瑞市，其运营许可证由州环境管理部门发放。该钢铁厂有超过 100 年历史，是美国钢铁公司中最大的工厂、北美最大的钢铁联合企业，规模为 750 万 t/a。

2010 年 11 月 19 日，该厂申请更新许可证，2013 年 10 月 14 日开展许可证（初稿）的公众参与征求意见，2013 年 12 月 20 日发放正式许可证，到期时间为 2018 年 12 月 20 日。

2）许可证主要内容

盖瑞钢铁厂运营许可证内容包括污染源摘要、一般条款、污染源运行条款、设施运行条款、交易项目要求、设施运行条款（NSPS 和 NESHAP 具体条款）6 个部分。

①污染源摘要即关于污染源的一般信息，包括联系人信息、地址、污染源描述和排放单元清单等内容。

②一般条款包含在由州核发的每个运营许可证中，包括截止日期、关于费用的信息、合规认证等内容。

③污染源运行条款适用于整个企业，包括关于尘的限值（设施需要有一个尘控制计划，并以此作为许可证的附件 A）、测试要求、记录保存和报告要求等内容。

④设施运行条款适用于专门设备或者设施的一部分，包括煤炭处理运行、焦炭组运行、锅炉等内容。

⑤交易项目要求是阻止污染物从一个州传输到另一个州的项目，适用于这个污染源的元素，包含在运营许可证中，如通过设置氮氧化物限值，在州的下风向阻止臭氧的形成。

⑥设施运行条款是适用于设施的基本要求，包括 5 个 NSPS 要求和 9 个 NESHAP 要求。

3）运行条件举例

运行条件包括州实施计划限值、PSD 限值、NSPS 和 NESHAP 限值。

①州实施计划限值。根据州实施计划，盖瑞钢铁厂 2 号焦炉的限值为：可吸入颗粒物为 32.30 磅[①]/h，可见度是 10%。此外，州实施计划中还有合规监测、记录保存和报告要求。

②PSD 限值。盖瑞钢铁厂焦炉使用天然气的限值为：连续 12 个月天然气使用量不超过 178.7×10^6 ft^3 [②]，以及报告要求。

③NSPS 和 NESHAP 限值。NSPS 和 NESHAP 限值均来源于 CFR。

包括 5 个适用的 NSPS：小型工业的、商业的、公共机构的蒸汽

---

① 1 磅=0.454 kg。

② 1 ft^3=0.028 317 m^3。

发生单元；煤炭准备和处理厂；化石燃料燃烧蒸汽发生器；大于 100 mm Btu[①]/h 工业的、商业的、公共机构的蒸汽发生单元；固定压缩点火内燃机。

包括 9 个适用的 NESHAP：固定往复式内燃机；焦炉组；焦炉：推焦、熄焦和焦炉组烟囱；钢铁联合制造设施；钢材酸洗—硫化氢工艺设施和盐酸再生厂；焦炭副产品回收厂苯排放；设备泄漏（无组织排放源）；苯废物操作间；工业的、商业的和公共机构的锅炉和工艺加热器。

四、美国水排污许可管理经验

（一）水环境管理基本思路

1. 环境管理目标

美国水环境管理的最终目标是水环境质量和人群健康，直接目标是可饮用、可游泳、可垂钓。在设定水质标准时，根据水体使用功能进行分类，分别确定水质标准要求，水体使用功能包括饮用水、工业用水、农业用水、水生生物养殖、休闲娱乐及其他用途等。水体水质目标由各州分别制定，依法经 EPA 批准后发布。

2. 环境管理方式

对尚未实现水质目标的流域，各州要制订流域水质改进计划。在制订改进计划时，首先要掌握所有向流域排放污染物和流域水质现状情况，就是摸清家底，类似于我国的污染源普查，在此基础上根据污染物对水质的影响制订达标计划及拟采取的削减措施，并定期评估计划实施效果，不断修正完善，形成水体质量改善的良性循环。

---

① 英热单位，1 Btu=1 055.06 J。

3．环境管理因子

管理目标是为了避免水体中溶解氧降低引起水体富营养化，进而影响鱼类生活，因此重点管控的常规污染因子为BOD_5、总磷、总氮等，COD 不作为管控重点，这与我国管控的主要污染物有所不同。同时，为了保护人群健康和水生生物安全，针对有毒有害污染物，制定了废水优先控制污染物名录，最初为 129 种污染物，后调整为 126 种。排放标准通常只对较少的污染因子有浓度和排放量的限值要求，多数有毒有害污染物通过可行技术控制排放。

4．污染源分类及全过程管理

从污染源管理看，工业废水、市政污水、水产养殖、规模化畜禽养殖场、船舶、雨水及农药使用等污染源主要实施 NPDES 许可证制度，对于未实施许可证管理的污染源，各州需要执行经 EPA 同意的流域规划（watershed plans）。

NPDES 许可证的一个显著特点是，它不单纯是排放限值的许可，更是对于全过程管控的许可，对任何可能存在污染的环节均会在许可证中体现出来，如排污许可证中要求该企业在时限内制订物料装卸污染预防计划，使用最佳管理实践管理物料装卸过程，使物料装卸过程中的排出物对附近水体的污染最小化。

5．环境监测和污染源监测

对于水环境质量监测，在线监测因子主要为总磷、总氮及其他流量等运行参数；对于污染源监测，管理部门未要求企业进行废水污染物在线监测，企业可自行通过在线监测 COD 实时核实BOD_5排放情况，很多有毒有害物质（如一个造纸厂）可能达到几十项但并无排放浓度限值等量化指标，同时很多物质的监测频次低（约一年一次）。所有污染源的监测均要遵循严格的监测、记录和报告的程序，许可证最重要的内容之一，就是要清楚明确地规定企业监测、记录和报告的内容、频次、程序以及其他要求。

（二）NPDES 排污许可管理框架

1. 关于 NPDES 许可制度

《清洁水法》开展建立 NPDES 许可制度，提出任何向联邦水体排放污染物的点源均需获得许可证。经过 2～3 年的努力，美国产生了最早的许可证，主要管理常规污染物，即 BOD_5、TSS、pH、粪大肠菌群、油和油脂共 5 种。1977 年，美国通过了《清洁水法》修正案，将有毒有害污染物纳入控制清单。随着许可制度的日趋完善，逐步扩大许可证管理范围，分别在 1987 年增加工业和市政暴雨径流、1990 年增加规模化畜禽养殖场、1999 年扩大暴雨径流管辖范围。从许可证实施到 1999 年，污染物排放许可限值主要基于技术和环境影响分析确定。经过近 27 年的努力，在全面掌握污染源排放和水环境现状的情况下，从 1999 年开始，美国开始真正实施日最大负荷（total maximum daily loads，TMDL），即在满足水质标准的前提下所有向河流排放污染物的点源日最大排放量。各州对列入需要修复水体清单的河流确定 TMDL。TMDL 对每个点源污染物排放量进行分配，例如，一条河为满足鲑鱼产卵需要，TMDL 确定该河流不能接收每天超过 10 磅的沉积物，如果有 5 个点源向河流排放沉积物，TMDL 可能“分配”每天每个点源可向河流排放 2 磅沉积物。TMDL 可以认为是基于环境容量的流域断面总量控制方法（以日计）。TMDL 同时用于指导非点源排放。

由此可见，美国自 1972 年提出建立 NPDES 许可制度，到通过发放许可证建立污染源清单，再到逐步扩大污染物和污染源的范围，最后实施与河流环境质量挂钩的最大日负荷总量，经过了一个长期的、逐步完善的过程。

2．关于许可证类型

NPDES 许可证分为两类，即个体许可证和一般许可证。

个体许可证是适用于单个设施的专门许可证，包括绝大多数工业设施和污水处理厂，它针对该设施的具体特征、功能等规定特别的限制条件和要求。根据污染行为、污染物排放情况、排放去向及受纳水体情况，确定个体许可证中相关条款，对于被许可人而言是特定的、量身定做的。有效期一般不超过 5 年。

一般许可证适用于一定地理区域内具有某种共同性质的排污设施，如雨水点源、相同或实质上相类似的行业设施、排放同类污染物或从事同类型污水处理处置活动的设施等。

与个体许可证不同，一般许可证是针对那些可以使用通用排污处理设施的企业，可直接用格式化模板编写与发放许可证，主要通过控制污染防治措施，减少污染物排放，有利于提高管理效率，降低许可证收费额度，数量往往多于个体许可证。以 EPA 第 10 区为例，下辖四个州（华盛顿州、俄勒冈州、爱达荷州、阿拉斯加州），EPA 区域办公室颁发了个体许可证 209 张、一般许可证 2 461 张，合计 2 670 张，一般许可证的数量占 92%。

3．关于许可证内容

（1）许可证内容

美国联邦层面没有统一的许可证格式，各州按照联邦和州的要求确定许可证的格式。通常，NPDES 许可证至少要包含基本情况、排放限制、监测和报告要求、其他管理要求及通用条款（重点阐述法律、管理和程序性方面要求）五个部分。值得关注的是，在更新排污许可证时，如果环境管理部门加严了污染物排放限值，许可证编写者根据企业技术改造进展在许可证中明确企业满足新许可限值要求的过渡期。

在发放 NPDES 许可证的同时，配套发布编制说明，说明许可证各项内容确定的背景及依据，包括背景信息、许可限值确定说明、监测和报告要求、其他许可条件、公众参与过程及附件等内容，由许可证编写者编制并在网站公开。

（2）纳入许可管理的污染源及分类

纳入 NPDES 许可证的设施类型包括公共污水处理设施、工业设施、商业设施、暴雨、污泥、规模化畜禽养殖场（CAFO）、航运等。

按照点源排放方式划分，废水点源可分为直接排放源和间接排放源。直接排放源包括工业设施、商业设施、规模化畜禽养殖场、市政污水处理设施等的废水排放。间接排放源包括工业设施、商业设施等的废水排放，主要发放预处理许可证，要求企业在排入集中处理系统前对污染物做预处理，并对出水水质做出具体要求。

废水直接排放源分为市政源和非市政源，其中市政源按照排水量大小分为主要源和非主要源，废水排放量每天大于等于 100 万加仑[①]（约等于 3 785 t）的市政源为主要源，其余为非主要源；非市政源同样分为主要源和非主要源，根据废水排放量、污染物种类、性质、排放去向等进行划分。

（3）纳入许可管理的污染物

污染物包括常规污染物、有毒污染物、非常规污染物三种。其中，常规污染物包括 BOD_5、TSS、pH、粪大肠菌群、油和油脂；有毒污染物包括 126 种金属和人造有机化合物；非常规污染物是指不属于以上两种类型的污染物质，如氨、氮、磷、COD 和全废水毒性（whole effluent toxicity，WET）、热等。

4．关于许可证核发

废水许可证不同于大气许可证，没有建设前许可证，在运营并产

---

① 1 加仑（美）=3.785 412 L。

生实际排污行为之前6个月申领，这就要求企业在建设前充分了解联邦和州在废水许可证方面的要求。如施工期有废水排放，同样需要获得许可。

废水许可证有效期为5年，到期前6个月申请更换许可证，公众参与程序与新申请许可证相同。如果许可证到期后，企业尚未拿到新的许可证，则沿用现有许可证。

关于发放权限。原则上，NPDES许可证全部由EPA负责。EPA根据管理能力，授权州发放许可证，并与授权州签订备忘录，包括许可证发放程序、许可要求、监管计划及人员配置、资金使用等内容。如EPA认为地方没有能力发放排污许可证，不进行授权。目前大多数州已得到EPA授权，尚有4个州未得到授权。授权的州环保局起草的许可证草案应提交EPA区域办公室审查，以保证与联邦法律法规要求一致;EPA区域办公室起草的许可证草案与项目所在州环保局进行协商，以保证满足州法律法规要求；流域上下游相互影响的州之间在发放许可证时需征求意见和相互协商，如无法达成一致的，由EPA进行协调。

关于发放程序。申请者在网上填写申请表格并提交给环境管理部门，其中集中污水处理厂申请信息中包括向污水处理厂排放废水的企业信息。许可证编写者根据申请者提交的信息和现场检查情况，起草许可证草案以及编制说明，并向公众公开。公众可以对许可证中的任何条件发表意见并要求修改，环保局书面回复公众意见，可基于公众意见对许可证做出修改。由此可以看出，许可证信息由管理部门进行公开，并对公众意见进行处理。

5．关于许可证监督检查

原则上谁核发许可证谁监管，州和EPA地区办公室也会共同监管辖区内排污企业。与我国不同的是，EPA对全国环境质量负责并履行监管职责。如果某一区域环境质量出现问题，EPA 将帮助该地区通过加严标准、区域总量控制等一系列政策改善环境质量。此外，企业之间的相互监督和非政府组织的社会监督也是监管体系的重要组成部分。

NPDES 许可证的监督检查主要依据《清洁水法》和《安全饮用水法》，通过资料审查和现场检查两种方式，检查无证排污和违反 NPDES 许可证的行为，基本的检查手段包括检查与采样、信息收集、行政命令、行政罚款、民事司法执行、刑事司法执行。资料审查是通过审查排污单位上报的各类书面报告，包括排放监测报告、旁路报告、非合规报告、污水处理站溢流报告、年度报告、实施进展报告等。现场检查内容包括运营和维护、代表性的采样、适当的固体废物处置、污水处理站溢流报告、许可证内容核实、实验室。检查方式包括：合规评估检查（CEI）、合规采样检查（CSI）、绩效审计核查（PAI）、执行生物监测的审查（CBI）、诊断性的检查（DI）、侦查性的检查（RI）等。开展监督检查之前，监督检查人员首先确认选用哪种检查方式，不同检查方式所收集的信息是不同的。监督检查一般每年至少开展一次，本次参观的华盛顿州 KapStone 造纸厂 NPDES 许可证检查频次为每年 3 次，由专门的检查人员按照严格的检查程序来开展。

为规范现场检查，EPA 制定了《NPDES 合规检查手册》（NPDES Compliance Inspection Manual），包括检查前的准备、厂区外检查、进入检查地点、启动会议、设施的检查、结束会议、编写监督检查报告。

（三）不同污染源的排污许可管理

1．直接排放的工业源

（1）关于许可对象

工业源管理内容包括工艺废水、非工艺废水和暴雨径流（含污泥）。任何有能力将废水污染物处理至满足排放要求的企业，均可申请

NPDES 排污许可证，而对其行业类别、产业规模等均不做限定要求。

（2）关于许可限值的确定

直接排放的工业源在确定许可排放限值时，综合考虑基于技术的排放限值、基于水质的排放限值及反退化要求三方面内容，选取三者中最严格的排放限值，确定最终排放限值。与我国排放标准不同的是，NPDES 许可证限值用每月平均日排放限值（AML）、每周平均日排放限值及每日最大排放限值（MDL）来表述。

关于基于技术的排放限值。基于技术的排放限值（TBELs）目的在于通过制定出水水质的最低水平来控制污染，而排放者可以使用任何适当的污染控制技术以达到该最低水平。EPA 已经制定了 50 多个行业的排放限值导则（ELGs），包括最佳实用技术（best practicable control technology currently available，BPT）、经济上可实现的最佳可行技术（BAT）、最佳常规污染物控制技术（best conventional pollutant control technology，BCT）、新建污染源执行标准（NSPS）、现有源的预处理标准（pretreatment standards for existing sources，PSES）和新建污染源预处理标准（pretreatment standards for new sources，PSNS），明确了不同类型污染源和不同类型的污染物通过应用污染治理技术所能够达到的污染物削减程度（表 7-3）。对于 ELGs 中未涉及的内容，可采用最佳专业判定（BPJ）。

表 7-3　不同污染源和污染物适用的污染防治技术

分类		BPT	BCT	BAT	NSPS	PSES	PSNS
污染源类别	现有直接源	√	√	√			
	新建直接源				√		
	现有间接源					√	
	新建间接源						√
污染物类别	常规污染物	√	√		√		
	非常规污染物	√		√	√	√	√
	有毒（优先控制）污染物	√		√	√	√	√

部分州环保局制定了州内的可行技术，如华盛顿州制定了AKART，明确了现行的达标可行技术，凡是采用 AKART 中所列技术的工业设施，认为可以满足达标排放。

关于基于水质的排放限值。基于水质的排放限值（WQBLs）就是许可证排放限值必须满足水体水质目标要求。许可证编写者通过选择合适的水质模型，推导出点源污染负荷，在充分考虑污水排放的波动性、受纳水体的稀释能力和监测频次的基础上确定基于水质的排放限值。对于水质不达标的水体，EPA 区域办公室列出水体名称并排出需要制定最大日负荷总量（TMDL）的优先顺序。由区域办公室或州环保局通过建立模型、模型计算、模型验证，确定具体的水质指标和污染总量分配，并需要与各方商定具体实施措施，通过常年水质监测保证制定的措施能实现水质达标。水体的 TMDL 包括点源污染负荷（WLA）、非点源污染负荷（LA）以及安全临界值（MOS）三部分。TMDL 可以用由毒性或其他可测的方法确定的单位时间的污染物的质量表示。

关于反退化要求。NPDES 许可证更新时，除某些特殊情况外，需遵循反退化原则，即许可排放限值确定后，在许可证更新时，许可限值可以加严，但不能随意放宽。在实际操作上，管理部门往往不会主动降低许可要求，排污单位有时会向管理部门提出降低排放要求的申请，需证明这种降低不违反“反退化”原则。

（3）关于区域削减及排污权交易

如纳污水体水环境质量超标，原则上不能新增污染源。如确需向环境质量超标的水体排放污染物，为了不恶化纳污水体水质，需进行相应的区域削减。污染物削减一般来自农业面源削减，点源之间也可以进行削减，通过排污权交易的方式进行，但美国水排污权交易非常谨慎，排污权交易条件也非常苛刻，要求削减点源与新增点源具有相似的企业性质，且在地理位置上处于同一流域的相近位置，需详细论证交易后不影响水体质量，在操作层面具有一定难度。例如，位于同一流域的两个企业，一个位于上游、一个位于下游，这种情况不能进行交易。经了解，EPA 第十区办公室仅完成 2 例点源水排污权交易，其中一例为一个企业内部两个点源之间交易。

2．市政污染源

对于市政污染源（publicly owned treatment works，POTWs），包括污水处理厂和收水管道，主要收集生活污水及部分工业废水。考虑到废水可生化性较好，二级处理排放标准作为最低要求，主要管控因子为 BOD_5、TSS 和 pH。污水处理厂产生的生化污泥要妥善处理，回用到农业、林业进行综合利用。

3．间接排放源

（1）关于核发权限

国家预处理许可作为 NPDES 许可证的一个组成部分，由 EPA 和已授权发放 NPDES 许可证的州授权地方管理部门发放预处理许可证。

（2）关于管理目标

预处理许可管理主要有三个目的：一是保护公共污水处理设施，即工业废水在进入城镇污水处理厂与其他污水一并处理之前，先施行初步的处理（即预处理），达到国家预处理专案规定的预处理标准，从而降低间接排放废水对公共污水处理设施的冲击；二是防止污染物穿透污水处理厂或干扰二级处理，即减少工业废水及其他非生活污水中常规及有毒有害等无法在市政污水处理设施进行处理的污染物，通过市政污水处理设施直接排入地表水体；三是提高市政及工业废水循环使用率。

（3）关于许可限值

预处理项目排放限值需满足联邦、州及地方三个层面管理部门制定的预处理排放标准、最佳实践及其他管理要求，主要包括基于技术的排放标准、禁排要求及地方预处理排放标准三个方面，基于技术的排放标准用于避免企业通过稀释排放规避废水处理，禁排要求用于禁止任何可以引起干扰或穿透城镇污水处理的废水排放，地方预处理标准是由地方政府按照当地的情况和自己的需要所制定的工业废水排放标准。

4．规模化畜禽养殖场

规模化畜禽养殖场（concentrated animal feeding operation，CAFO）属于“点源”的一种，需要通过设置储存池等方式将废水收集并进行综合利用，除特殊情况外，不能直接向水体排放污染物。储存池容积根据畜禽种类不同确定，如养猪场为100年不遇暴雨。例如，在极端天气情况下，需要向水体排放污染物，经营者需向管理部门报告。规模化畜禽养殖场虽然不向水体排放污染物，但同样需要取得NPDES许可证，并通过许可证的形式将废水零排放予以确定。

5．暴雨许可

美国暴雨许可的目标是防止雨水地表径流将地表的有害污染物冲刷进溪流、河流、湖泊、近海等水体，保护受纳水体水质。需要申请暴雨许可的污染源包括工业、商业建筑及市政雨水收集。EPA授权各州发放暴雨许可，要求所有雨水收集处理后排放，许可内容可含在废水许可证中或单独进行许可。通过“最佳管理实践”（best management practices，BMP）减少雨水中污染物排放量。为推进最佳管理实践的进程，EPA建立了BMP数据库（International Storm Water Best Management Practices Database），涵盖了常见的BMP管理实例，为城市雨水污染防治工作提供参考。

美国位于沙漠地区的企业，由于没有纳污水体，部分企业通过设置蒸发塘采取了废水零排放方式。环境管理部门对废水零排放企业同样发放废水排污许可证，并对企业是否实现零排放进行监督管理。

（四）案例

1．Kapstone 造纸厂

本次访问的Kapstone造纸厂位于华盛顿州奥林匹亚市，建于1927年，已有80余年历史，产浆60万t/a，纸制品100万t/a，主要生产工艺为硫酸盐浆，废水经厂内污水处理系统二级生化处理后直排入哥伦比亚河，日排水量35×10^6～40×10^6加仑。该厂在排污许可管理中值得关注的主要有以下内容：

(1)关于排放限值。企业排污口主要控制指标仅有三项，为BOD_5、TSS和pH，除pH外，指标限值为排放量，用每月日平均排放限值（AML）和每日最大排放限值（MDL）来体现。同时规定了排污口混合区的最大边界，明确了慢性混合区和急性混合区的区域范围和稀释倍数。

（2）关于管控因子。管控污染物更为全面，分为常规污染物（6种）、非常规污染物（36种）、优先控制污染物（其中金属、氰化物和总酚18种、酸性化合物11种，挥发性化合物31种，中性化合物51种，二噁英1种，农药、多氯联苯25种）。其中14项需开展监测，监测频次多为每年1次。

（3）关于监测要求。从全过程管控的角度，许可证对进水、排水分别提出了监测要求。从监测方式看，流量、温度和pH为连续监测，其余因子均为手工监测。

明确对实验室标准化和操作人员认证的要求，持证单位自行监测，由持证者进行采样和分析，真正使企业作为治污设施运行主体的同时，成为监管监测数据，确保治污设施正常运行的第一责任者。

企业将治污设施作为生产设施的一部分，自行开展的 COD 连续在线监测，主要用于实时监控企业生产设施是否正常运行，并非用于环保部门对企业的监管和检查。

（4）关于雨水管理。许可证包括暴雨管理、暴雨污染预防计划、雨季检查、及时修正等要求。该厂雨水不区分初期雨水和后期雨水，各构筑物周围多设有围堰蓄存雨水，通过临时管道和泵，全部收集后进入污水处理设施进行处理。为确保废水全部处理后排放，该厂的生化处理设施一用一备，留有较大的富余量。

（5）关于混合区设定。不同于我国“一根排水管排污”这种简单方式，企业需选取最佳排放口布设方式（如扩压器，见图 7-3）等，并通过模型计算出废水与受纳水体形成的混合区最小边界，使废水对受纳水体的影响达到最小，并通过排污许可证予以明确。

图 7-3　Kapstone 造纸厂排水口形状图

（6）关于报告与监管。企业每月报告一次监测数据，每年报告一次许可证执行情况，台账数据保留 5 年以上备查。企业通过信息系统进行电子报告及电子签字。监督检查一般每年至少开展一次，该企业 NPDES 许可证检查频次为每年 3 次，由专门的检查人员按照严格的检查程序来开展。值得注意的是，企业将污染治理实施作为全过程管理的一部分，同等对待并管理污染治理设施和生产设施，将污染源监测数据作为生产运行数据的一部分。环保部门对企业除了“监管”，还有合作与服务，当发现企业存在不按证排污的情况时，将与企业共同查找问题、解决问题。

2．Brightwater 污水处理厂

本次访问的 Brightwater 污水处理厂于 1992 年开始立项，经过近十年的论证及公众参与，2002 年选定厂址，并向公众承诺不会闻到恶臭气味、看不到废水及建设向公众开放的绿地公园及公共活动场所。2005 年完成总体设计，2006 年开工建设，2012 年正式完工，总投资 18 亿美元，处理工艺为物化+生化+膜处理。

该厂在排污许可管理中值得关注的主要有以下内容：

（1）关于废水来源。该厂废水来源主要为生活污水和部分工业废水（如酒精酿造企业废水、波音生产厂废水），其中工业废水水质与生活污水类似。

（2）关于间接排放监管。地方政府共有 30 个人对废水进入该厂的预处理企业进行严格监管，确保废水排放不对污水处理设施造成冲击。

（3）关于排水量控制。由于城镇污水处理厂受纳进入下水道的雨水，排污许可证对该厂雨季污水处理及排放进行了特殊规定，如废水处理量超出负荷时，允许一部分废水不进入膜处理系统进行处理，但对其出水要进行监测，确保稳定达标排放和不影响受纳水体水质。

（4）关于执行报告要求。许可证报告提交要求的汇总表，其中明确规定了许可证中特殊条款及一般条款里要求提交材料的内容、频次、首次提交日期等。进行执法监察时，只需对照该表格查看企业是否按照要求执行即可，十分便利。

（5）关于全过程的管控内容。特殊条款里面除规定了排放限值、监测要求、报告和记录等要求，还包括设备设施负荷、操作和维护等内容，从全过程的角度对污染源进行控制。

（6）关于水环境和生物毒性控制。特殊条款中包括受纳水体水质监测、底泥监测、排放口评价、急性毒性、慢性毒性等内容。美国水质保护的目标为饮用水安全、人体可接触（游泳）、鱼类健康，而目前我国对污水的管控重点局限于化学指标的管控，包括各废水排放标准中，大部分均不涉及生物毒性指标。

五、完善我国排污许可制度的几点建议

美国排污许可相关法律法规体系完善、层次清晰、内容翔实，发证流程清晰、明确、有针对性，技术性较高，有完善的公众参与和社会监督体制，严格的执法监督与处罚机制。通过培训与总结，对我国污染源排污许可管理提出如下借鉴与建议。

（一）围绕环境质量改善，加快法规建设，明确排污许可的法律内涵

1. 完善排污许可相关法律法规建设

通过制定法规条例或者立法，明确排污许可的法律内涵与排污许可体系的法律地位。

一是明确排污许可管理的对象、对污染物排放行为的要求要与环

境质量改善和经济技术发展现状相适应，指导排污许可技术规范的制定，提高排污许可的法律效力。

二是明确排污许可管理是衔接环境质量目标管理与污染源环境管理桥梁纽带的作用。

三是明确通过排污许可规定企业污染物排放行为的所有法律要求并得以落实，为制度整合、责任划分奠定基础。

四是明确排污许可证的内容、行政管理体系及社会救助体系。

五是明确企业对污染物排放行为必须建立监测、记录台账和报告制度，并有责任说清楚其排放行为。

六是明确对违反排污许可的违法行为予以严厉处罚的规定。通过制修订法律法规，在排污许可证中载明企业违反排污许可证排污的法律责任，建立以排污许可证为核心的执法体系。

七是鼓励地方通过法律法规、技术规范等，制定更加严格的管理规定。

2．完善排污许可管理实施配套文件

参照美国联邦法规，提高排污许可技术支撑文件的法律效力。通过法规或规范性文件，完善排污许可管理实施配套文件。

一是明确实施排污许可的管理范围，建议按照污染物产生和排放量大小，兼顾环境危害性或有毒有害污染物，对固定源实施分类管理。

二是明确排污许可管理的信息化要求。

三是明确排污许可证内容、核发权限、核发程序、核发规定以及监管要求。

四是将排污许可证的申请表样式和许可证样式以及具体许可内容表格化，为排污许可信息化管理打基础。

五是从综合利用的角度，强化规模化畜禽养殖场管理，从源头上减少污染物排放，实现资源再利用。

六是对间接排放的行为尽快制定禁止条款，避免有毒有害污染物大量稀释排放。城镇集中污水处理设施需根据废水处理工艺设定负面清单，明确不可接纳的工业废水类型。在排污许可证执行过程中，要加强监管，确保满足纳管的预处理要求。对于经预处理后，仍然无法满足负面清单要求的企业，要逐步引导退出。

七是逐步完善雨水管理。建议先期加强对工业企业厂区内初期雨水及后期雨水排放口的管理，避免污染物通过雨排口进入外环境。后续逐步完善对城市雨水排放管理，如提高雨水综合利用率，尽可能收集雨水并进行处理。

八是完善对排污许可相关法律法规的具体说明与指导，促进法制化建设。

3．其他

我国实施综合许可证，应当针对大气和水环境质量管理以及污染源管理的客观规律和经验，进行综合协调，尽快开展危险废物纳入排污许可的试点工作。

（二）围绕环境质量改善，逐步调整排放标准及技术规范体系的思路

1．加快调整我国排放标准体系

一是对污染因子，区分常规污染物（影响环境质量标准的污染物，如大气 SO_2、NO_x、VOCs、颗粒物，水 BOD_5、氨氮、总氮等）和有毒有害污染物，从不同控制目标的角度，提出排放限值要求。针对不同的区域或受纳水体，制定符合改善质量要求的管控对象，建议逐步强化对环境质量影响大的污染因子的控制，避免出现“一刀切”的情况。加快编制出台大气和水有毒有害污染物名录。结合《水污染防治法》修订要求制定有毒有害水污染物名录，从水质要求、生态环境及

人群健康的角度，结合重点行业特征污染物排放情况，开展水体中有毒有害污染物研究，逐步建立水体有毒有害污染物优先控制清单，并配套制定相关的监测分析方法。对于污染物管控方式，除浓度外，根据需要逐步增加大气小时排放速率和废水日排放速率、月平均日最大负荷或者其他等效要求。

二是关于管控要求。对于大气排放标准中有组织排放要针对工艺和排放源细化要求；对无组织排放量较大行业，参照《石油炼制行业排放标准》，从钢铁、焦化等重点行业入手，增加无组织控制的措施要求。明确正常工况下污染物达标排放判定有关问题，提高标准的科学性，同步规范环境监督执法。

三是分级建立基于最佳可行技术的排放标准体系。建议尽快出台最佳可行技术指南，建立设施名录，针对不同行业的各类设施的生产工艺与产污环节，分析排放污染物种类、排放水平和环境影响。提出最佳可行的推荐技术或技术组合，并据此规定不同设施、不同规模下的排放标准和工艺技术运行标准。综合考虑现有技术的排放控制水平、经济成本以及运行管理要求等因素，建议分级开展成本-效益分析，在不同的经济可行性层面建立包括最佳实用控制技术标准、最佳控制技术标准和最严格控制技术标准在内的最佳可行技术分级体系。

四是以最佳可行技术作为排污许可的重要技术基础。企事业单位污染物排放许可中的许可限值和运行要求应当以最佳可行技术为依据进行确定。根据最佳可行技术指南，针对不同类型的设施确定许可排放污染物种类、浓度限值、运行控制要求以及监测和监控要求等。排放标准的制定应当以最佳可行技术为核心技术依据，以行业内公平、经济上可行、推动技术进步为基本原则，针对各行业的不同设施、工艺、规模制定排放标准限值。

五是考虑环境质量现状，分区、分类执行基于最佳可行技术的排放标准。针对一般地区的固定污染源，建议许可排放浓度限值的核定考虑兼顾经济和环境效益的控制技术，即最佳实用控制技术标准。该标准仅针对污染源规定排放浓度限值，是适用于现有污染源、常规污染物的最低排放限值标准。针对新建项目或重点行业须特别管控的污染物指标，许可排放浓度限值按照最佳可行控制技术标准进行核定，即首要考虑环境效益，兼顾经济可行性。针对环境容量不足或某项污染物环境质量不达标地区的污染源，建议许可排放浓度限值按照最严格的控制技术标准核定许可限值和要求。

六是建立最佳可行技术更新机制，推动排放标准科学化发展。随着行业的技术发展和污染防治工艺的进步，最佳可行技术应当处在不断的动态更新中，最佳可行技术指南也应当定期编制与更新。构建完善的最佳可行技术指南更新机制，随着技术工艺的进步和控制管理水平的发展，应当以基于最佳可行技术排放水平不断更新来推动建立科学、可行的排放标准和技术标准。

2．制定排污许可系列技术规范

按照遵循现有规定，并查漏补缺的原则，尽快对主要行业制定排污许可系列技术规范，用于建立一套完整的固定源管理证据链。

一是编制“源强核算”的技术规范，规范产污系数和排放系数，一方面规范环评预测的源强，另一方面为污染源实际排放量提供估算依据。

二是编制“可行技术”，明确基于排放标准的国内外各污染物现有的达标可行技术及管理要求。

三是编制企业“自行监测”技术指南，根据排放标准和许可技术规范，明确排放口的监测点位、监测方式、监测因子、监测频次、数据记录等要求。

四是编制许可技术规范，明确排放口、污染因子确定的原则要求，许可限值的确定原则，明确许可证审核的技术要求及合规性判定原则，尤其是重污染天气等特殊情况下的许可污染物排放的技术要求等，规范许可证核发，明确污染物实际排放量核算方法和非正常工况等达标排放判定方法；规范环境管理台账及许可证执行报告的要求；规定如何引用“源强核算”“可行技术”“自行监测”等技术文件。总体而言，用许可技术规范作为兜底，基于现有排放标准和技术规范，逐步建立许可证监管的技术框架。待制度成熟后，相关内容应当纳入排放标准体系当中。

五是编制污染源“编码标准”，规范全国统一的许可证、生产设施、治理设施、排放口编码。

六是研究制定监督管理操作手册。我国排污许可顶层设计中提出主要通过资料审查和现场检查两种方式开展排污许可监管。在规范排污许可核发的同时，强化资料审查和现场检查的规范化，制定配套的资料合规检查手册和现场检查手册。

（三）围绕环境质量改善，分步骤逐步完善控制污染物排放许可制度

排污许可制度体系精密，管理内容庞大，针对我国目前法律法规体系尚不健全、责任体系正在转型、技术规范体系差距较大、制度整合任务较重、以现有源核发工作为主、管理能力有待提高的现状，我国实施排污许可制度，应当分步骤逐步完善，难以做到一蹴而就。

一是在管理范围上，结合现有对重点污染物和重点污染源的管理要求和管理经验，首先将“大气十条”“水十条”等提出的重点行业以及排放标准相对健全的行业，纳入排污许可管理内容，并逐步扩大。

二是在推进策略上，鉴于排污许可技术规范按行业逐步推进更具可行性，因此按行业分批推进排污许可制度实施，对排放负荷大、管

理基础好的行业，率先推进。

三是在许可要求上，现有源首先基于排放标准，对企业提出许可规定，并据此完善企业自行监测、台账记录和报告的具体要求，落实现行法律要求，不额外增加企业负担。

四是在污染因子管理上，区分常规和特征污染物，根据实际情况，制定不一样的监测、记录和报告要求。对常规污染物，要求实施在线监测或较高的监测、记录及报告频次；对特征污染物，制定较低的频次，既解决标准选择性执行的问题，也符合监管的实际情况。

五是在技术规范体系建设上，现阶段主要以现有固定源排放数据为依据，制定源强手册、可行技术及排污许可等规范，重点为建立相对完善的技术规范框架体系。

六是逐步实现全过程、精细化管理。NPDES 许可证的一个显著特点是，它不单纯是排放限值的许可，更是对于全过程管控的许可，对任何可能存在污染的环节均会在许可证中体现出来。下一步，随着我国排污许可制度的逐步优化和完善，过程控制措施也应逐步补充到我国排污许可证体系中。

（四）强化企业主体责任，健全完善相关机制体制和能力支撑建设

一是强化企业治污和监测的双重主体责任。企业要将污染治理实施作为全过程管理的一部分，同等对待并管理污染治理设施和生产设施，将污染源监测数据作为生产运行数据的一部分。

二是注重兼顾所有利益相关方的合法诉求。明确有权利参与的公众范围、NGO 的参与条件，避免公众的意见受影响而得不到表达，也减少影响效率和增加行政成本的滥诉。兼顾提出许可企业的合法权益，给予其申诉的机会。

三是在许可证中把信息公开的内容明确化、具体化、程式化。落实环保法规对企业排污申报、信息公开的要求，改变“保姆式”的环境监管模式，许可证中载明企业应当公开的内容、时间、频次和方式，同时也便于公众的监督和参与。建立许可证守法和执法数据库，面向公众开放，对不涉及企业敏感信息的环保信息和违法执行情况进行公开，提高透明度。

四是保障能力的建设应与许可制度改革同时推进。保障能力包括颁发及监督排污许可证的专门机构能力建设、许可证编写的相关服务和咨询机构能力的建设以及信息系统的建设。排污许可制度的建立和完善是一项庞大的系统工程，应做好充分的基础研究和技术指导安排。建议通过培训等方式，提高地方环保部门核发能力。同时，建立定期考核与惩罚机制，通过抽查、检查等形式，监督管理地方许可证发放情况，提高许可证核发质量。

五是提高污染源监测能力。建议在“在线数据实时上传环保部门，第三方协助监督数据质量”的基础上，进一步强化企业自我监管的职责，将治污设施运行和数据质量把控作为企业自身的重要责任，明确企业是监测数据质量的第一责任者，逐渐恢复企业专业检测分析队伍和实验室监测能力。

六是建立企业守法诚信制度。在许可证中集合对企业守法的管理要求，细化企业的信息报告责任，逐渐建立一套针对企业排放信息的报告、检查和追责体系，确保企业实际排放和环境管理信息的真实性和准确性，为环保监管机构建立了一套可用于决策的排放源数据。

第八章　美国大气排污许可制度经验及对我国的建议[①]

排污许可制度是一项国际通行的环境管理基本制度，是污染源管理的有效手段。我国新修订的《环境保护法》和《大气污染防治法》规定了依法实行排污许可管理制度，但是目前我国排污许可管理制度仍不完善，在实施过程中仍面临一些挑战。美国建立了一套在法律基础、管理体制、政策措施等方面都比较完善的大气排污许可制度，对推进我国大气排污许可制度具有重要的借鉴作用。

一、美国大气排污许可制度发展历程

美国排污许可制度起源于1899年《废物法》（Refuse Act）设立的废物法许可证项目（refuse act permit program，RAPP）。其发展历程大致可分为3个阶段：

第一个阶段是联邦许可证实施前阶段。此阶段关于许可证的规定主要体现在地方性法规中。例如，加利福尼亚州空气质量许可起源于20世纪40年代的洛杉矶烟雾事件，1940年通过《加利福尼亚州空气污染控制法》，在每个县成立地方性的“空气管理区”，允许管理区设

① 此报告写于2017年，由环境保护部环境与经济政策研究中心李媛媛执笔。

立许可计划。要求对工业源实施排放控制，强制执行，并可以撤销任何不合规源的许可证。事实上，当时联邦层面也试图推动许可制度，但未成功。

第二个阶段是联邦许可证法制化形成和实施初步阶段。美国为了全面实现空气质量标准，于 1977 年通过了《清洁空气法》修正案，提出了新源审查许可证（new source review，NSR）这一管理制度。根据规定，常规大气污染物潜在排放量超过一定值的新建或者改建项目在建设前须申请获得新源审查许可证。

第三个阶段是联邦许可证发展和完善阶段。排污许可证所管理的污染源范围不断扩大，更加精细化。对大气排污许可证而言，最初只针对新、改、扩建项目，1990 年修订的《清洁空气法》设立了运营许可证项目，对大型固定源（包括新源和现有源）进行管理，许可证的管理范围不断扩大[①]。根据要求，运营许可证的受控污染物为 6 种常规大气污染物、6 种温室气体和 187 种有害大气污染物[②]。实施运营许可证的目的是合并和简化联邦、州、部落和地方所有关于大气污染控制的要求，制定一个单一的、全面的“运营许可证”，覆盖一个排放源一年内所有的大气污染排放活动，帮助排放源所有者与运营者理解和遵守管制规定，促进大气质量改善。目前，美国未要求非大型固定源申请运营许可证。

一般情况下，许可证主要包括以下内容：①许可证基本信息，包括编号和名称、具体地址、行业属性、工艺或者产品简介、标准行业分类码；②持证单位基本信息，包括编码和名称、具体地址、行业属性、工艺或者产品简介、标准行业分类码；③许可证具体信息包括许

---

① U.S. EPA. Basic Information about Operating Permits. https：//www.epa.gov/title-v-operating-permits/basic-information-about-operating-permits.

② U.S. EPA. Basic Information about Operating Permits. https：//www.epa.gov/title-v-operating-permits/basic-information-about-operating-permits.

可证类型、是否经过复审、改扩建情况、适用范围、是否为最终版本、所需要满足的要求以及其他信息；④允许排放的污染物种类以及排放量，包括 VOCs、NO_x、PM、SO_2、有害大气污染物等。

二、美国大气排污许可制度的经验

排污许可证是在相关法律要求下，由政府权威部门颁发且必须取得的一种资格证明，为监管者、被监管者和公众在达成环境保护和环境质量改善目标中所应承担的角色都提供了有力支持。美国的排污许可制度奠定了其进行科学有效、统一有序的环境管理的基础。美国大气排污许可制度的管理经验总结如下：

（一）以《清洁空气法》为法律基础，对不同排放源分类管理，并与空气质量达标情况紧密衔接

《清洁空气法》中详细规定了不同许可证的申请条件以及申请流程，美国大气排污许可证分类细致、设计严密，经过不断完善修订具有很强的针对性和可操作性。这既体现在法律法规细化管理对象上，如对新源和现有源、达标区和非达标区、重大源和非重大源进行区别管理，又体现在通过项目将各个管理对象、目标进行分组管理上，如防止重大恶化（PSD）许可证、NSR 许可证、运营许可证等项目。

1. 新源审查许可证

（1）适用性

污染源在申领 NSR 许可证前审查部门要进行适用性判断，不同的 NSR 许可证要求不同。对 PSD 许可证而言，主要有以下三个标准：①提出申请的排放源或者工程项目是否归属于重大固定源或者重大改建项目。排放源的大小是由排放潜能来确定的，如果排放源的排放

潜能达到 250 t/a（特别部门为 100 t/a）即可归为重大源；如果现有重大源发生了物理变化或者操作方法发生了改变，《清洁空气法》监控的任一污染物的净排放出现了显著的增长，该项目则可归为重大改建项目。②第二个标准是判定该排放源位于空气质量达标区还是未达标区。③第三个标准是要检查该项目排放或者显著增加的污染物是否可以申请 PSD 许可证，即某一个排放源所在地区排放的某些污染物是达标的，而另外排放的某些污染物是未达标的，如果该项目排放的污染物类型属于未达标的污染物，那么也不能申请 PSD 许可证。对于未达标区 NSR 许可证而言，申请之前同样需要进行适用性判断，与 PSD 许可证的适用性标准一样，未达标区 NSR 许可证也需要从排放潜能、排放源的位置以及排放污染物的类型三个方面判断，不同的是未达标 NSR 的排放潜能达到 100 t/a 即可归为重大源。为了达到相关空气质量要求，这类许可证必须使用最佳可行控制技术、开展空气质量分析来评估对空气质量的影响、开展一级地区分析来评估对国家公园和野生物种栖息地的影响、开展附加的影响分析、允许公众参与。

不达标地区的新建大型固定污染源和已有大型固定污染源的重大改扩建在开始建设前都必须获得不达标地区的新源审查许可证。例如，对于臭氧严重不达标地区，VOC 排放量超过 10 t/a 的固定源就作为大型污染源进行控制；对 CO 严重不达标的地区，CO 排放量超过 50 t/a 的固定源就作为大型污染源进行控制。这类许可证必须使用最低的可实现的排放速率技术、获得排放补偿、开展可选择的现场分析、展示全州设施遵守空气管制法规证明、允许公众参与。

不需要 PSD 许可证和不达标地区的新源审查许可证的固定源污染物排放需要获得小型新源审查许可证，目的是预防该类污染源的建设影响所在地区的空气质量达标或违反不达标地区的污染物控制战略。小型新源审查许可证的主要要求：逐个案例开展控制技术审查、需要的时候可开展空气质量影响分析来评估对空气质量的影响、允许公众参与。

（2）申请

如果排放源达到申领要求则可以提出申请，下一步需要准备许可证申请的材料。许可证申请和核发的基本流程包括：①准备许可证的申请以及参加许可证申请前的相关准备会议；②各州检查许可证申请材料是否完整；③制定许可证申请草案；④征求公众对许可证草案的意见；⑤许可证管理机构对公众意见进行反馈；⑥可能会提起公诉。

（3）诉讼阶段

在许可证终稿颁发后的 30 天内，EPA、州、地区和社区允许公众和相关部门根据规定通过州级法院、社区法院甚至联邦法院提出上诉，审批机关对于上述内容要做出相应回应，并最终决定是否颁发许可证。

NSR 许可证申领流程见图 8-1。

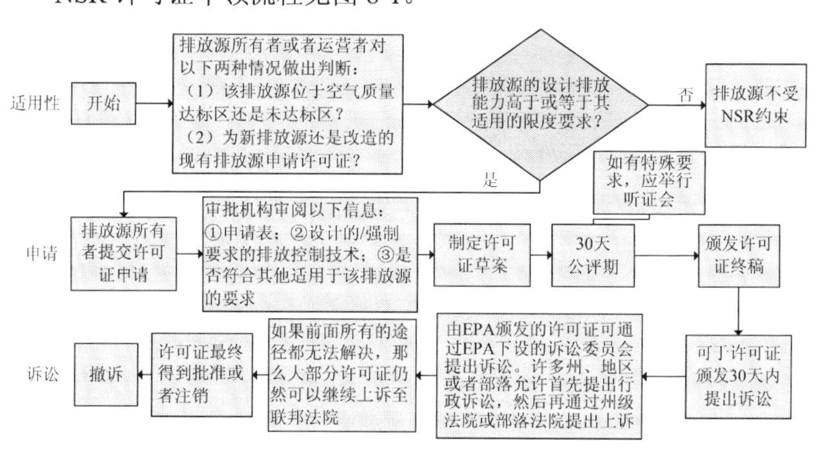

图 8-1 NSR 许可证申领流程

2. 运营许可证

运营许可证主要实现对现有污染源的监管，在污染源运行一年后申请（图 8-2）。对于运营许可证而言，当申请受理后，审批机关一般

要经过下面的程序来进行审批：

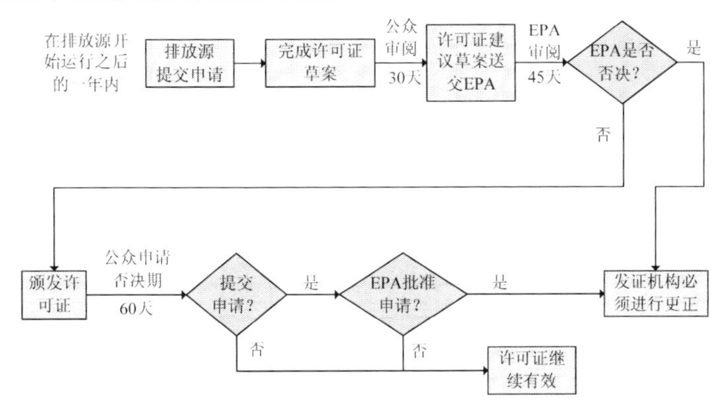

图 8-2　运营许可证申领流程

（1）确定排放源所有者或申请者提交的申请是否完整，一套完整的申请材料包括：公司的相关信息，包括公司名称和地址、公司法人代表、公司联系方式和地址等；排放源的工艺流程以及生产出的产品情况；污染源排放的所有被监管的污染物的情况、源排放速率、燃料使用情况、原材料、生产速率、运行计划、污染物控制设备以及合规监测设备等；排放源适用性分析情况；合规计划书；合规认证等。

（2）制定许可证草案。

（3）通过各种媒体（报纸、杂志、网络等）发布公告，告知公众可以对许可证草案进行审阅，审阅期为 30 天，审批机关还需将许可证草案邮寄给部分公众审阅。

（4）根据申请者、公众或者 EPA 的意见，决定是否需要修订该许可证草案。

（5）由 EPA 对许可证草案进行为期 45 天的审查，该阶段可以在公众审查结束后进行，当然如果 EPA 同意也可以和公众审查同时进行。

（6）如果该草案被 EPA 否决，审批机构须在 90 天内对其进行修改，再次提交，直至通过。

（7）颁发运营许可证。

（二）明确了联邦和州、地方的职责

国会授权 EPA 与州政府共同对环境保护的联邦法律负责，规定 EPA 在标准制定和监督执行方面负有主要责任，州和地方政府对法律法规的具体执行负有主要职责。美国联邦和州在排污许可证的管理上具有清楚的职权界定。EPA 是在相关法律授权下进行统一许可证管理的国家机构，《清洁空气法》授权 EPA 在实施排污许可证中享有检查和监督的权力，从许可证的申请、颁发到实施都有相应的监管权力（表 8-1）。州或者地方政府只有经 EPA 授权后，方可颁发许可证。对于大气排污许可证来说，全美国和地区级别的许可证审批单位共有 113 个。州可以结合其自身情况，在《清洁空气法》规定的运营许可证程序最低要求基础上，增加额外要求或标准，州空气管理局承担了绝大多数许可证的发放和合规核查工作。也有一小部分许可证是由 EPA 发出的，主要在印第安部落的州、外大陆架、美国州一级无法核发许可证的一些地区（如关岛、北马里亚群岛、维尔京群岛等）。

表 8-1 EPA 对大气许可证监管能力

许可证类型	签发机构	EPA 监管
重大源 NSR 许可证	州/地方环保局、EPA 区域办公室	• 公评期间审查许可证草案 • 对许可证草案提出意见 • 签发命令停止许可证签发 • 直接签发许可证 • 司法审查
重大源运营许可证	州/地方环保局、EPA 区域办公室	• 公评期间审查许可证草案 • 对许可证草案提出意见 • 签发命令停止许可证签发 • 单独的 45 天的审查期 • 直接签发许可证 • 司法审查

注：作者整理。

以运营许可证为例，尽管按照 EPA 要求，由州负责实施，但州政府在本州的实施计划中制定的州运营许可证制度必须满足 EPA 规定的许可制度的最低要求，而且必须通过 EPA 批准后才能实施。另外，在州运营许可制度的实施过程中，州环保局或地方空气质量管理部门仍然会受到 EPA 的监管，EPA 有权质疑、要求其修改或者撤销已经发放的但难以实现达标要求的运营许可证。EPA 于 1992 年 7 月在《清洁空气法》中许可证的第 70 部分规定描述了州一级运营许可证程序的最低要求。州可以结合其自身情况，在第 5 条许可证程序最低要求基础上，增加一些额外要求或标准。由此来看，EPA 的职责主要是制定许可证的最低要求、审批州许可证制度、授予许可证发放权并实施全过程监督；州环保局的职责主要是建立本州的许可制度，通过 EPA 审批后开展具体的许可证的发放、管理、核查以及处罚工作，并向 EPA 负责，受其监督[①]。

（三）将大气排污许可证作为企业守法和政府执法的重要依据

企业获得许可证后，应根据许可证中监测和报告的要求，对本企业的具体点位的排放行为进行监测并向管理部门报告。企业在守法层面要做好三个方面的工作：一是监测，监测包括排放量的计量以及污染物排放浓度的在线监测与人工监测；二是记录，企业应该如实记录污染物排放量及排放浓度，同时还应记录社会投诉及处理情况；三是报告，企业应将记录的内容定期汇报给环境主管部门，环境保护部门可以在不通知企业的情况下进行检查，同时企业的记录信息还应该定期向公众公开，接受公众的审查评议。

---

① U.S. EPA. EPA Oversight of the Operating Permits Program. https：//www.epa.gov/title-v-operating-permits/epa-oversight-operating-permits-program.

根据《清洁空气法》的规定，EPA 代表有权在出示信任状后，进入企业对任何设备、记录等进行现场执法检查。EPA 认为，现场核查最好由接受过培训、不存在利益冲突的第三方组织人员执行。现场核查使用的校准设备或气体，应当通过国家标准组织的认证。执行现场排放检查或者质量保证检查的机构，应通过 EPA 指定的资质认证。在开展现场执法检查时，EPA 现场检查人员会携带专业设备，进行质量保证现场检查，包括稽核前审查监测计划、历史数据等，现场检查监测设备和维护记录，对监测系统进行绩效检验，与企业工作人员面谈，确保监测数据的质量。检查过程中需要企业人员陪同协助，记录检查和监测情况，建立检查档案。排污许可证变更时可以参考检查记录，对企业年度报告核证时，也可以参考监督与检查报告。

1．监测机制

所谓监测，是指为证明污染源排放是否符合排放限值或排放标准而采用的常规数据收集方法。《清洁空气法》明确规定，受控排污企业有对本企业内所有污染源的排污行为及受影响区域内的环境空气质量进行监测的义务。美国对申请许可证的企业监测有一套严格的程序：首先，按照规定，申请企业制定监测方案，经州环保局或地方空气管理部门审核通过后载入排污许可证中，每份排污许可证明确记载了每个排污单位应当遵守的排放标准、排放限值等要求和相应的监测、记录和报告要求；其次，企业按相关的要求连续监测和报告，通过监测数据证明自身合规排放；最后，州环保局或地方空气管理机构对企业是否合规排放进行核查①。

2．记录和报告要求

数据记录能够让监测过程和结果信息可被核查，为企业提供守法

① U.S. EPA. Air Emissions Monitoring for Permits. https：//www.epa.gov/air-emissions-monitoring-knowledge-base/air-emissions-monitoring-permits.

证据。除少部分需要保存纸质文件外，多数信息需要按规定的介质（微缩胶片、电脑文件、磁带、磁盘等）来储存。其中，数据收集和监测计划系统（emissions collection and monitoring plan system，ECMPS）能够将原始监测数据转化为 XML 格式并记录，还能记录燃烧单元数据、污染控制设施数据、监测计划信息和质量保证检查结果数据。守法保证监测计划中要求记录监测数据、监测绩效数据、校正方案、质量改进计划、监测维护信息等。数据和其他信息保留的时间一般为 5 年。

运营许可证要求的报告类型，通常包括常规报告和特殊报告两类。其中，常规报告包括监测报告和污染源守法证明报告两类。固定源所有者或者经营者需要至少每 6 个月提交一次守法证明报告，通常包括设施信息、小时排放数据、操作数据、质量保证测试结果数据、季度和年度运行小时数、季度和年度排放量数据等。守法证明报告中还需要标明数据发生偏移或者超标的持续时间、数量以及采取的相应措施；监测设施出现故障的次数、时间和原因；质量改进计划实施信息等。此外，如果发生不合规现象，固定源所有者或者经营者应当迅速向地方空气管理机构报告。特殊情况报告须及时提交。所谓及时，是相对特殊情况如异常事故发生的时间和严重程度而定，在特殊情况报告中，必须详细说明事故发生原因、事故过程以及持证企业采取的改正措施等内容。

3．合规监测与合规评估

为了实现《清洁空气法》对于固定源的合规监测与核查的要求，EPA 制定了固定源合规监测策略（compliance monitoring strategy，CMS），用来指导与规范地方空气管理机构对固定源的核查行动，同时便于获得地方核查情况和固定源的信息，也加强了 EPA 对空气合规监测项目的监管。CMS 提供了一套完整机制，包括运用相关的技术和自我核查等工具用于合规监测，提出了用于合规监测行动的 3 种类型，包括全合规评估（full compliance evaluations，FCE）、部分合规评估（partial compliance evaluations，PCE）以及调查（investigations）[①]。

在实施程序上，首先，EPA 要求地方空气管理机构每 2 年提交一次 CMS 计划，保证固定源的排放符合许可证中的要求。通常，每个州的 CMS 计划根据其要求会有所不同，通常包括所有运营许可证重大源的设备清单、较小排放源的设备清单、州或者当地相关机构如何在合规监测项目中解决一些问题。其次，合规监测行动源于 CMS 计划，全合规评估是对固定源的合规情况进行全面的评估，需要对所有的报告，包括合规监测（CEM）以及连续监测的数据报告、故障报告以及数据发生偏移的报告、运营许可证自我认证、半年监测报告以及周期的监测报告进行评估，还包括对运行设备的相关指数和情况进行评估。通常，对于运营许可证中的重大源，至少每 2 年进行一次全合规评估；对于特大的场地，至少每 3 年进行一次全合规评估；对相对较小的排放源而言，至少每 5 年进行一次全合规评估。部分合规评估通常耗时较短，能够密集核查多个源的同类设施，通常进行的评估是针对某一个单独的设备或者固定源看其是否满足相关的合规要求。部分合规评估主要对报告、记录文件进行核查，例如可以对排放有害污染物的设施集中核查，判定是否遵守最大可达控制技术（maximum attainable control technology，MACT）标准。调查与前面两个评估不同，多用于评估全合规评估期间的复杂问题，通过使用专业技术缩短调查时间。

最后，地方空气管理机构在合规监测与评估完成后需要编写并公开合规监测评估报告，报告内容包括：一般信息，如守法监测类型、

① U.S. EPA. https：//www.epa.gov/sites/production/files/2015-08/documents/2001cms.pdf.

设施信息、遵守的要求、受控排污单元清单和工艺流程描述、历史合规信息、合规监测行动（如对排放单元和工艺评估，现场调查信息，固定源对现场调查的回应）；合规监测和评估期间的观察和记录信息。

（四）完善的信息公开与公众参与机制

完善的信息公开制度是保障公众参与的前提。美国排污许可制度把信息公开制度贯穿于排污许可制度始终，有效保障了公众的知情权。《清洁空气法》中对排污许可证申请人和持有人均规定了严格的提供排污信息的义务，例如在许可证的申请环节，排污者的基本信息应该向公众公开；在取得许可证后，EPA 有权要求任何污染源的所有者或者经营者建立及维持特定的记录，制作特定的报告，提供 EPA 要求的其他信息。除涉及商业秘密的信息不能公开以外，要求的所有数据都应该向公众公开。在排污许可制度的实践中，美国引入公众参与机制来维护公众利益，主要形式是公开评论和公开听证会制度。按照《清洁空气法》的规定，发证机关在材料审查结束后，先做出暂时性的决定；如果不同意发证，需要发布一项否决意向通告，接受公开评论，如果涉及相关公众利益时，发证机关应立即举行听证会，并根据听证会意见做出最终决定。

公众可以通过以下几种方式参与大众评审①：

（1）要求 EPA 大气排污许可证办公室邮寄许可证申请和许可证草案，或直接与该办公室取得联系；

（2）通过与大气排污许可证办公室联系、与行业领域内专家或组织机构进行交流沟通、资料查阅等方式进行调研，为自己提出的意见提供支撑；

（3）在公众评论期内提交清晰、简明、记录详细的书面意见；

---

① U.S. EPA. https：//www.epa.gov/title-v-operating-permits/participate-permitting-process.

（4）要求举行许可证公开听证会，或参加按计划即将举行的许可证公开听证会和其他会议。

公众提出意见后，审批机构要做出回应。除此之外，公众还有一次上诉机会。

（五）对违反许可证的行为实施严厉处罚

排污许可证不仅是一个记录企业排污要求的文件，更是政府监管和执法的主要依据。排污许可证项目的执法有州、部落、地方和联邦两个层面。EPA 区域办公室和获得授权的州有明确的执法程序，对持续违法行为有一套逐步加严的执法过程，包括：非正式行动（如违法通知）、正式行动、行政守法命令、行政命令、民事司法行动和刑事诉讼。当发现企业违法行为时，联邦和地方环保局首先向企业提供技术援助，并给其纠正违法行为的时间，企业如果在规定时间内纠正了违法行为，将减免对其处罚，作为一种激励机制。

根据违法行为的严重程度，可以追究违法企业的民事和刑事责任。民事执法途径包括环保局和其他机构采取的行政处罚、司法部门代表环保局和其他部门采取的处罚、公民提起的诉讼等，目的是督促违法企业并纠正其违法行为，对其他企业起到威慑作用。刑事执法过程通常需要 2～3 年的时间。从管理成本角度出发，行政处罚比司法程序更节约成本和时间，可以更快地处理违法行为。企业一旦申请许可证成功，若违反许可证中的规定，将受到严厉的处罚。例如，EPA 对每个违法行为进行每天 3.75 万美元的民事处罚。EPA 还可就违法设施的虚假报告提起刑事处罚。与此同时，许可证对企业的合法权利也有保护作用。美国运营许可证中设有“保护盾”条款对持证者给予免责。只要污染源持有明确规定相关适用环境要求的许可证，污染源将不受关于违反相关适用环境要求的执法、诉讼或公民诉讼的侵扰。

美国还规定了排污许可证的救济事项，对于未被批准的许可证，申请者可以向EPA环境上诉委员会提出复议。

（六）确定排污许可证的核心地位及理顺与其他环境管理制度的关系

《清洁空气法》规定常规大气污染物潜在排放量超过一定值的新建或者改建固定污染源在建设前须申请获得新源审批许可证；随后又增加了运营许可证的要求。所有符合申请条件的企业必须申请新源审批许可证或者运营许可证，这一规定确定了排污许可证在大气质量管理中的核心地位，即排污许可证是相关企业是否能够正常运行的前提。

在美国的大气污染防治工作体系中，如总量控制、排污权交易等多种管理制度，最终都须通过排污许可证的操作付诸实施。环境影响评价制度作为排污许可证申领的技术支撑，而排污许可制度作为其他管理政策的承载形式和操作平台。例如，排污许可证文本内容中所记录的单个企业污染物排放控制量可为区域污染物排放总量上限的确定提供科学依据。同时，企业污染物达标排放状况和排放量数据的信息公开能够给予准备进行排污交易的企业以交易信用的预期，以此大大降低了政府与排污企业之间的交易成本。因此，排污许可证可以作为整合所有政策的平台，规范已有政策，有效降低环境管理成本。

（七）逐步推进和完善排污许可制度

美国实施排污许可制度的时间表不断调整，主要是低估了推进排污许可制度的难度，以至于出现了多次调整法律的问题，在推进排污许可制度的道路上走了一些弯路。

美国的大气排污许可制度也是逐步推动，实施过程中遇到了很多问题，出现了未能按时核发许可证的情况。根据 1990 年《清洁空气法》设定的时间表，所有的运营许可证需要在 1997 年 11 月前进行发放。EPA 2003 年一份关于运营许可证核发情况报告显示，截至 2002 年 9 月 30 日，在 18 995 个需要发放运营许可证的大型固定源中只有大约 75%获得了运营许可证。2002 年，EPA 监察长的报告分析了未能按时核发运营许可证的原因，主要包括 EPA 未能及时颁布州和地方运营许可证项目管理规章，EPA 未能及时批准许可证项目，许可证的审核和批准需要的时间比预期的要长等。同时，未能及时颁布运营许可证监测要求指南也是导致许可证实施延迟的原因[①]。

三、中国大气排污许可制度管理现状及问题

我国大气排污许可制度起步较晚，实施最早可追溯到 20 世纪 80 年代，于 1991 年才开始在部分城市实行试点工作，2000 年 4 月修订通过的《大气污染防治法》仅规定在酸雨控制区和二氧化硫控制区实施排污许可制度。2015 年修订颁布的《大气污染防治法》第十九条也明确规定，排放工业废气或者本法第七十八条规定名录中所列有毒有害大气污染物的企事业单位、集中供热设施的燃煤热源生产运营单位以及其他依法实行排污许可管理的单位，应当取得排污许可证。2016 年 11 月，国务院办公厅发布了《控制污染物排放许可制实施方案》，对完善控制污染物排放许可制度，实施企事业单位排污许可证管理作出部署。2017 年，环境保护部发布了《排污许可证管理暂行规定》，要求火电、造纸行业率先施行排污许可制度。尽管我国排污许可

---

① Committee on Air Quality Management in the United States，National Research Council（U.S.）. Air Quality Management in the United States. The National Academies Press. Washington，D.C. 2004. pp. 190-191.

制度顶层设计已经基本搭建，但在实施过程仍然会面临不少挑战。

（一）发证后监管薄弱，处罚力度过低

排污许可管理不是一种静止的管理模式，发放排污许可证只是其中一个环节。目前，我国大气排污许可制度中存在执法机构对许可证的实施情况缺乏持续有效地监督，无证排污和超证排污的现象未能及时纠正。2016 年 1 月实施的《大气污染防治法》提高了对未依法取得排污许可证排放大气污染物行为的处罚力度，规定“由县级以上人民政府环境保护主管部门责令改正或者限制生产、停产整治，并处十万元以上一百万元以下的罚款；情节严重的，报经有批准权的人民政府批准，责令停业、关闭”，拒不改正的可按日连续处罚。尽管提高了相关处罚力度，但是对于取得许可证，但并未履行监测、记录和报告责任的企业没有处罚；除经济处罚外，未根据违法行为造成后果的严重性，对违反排污许可制度的行为设置行政和刑事处罚措施。此外，由于资金、技术等方面的原因也导致了排污许可制度缺乏有效的监管。

（二）排污许可制度与其他环境管理制度未实现有效衔接

我国环境管理制度较多，以总量控制为例，排污许可制度是总量控制的重要手段，但目前在实际执行中，排污许可制度并未与总量控制制度有机结合起来。究其原因，无论是总量控制制度还是排污许可制度，排放量的核算均缺乏规范科学的方法，并且两项制度并不统一。这样就造成环境管理制度间的浪费。此外，排污许可制度与环境影响评价、排污权交易等环境管理制度也存在类似的问题。

四、建议

美国基于排污许可的空气质量管理手段效果明显，其中不少地方值得我国学习和借鉴。综合美国大气排污许可制度的经验，对我国的建议如下：

（一）尽快颁布《排污许可管理条例》，进一步明确排污许可制度的核心地位

建议加快制定出台《排污许可管理条例》，提出对新建、改建、扩建项目及现有排污许可证管理要求，并详细规定各类许可证的申请、审核、发证、合规评估、监管、公众参与等要求；理顺与其他环境管理制度的关系，强化排污许可证的统一支撑作用，将排污许可制度作为环境管理的核心制度，在此基础上系统整合各项政策，建立刚性、简单、直接、有效的环境管理体系制度，有效降低管理成本，实现更加科学高效的环境管理。加快制定固定源监测方案设计、监测数据处理的操作规范，制定技术目录与实施指南，为固定源制定监测方案提供指导，便于推荐大范围的实施工作。严格罚则，对违反排污许可证相关规定的行为，根据性质和影响程度处以行政、民事和刑事处罚，罚款与按日计罚挂钩，并根据企业违法排污期间的收入予以处罚。

（二）分地区、分行业管理，促进环境质量改善

目前固定污染源数量较多，启动火电、造纸行业排污许可证工作后，逐渐推动大气排污许可制度在其他行业的落实。建议综合考虑污染源对环境质量的影响程度、监督与管理的成本、目前的监测技术水平等因素，将污染源进行分类管理。对于污染达标区域，现有源按排

放标准和总量控制的要求来执行。对于污染非达标区域，加严对企事业单位的要求，包括提高排放标准，加严许可排放量，对每一个企业实施总量控制等相关的一些措施，来督促非达标区域和流域所在企业排放强度、排放量逐步减少。

（三）构建企业、政府、社会共治的污染治理责任体系，提高各方积极性

加强政府监管与处罚力度。政府通过核查台账、执法监测和现场执法检查等方式依法监管企业。国家制定统一的规则和规范，监督和查看许可证的实施情况，根据情况及时调整实施措施。在监管方面，制定监管内容、方式以及监管要求的统一条例。政府还应该加大处罚力度，严厉处罚无证和不按证排污行为，建立追溯处罚和排污单位自我举证制度。

严格落实企业环保责任。企业应当落实按证排污责任，及时申领排污许可证，按期持证排污、按证排污，不得无证排污；落实措施和环境管理要求，不断改进污染治理和环境管理水平；自觉接受监督检查等。企业还应建立自行监测、环境管理台账、许可证执行情况定期报告。

全方位助推信息公开。在企业申报许可证过程中、环境保护部门受理、审核、颁发许可证流程信息公开，企业应按期公开污染信息。在国家层面，可以统一建设许可证管理信息平台，在信息平台上，提供全国大多数污染源的信息和监管信息；制定国家排污许可证编码，逐步将污染源纳入全面监管，实现各级联网、数据集成、信息共享和社会公开。

（四）理顺与其他环境管理制度的关系，各司其职，提高制度实施效率

我国环境管理制度较多，应该明确以排污许可制度支撑一切污染源管理工作，形成便于长效监督管理、便于操作的相对集中的环境管理制度，提高制度实施效率和发挥应有作用。强化排污许可证的统一支撑作用，将排污许可制度作为环境管理的核心制度，在此基础上系统整合各项政策，建立刚性、简单、直接、有效的环境管理体系制度，有效降低管理成本，实现更加科学高效的环境管理。

第九章　美国水污染物排放许可制度经验及对我国的建议[①]

美国排污许可证是污染控制和环境管理的重要手段，《清洁水法》下设立的国家污染物排放消减制度（national pollutant discharge elimination systems，NPDES）许可证项目是美国水污染控制领域点源管理的核心手段。从20世纪70年代开始，美国通过实施NPDES许可证项目，有效地促进了美国水环境质量的改善。美国水污染物排放许可管理经验对完善中国排污许可制度具有重要参考价值。

一、美国污染物排放许可制度的发展历程

1972年，美国在《水污染控制法》的基础上修订发布了《清洁水法》。《清洁水法》第402条明确要求EPA制定并实施NPDES许可证项目，规定任何从点源[②]向美国水体排放污染物的行为，都必须获

① 本报告写于2015年，由环境保护部环境与经济政策研究中心李瑞娟、李丽平、徐欣执笔。

② “点源”是指“任何可辨认的、受限制的和不连续的排放或者可能排放污染物的输送设备，包括但不限于任何管道、沟、运河、隧道、渠、井、裂缝、容器、车辆、集中动物饲养场、船舶或其他漂浮器”。典型的“点源”排放包括公共污水处理厂排放、工业过程污水排放、市政和企业雨水收集系统及集中动物养殖排放。

得 NPDES 许可证，并遵守许可证规定的排放限值标准和污染排放时间表，否则即属违法，而无论是否会对受纳水体产生污染，或对环境产生其他不良影响。NPDES 许可证包括持证者的基本信息、允许的污染物排放限值、监测和报告义务、法律和行政等方面的要求。

NPDES 许可证管理在试点的基础上不断完善。1973 年 3 月，EPA 批准了印第安纳州河流污染控制委员会向 5 个公司颁发污水许可证，这是美国第一批 NPDES 许可证[①]。在实施 NPDES 许可证初期，大部分的行业还没有全国统一的排放限值指南，并且没有全面考虑有毒污染物，许可证的排放限值由许可证编写者根据最佳专业判断确定限值。随着控制技术的进步和各界的推动，1977 年，国会对《清洁水法》进行了修订，改进了 NPDES 项目，将关注点从传统污染物转向控制有毒的污染物[②]。1987 年，《清洁水法》修订中加入了对工业和市政雨水排放的许可证要求。1990 年，各州开始实施 NPDES 雨水许可证项目。2008 年，EPA 负责开始实施 NPDES 船舶一般许可证项目，对商业船只的压载水、船底污水、灰水和防污油漆等的排放进行管理。2011 年，EPA 对农药一般许可项目开始实施，具体由 EPA 或获得授权的各州负责，对点源的农药使用引起的排放进行控制，包括杀灭蚊虫、藻类、动物害虫和森林冠层害虫控制活动等。

二、美国 NPDES 许可证项目的主要特点

美国的 NPDES 许可证项目是美国水污染防治的核心手段，形成

① U.S. EPA. Indiana and Federal EPA Announce Issuance of Nation's First Wastewater Permits[EB/OL]. [2015-04-20]. http：//www2.epa.gov/aboutepa/indiana-and-federal-epa- announce-issuance-nations-first-wast ewater- permits.

② U.S. EPA. A Brief Summary of the History of NPDES[EB/OL].[2015-04-20]. http：//www.epa.gov/ region1/npdes/history.html.

了以目标水体水质达标为刚性约束，采用联邦授权、地方颁发的管理体制和分类管理的机制。NPDES 许可证是企业守法排放的重要文件，也是政府对企业进行监督和执法的重要依据。

（一）NPDES 许可证与水质目标紧密衔接

1979 年，美国的一项研究显示，非点源污染负荷是市政和工业点源污染负荷的 5～6 倍，即使对市政和工业点源采用最严格的排放标准，1983 年国家水质目标也无法达到。当受纳水体不达标时，NPDES 许可证必须同时满足排放标准和水质标准以及最大日负荷总量（total maximum daily load，TMDL）的要求，使得点源污染控制直接与水体水质改善联系起来。美国《清洁水法》不仅提出要实施 NPDES 许可证项目，而且明确了 NPDES 许可证项目必须与 TMDL、排放标准和水质标准等管理手段密切结合。详见专栏 9-1。

专栏 9-1　美国《清洁水法》中 NPDES 许可证项目相关条款

《清洁水法》在第 101 条（a）款中提出“达到恢复和保持全国水体的化学、物理和生物完整性”的宏大目标，并在第 101 条（b）款中确立“各州根据本法第 402 条和第 404 条实施许可证制度”这一核心制度。

《清洁水法》第 402 条指出，发放针对所有污染物排放的许可证应满足本法第 301 条、第 302 条、第 306 条、第 307 条、第 308 条和第 403 条中所有可适用的要求。规定了排污许可证发放要求及考虑因素。在第 404 条单独对疏浚和填埋作出了排放许可规定。

第 301 条规定任何排污行为只能按照本条及第 302 条、第 306 条、第 307 条、第 308 条、第 402 条、第 404 条等规定进行排污。

第302条规定当污染排放不能严格确保受纳水体达到要求时，应当确立特殊排放限值，保证水质目标实现。

第303条规定各州要为已经污染、尚未满足水质标准的水体制定单独的控制战略，即TMDL控制计划，从而降低点源和面源污水中的污染物，以期达到水质标准。TMDL是建立污染物排放和水环境质量之间直接关系的重要手段。

第305条规定了关于水质清单报告的内容要求和上报程序。

第306条对污染物排放控制标准的制定进行了规定。

第307条对有毒物质和预处理排放标准的制定进行了规定。

第308条对政府的监管和监测职责进行了规定。

第309条对违法排污的各类处罚进行了规定。

经过不断发展，美国的NPDES许可证已成为美国点源污染控制的主要手段（图9-1）。NPDES许可证从基于技术的排放限值和水质标准两个层面控制点源污染排放。根据《清洁水法》要求，基于技术的排放限值是由联邦根据技术和资金的可获得性而设立的最低出水水质要求；目前，EPA已经为55个行业设立了排放限值导则，如果排放限值导则没有要求，则其排放限值需要在许可证中基于“许可证编写者的最佳专业判断”逐个制定。水质标准由各州、属地和部落负责制定。各州、属地和部落根据水资源的特定用途，将水资源加以分类，并制定相应的水质标准；联邦负责审查标准，并向未满足联邦最低要求的州/属地/部落提出替代标准。

TMDL管理是对不达标水体进行修复前的污染分配工具，可总体考虑对不达标水体造成影响的点源和非点源，并在所有点源和非点源间进行污染负荷分配。TMDL不具强制性，需要通过排污许可证、联邦赠款支持的自愿减排活动（如非点源污染控制）、州和地方法律及法令要求、个人和自愿的行动来达到。目前，联邦和各州已经为70 000

个受损水体制定了 TMDL 分配方案。

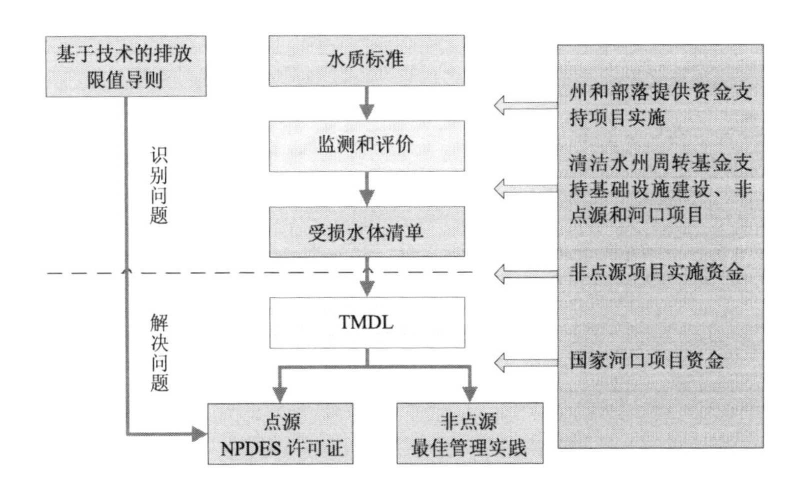

图 9-1 美国《清洁水法》管理框架

（二）采用联邦授权和地方颁发相结合的管理体制

美国 NPDES 许可证项目的监督管理体制采取统一监督管理和分级管理相结合的模式。根据《清洁水法》的规定，EPA 的职权包括“制定国家消减污染物排放制度的规划；同时如果必要，可以为各州制订或者审批许可证计划，对尚未获得许可证审批的州以及尽管获得了许可证审批但依然存在违反联邦标准或者法律的州强制实施国家消减污染物排放制度；审查、修改、暂停和吊销任何机构发放的国家消减污染物排放制度许可证，其中包括美国陆军工程兵团”。《清洁水法》允许 EPA 授权州政府执行 NPDES 许可证项目。目前有 46 个州（不包括爱达荷州、新罕布什尔州、马萨诸塞州和新墨西哥州）和弗吉尼亚群岛获得授权，负责本地区全部和部分 NPDES 许可证的颁发[①]。对于未得到 EPA 授权的州而言，NPDES 的颁发由 EPA 区域办公室负责。EPA 负责所有州的船舶一般许可证的颁发。

联邦层面，NPDES 许可证项目由 EPA 水办公室下的废水管理办公室（以下简称水办）排污许可部门负责具体的实施（图 9-2）。水办排污许可部门有 48 名员工共同负责 NPDES 许可证项目。如果各州仅有实施部分 NPDES 许可证项目的权力，则其他 NPDES 许可证的颁发工作将由区域办公室负责颁发。例如，EPA 十区办公室下设的水和流域办公室 NPDES 许可证科（NPU）负责实施在十区管理 NPDES 许可证项目，具体包括负责监督阿拉斯加州、俄勒冈州和华盛顿州获得授权部分 NPDES 项目的执行，发放爱达荷州的所有许可证、华盛顿州联邦设施的许可证、十区各州的部落设施的许可证、阿拉斯加州《清洁水法》第 301 条（h）款相关设施的许可证、十区各州向联邦水体排放污染物的设施许可证[②]（图 9-3）。十区办公室 NPDES 许可证科大约有 20 名员工。

获得授权的各州对 NPDES 许可证项目的管理由主要负责本州水环境保护的机构负责。

某个州想要被授权管理 NPDES 许可证项目，需要向 EPA 提交一封州长请求审查和批准项目的信件、一份协议备忘录、一份项目说明、一份总检察长声明和州的相关法律法规。EPA 在收到申请 30 天内决定材料是否完备，90 天内答复是否给予授权。整个授权过程包括公众评议和听证。

① U.S.EPA. Specific State Program Status[EB/OL]. [2015-04-14]. http：//water.epa.gov/polwaste/npdes/basics/index.cfm.

② U.S. Environmental Protection Agency Region 10，Office of Water and Watersheds. NPDES Permits Unit 2013-2015 Strategic Plan[R].（2013-04-08）. http：//www.epa.gov/region10/pdf/npdes/npu_unit_plan_2013.pdf.

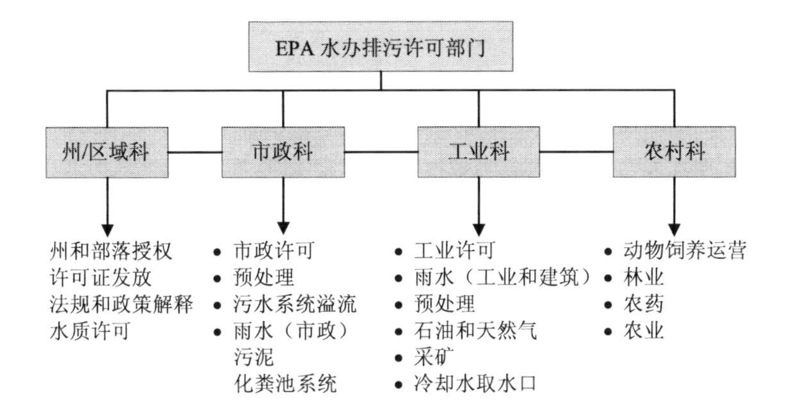

图 9-2　EPA 水办排污许可部门分工设置

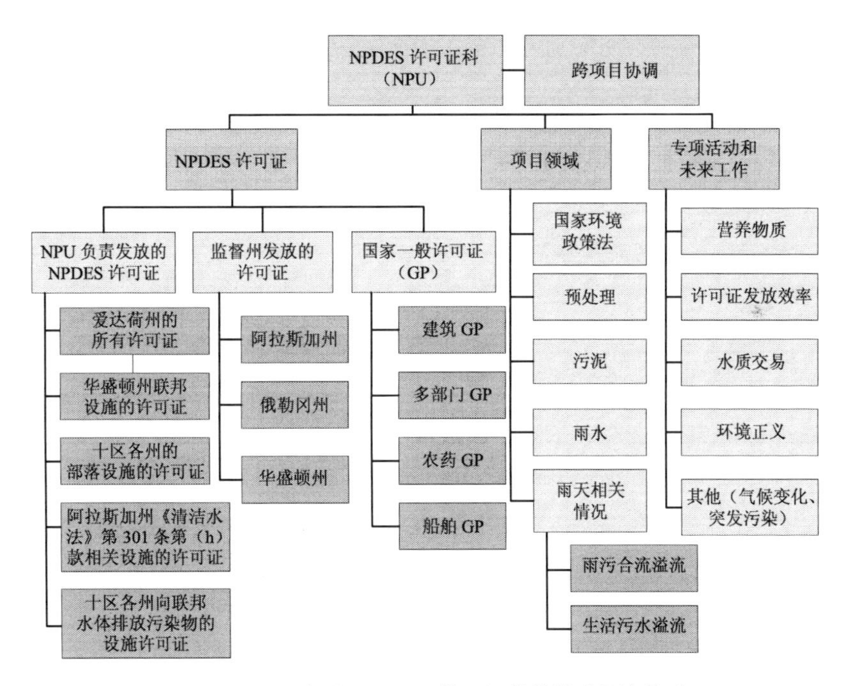

图 9-3　EPA 十区 NPDES 许可证的管辖范围和职责

通常，经由州颁布的许可证或执行的项目，EPA 将不再处理，但 EPA 必须检查由州颁发的许可证，它有权反对许可证中同联邦要求有矛盾的内容，如果许可证颁发机构没有异议，EPA将直接颁发许可证。许可证一旦颁发，就要被强制执行，被授权的州和联邦机构有权监督和强迫企业执行许可证的要求。当州不同意管理 NPDES 项目时，则由 EPA 来负责该项目的实施。

EPA 通过实施许可证质量评估（permit quality reviews）和州评估框架（state review framework）对各州的 NPDES 许可证项目执行情况进行监督，帮助各州发现项目管理问题并改进。NPDES 许可证质量评估过程中，EPA 对某一类许可证的语言、情况说明书、排放限值计算和其他支持文件进行审阅，评估该州的许可证是否与《清洁水法》及其他环境法规的要求一致，以提高各州 NPDES 许可证项目的执行一致性，识别 NPDES 许可证项目管理的成功案例，帮助各州改进许可证项目的管理；州评估框架主要是对《清洁空气法》固定污染源项目、《清洁水法》NPDES 许可证项目和《资源保护和恢复法》有害废物项目的绩效进行评估。根据法律法规的规定，公民可以向 EPA 提出申请，要求取消对某个州的 NPDES 许可证项目授权①。

（三）对不同点源实施分类管理

NPDES 许可证的发放大概情况如表 9-1 所示（截至 2012 年 9 月 30 日）。

表 9-1 美国 NPDES 许可证发放情况统计　　单位：张

许可证类型	排污设施类型	颁发数量
个体许可证	大型设施	6 700
	小型设施	39 000
	雨水设施	1 000

① U.S. EPA. State NPDES Program Withdrawal Petitions[EB/OL]. [2015-04-19]. http: //water.epa.gov/ polwaste/npdes/basics/withdrawal.cfm.

许可证类型	排污设施类型	颁发数量
一般许可证	小型设施：	704 000
	• 船舶	69 000
	• 农药使用	365 000
	• 其他非雨水设施	70 000
	• 雨水设施	200 000

1．NPDES 许可证的分类

美国对不同点源颁发不同的 NPDES 许可证，从便于管理角度出发，分为一般许可证（general permits）和个体许可证（individual permits），然后根据污染物排放设施类型再进行分类管理。

一般许可证无须个别申请，适用于一定地理区域内具有某种共同性质的特定排污设施，具体包括：雨水点源、相同或实质上相类似的行业的设施、排放同类废物或从事同类型的污水利用和处置活动的设施、对下水道污泥利用及处置要求相同排放限值与运营条件的设施、要求相同或相似监控措施的设施。一般许可证可以使具有某种共同性质的排污设施无须花费金钱和时间去单独申请个体许可证，同时简化审批过程。个体许可证是专门适用于个别设施的许可证，它针对该设施的具体特征、功能等规定特别的限制条件和要求。个体许可证的条款对于被许可人而言是特定的，相关部门可要求其中任何排污者申请个体许可证。

美国主要根据排污设施的排放性质、类型、排放水体的水质要求等因素决定颁发何种类型的许可证。相同类型的排污设施颁发一般许可证，确保公正和便民，有利于更有效地分配资源、节约时间；对不具有共性性质的排污者特殊对待，颁发个体许可证，使用特殊的条款和要求。这种科学的分类，体现了特殊性和原则性的统一，确保对排污者进行有针对性的法律规制。许可证的内容重点是制定基于技术、水质和健康的排放标准以控制水污染，此外还特别规定了有关被许可人必须履行的各项监测和报告义务。

2．NPDES 许可证的申请和发放程序

NPDES 许可证的申请和发放程序的核心环节是根据排放标准和水质标准确定排放限值。其中对水环境质量的影响和评估，与我国建设项目环评的管理功能类似，均起到了前置审批的作用。

个体许可证的申请和发放流程如图 9-4 所示。排放污染物的设备运营者向 EPA 或获得授权的机构提交申请，EPA 或获得授权的机构负责信息审查、许可证的编写和发放。获得许可证后，申请人需要按照许可证的规定严格执行。许可证有效期一般为 5 年，在许可证到期之前，排污设备运营者须申请一个新的 NPDES 许可证。

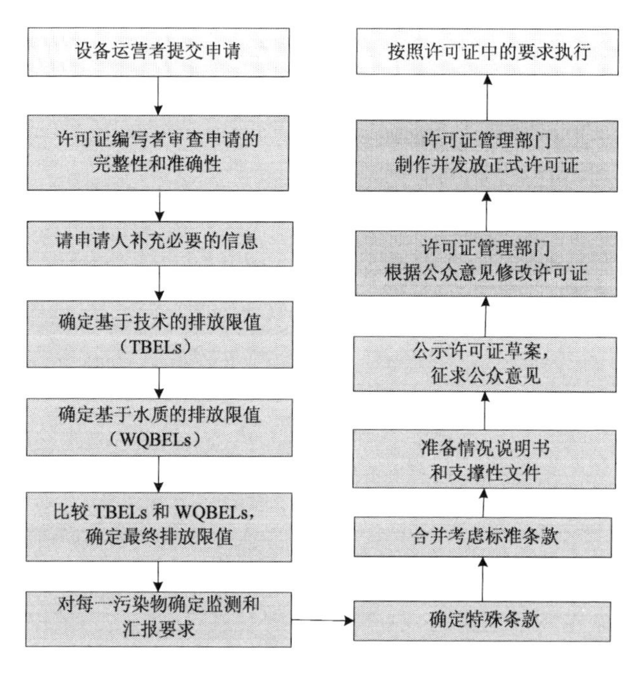

图 9-4 NPDES 个体许可证的申请和发放流程

一般许可证的发放流程与个体许可证类似，但是顺序上略有不同（图 9-5）。对于一般许可证来说，许可证管理部门首先要确定是否有办理一般许可证的必要，并收集数据证明某类排污者具有办理一般许可证的相似属性。在决定是否签发一般许可证时，许可证管理部门需考虑以下内容：①是否覆盖了一定数量的设施；②这些设施有相似的生产工艺或活动；③这些设施产生相似的污染物；④统一的基于水质的排放限值是否能够满足水质标准要求。

图 9-5　NPDES 一般许可证的发放流程

确定要发放一般许可证后，许可证管理部门起草一般许可证，并征求公众意见，发放最终许可证。最终许可证要提出希望获得该一般许可证的设施需要提交的信息。此后希望获得该一般许可证的排污设施向许可证管理部门提交“意向书”。许可证管理部门对“意向书”

及有关资料进行审查后，确定把该设施纳入该一般许可证管理，或者要求其申请个体许可证。

（四）将 NPDES 许可证作为企业守法和政府执法的重要依据

NPDES 许可证不仅是一个记录了企业排污许可的文件，更是政府监管和执法的主要依据。发放许可证只是 NPDES 许可证管理的第一步。为了便于跟踪和执法，每个许可证中都必须清楚地规定设施的权责。企业在获得许可证后，应该根据许可证中对监测和报告的要求，对本企业具体点位的排放行为进行监测并向管理部门报告。许可证发放后，发证部门应在 NPDES 集成守法信息系统中输入许可证的排放限值和任何特殊条款，可以确保设施的运行情况得到跟踪。如果设施发生违反许可证限值和条款的情况，许可证管理机构可以及时发现并对违反许可证规定的行为进行纠正。

NPDES 许可证项目的执法有州（部落、地方）和联邦两个层面。根据违法行为的严重情况，可以追究违法企业的民事和刑事责任。民事执法途径包括环保局和其他机构采取的行政处罚、司法部门代表环保局和其他部门采取的处罚、公民提起的诉讼等，目的是督促违法企业纠正违法行为，对其他企业起到威慑作用。刑事执法过程通常需要 2～3 年的时间。从管理成本角度出发，行政处罚比司法程序更节约成本和时间，可以更快地处理违法行为。EPA 执法与守法保障办公室负责 NPDES 守法与执法项目，包括守法援助、激励、监测与强制执行等，目的是达到一个较高的守法水平。许可证编写者要充分参与到许可证的守法监测和执法中，包括排放监测报告跟踪、设施检查和执法建议。如果涉及司法审判，许可证编写者可以就许可证的具体要求出庭做证。

1．守法监测

守法监测包括联邦或州的许可证管理部门为了查明持证者的行为与 NPDES 许可证中所列条款的一致程度而采取的所有行动。守法监测所得数据用于支持守法情况评价及执法行动，整个过程包括受理、评估、将数据输入 NPDES 集成守法信息系统、进行现场检查、识别违法者，并采取适当的回应。

2．季度违法报告

根据联邦 NPDES 许可证管理规定，区域办公室和获得 NPDES 许可证项目执行权的各州应按季度向 EPA 提交季度违法报告，汇报大型设施的违法情况和已采取的执法行动。仅需对满足值得报告违法行为标准的大型设施的违法行为进行报告，主要包括：

（1）排放限值：月均排放限值、与水质和健康影响有关的其他排放限值；

（2）时间表：未按时达到许可证规定的时间要求，超过时间点 90 天及以上；

（3）报告：未按时报告，超过许可证规定报告时间 30 天及以上。

如果某设施的违法行为在联邦的优先违法行为管理范围内，将被列入重大违法清单。如果连续两次被列入重大违法清单，并且还未采取任何执法措施，该设施将被列入观察清单（watch list），需要 EPA 与州和地方管理部门进行对话，以处理并纠正该违法行为。

3．强制执行

如果某设施被认定有潜在的违反《清洁水法》的行为，EPA 或者州的 NPDES 许可证管理机构将对该设施的守法历史进行评价，包括违法行为的范围、频率和持续时间。识别违法行为的程度后，采取合适的执法行动。根据《清洁水法》第 309 条的授权，NPDES 许可证管理机构可以对无证排污和违反 NPDES 许可证规定排污的设施采取民事或刑事执法行动，每个违法行为的罚款额度最高可达 32 500 美元/d。法庭在给出经济处罚时，需考虑违法行为的严重性、违法行为带来的经济收益、类似违法经历、守法做出的努力、处罚对违法者的经济影响和其他影响因子等。为了简化操作程序，便于工作人员的实际应用，EPA 开发了计算违法处罚额度的模型。民事罚款上交美国财政部，纳入国库管理。

EPA 区域办公室和获得授权的州有明确的执法程序，对持续违法行为有一套逐步扩大的执法过程，包括：非正式行动（如违法通知）、正式行动、行政守法命令、行政命令（可包括最高 157 500 美元的行政处罚命令）、民事司法行动和刑事诉讼。

三、中国水污染控制领域的许可证管理现状及问题

早在 20 世纪 80 年代，我国开始在水污染控制领域推行排污许可制度。1988 年，国家环境保护局发布了《水污染物排放许可管理暂行办法》，对水污染物排放许可制度做出了较为详细的规定。之后，在 1989 年和 2000 年发布的《水污染防治法实施细则》中，均对排污许可证进行了规定。2008 年修订颁布的《水污染防治法》第二十条明确提出国家实行排污许可制度，第一次在国家法律中明确了实施水污染控制领域的排污许可制度。

2015 年，我国有 20 多个省（自治区、直辖市）不同程度地开展了排污许可证工作，约有 30%进行了排污申报的企业获颁了排污许可证[①]。就水污染控制领域的排污许可证来说，实施中仍面临许多问题，包括与其他管理制度缺乏衔接、法律法规不健全、缺乏管理规

① 刘炳江. 改革排污许可制度，落实企业环保责任[J]. 环境保护，2014，14：14-16.

范和技术指南等[①]。

（一）排污许可制度仅是落实总量控制指标的手段，与其他环境管理制度的关系不明确

2000年国务院颁布的《水污染防治法实施细则》第十条规定，“县级以上地方人民政府环境保护部门根据总量控制实施方案，审核本行政区域内向该水体排污的单位的重点污染物排放量，对不超过排放总量控制指标的，发给排污许可证；对超过排放总量控制指标的，限期治理，限期治理期间，发给临时排污许可证。具体办法由国务院环境保护部门制定”。我国水污染控制领域的排污许可制度主要是围绕落实总量控制指标开展，仅是落实总量控制指标的手段，处于从属地位。已经在排污许可证方面开展实践的绝大多数城市，都没有设置专人专职来管理排污许可证的申请审核工作，排污许可制度的执行多穿插在总量处或法规处的日常工作中进行[②]。此外，排污许可与环境影响评价、排污收费及排污权交易等环境管理制度的关系不明确。

（二）排污许可制度法律法规支撑不足

2008年修订的《水污染防治法》中明确规定，“排污许可的具体办法和实施步骤由国务院规定”。但是，国家层面关于排污许可制度具体如何实施和管理的法规、办法和指南制定工作进展缓慢。2008年1月，《排污许可证管理条例》公开征求意见，但并未最终出台；2012年8月6日，国务院发布的《节能减排“十二五”规划》（国发〔2012〕40号）明确要求加快《排污许可证管理条例》的制定；2014

① 李元实，杜蕴慧，柴西龙，等. 污染源全面管理的思考——以促进环境影响评价与排污许可制度衔接为核心[J]. 环境保护，2015，12：49-52.

② 刘炳江. 改革排污许可制度，落实企业环保责任[J]. 环境保护，2014，14：14-16.

年 12 月，《排污许可证管理暂行办法》公开征求意见。截至 2015 年，国家层面仍未出台专门的排污许可证管理条例或者管理办法，地方工作缺乏统一规范和指导。[①]虽然已有 20 多个省（自治区、直辖市）专门针对排污许可制度制定了暂行办法或暂行规定。但是，各地的许可对象和许可内容不统一，许可证发放的范围、种类和许可量的核定方法等方面各地并不一致，存在流于形式的情况。[②]

（三）排污许可制度与环境质量标准和环境容量缺乏衔接

截至 2015 年，我国地方排污许可证的核发多以总量控制指标作为主要约束，未与水体环境质量标准和环境容量有效衔接。即使各地根据下达的总量控制指标实施了减排项目，水体水质却没有明显改善。此外，国家层面的水污染总量控制指标仅有化学需氧量和氨氮，对于水体中的绝大多数污染物没有提出控制要求，使得地方在以总量控制为约束指标核发排污许可证时，仅对化学需氧量和氨氮提出控制要求，而对其他污染物未提出控制要求。因此，经过近 30 年的实践，控制效果并不明显，我国水体污染的严峻形势仍然没有得到有效遏制。

（四）排污许可制度的实施缺乏管理规范与技术指南

截至 2015 年，我国排污许可证的核发没有统一的管理规范和技术指南。一方面，未实施点源（如污水处理厂、船舶、工业源等）分类管理，使得排污许可证的管理不够精细化；另一方面，缺乏排污许可证污染排放量的核算技术指南，仅依靠总量控制目标和污染物排放

---

① 孙佑海. 如何完善落实排污许可制度？[J]. 环境保护，2014，14：17-21.

② 宋国君. 借鉴国际经验完善排污许可证制度[N]. 中国环境报，2014-07-28.

标准进行约束，没有建立基于目标水体水质标准和环境容量的排放限值的核算和分配体系。此外，排污许可证规定的内容过于简单，未对企业的日常排污情况监测、记录和报告提出要求，现有监测网络覆盖率低，未形成排污单位监测和报告机制。而管理部门未建立企业排污信息平台，缺乏相应的监督核查手段。以上问题使得排污许可证未能起到对企业的排污行为进行明确和有针对性的约束作用，未发挥其应作为企业守法和政府执法依据的作用。

四、对中国完善水污染物排放许可制度的建议

2014 年修订的《环境保护法》第四十五条规定，“国家依照法律规定实行排污许可管理制度，实行排污许可管理的企业事业单位和其他生产经营者应当按照排污许可证的要求排放污染物；未取得排污许可证的，不得排放污染物”。2015 年 4 月 2 日，国务院发布了《水污染防治行动计划》，将“全面推行排污许可”作为“切实加强水环境管理”的重要措施，并将改善水质、防范环境风险作为目标。2015 年 9 月 11 日，中共中央政治局召开会议，审议通过了《生态文明体制改革总体方案》，要求尽快推动排污许可制度及相关法律法规的制定。

鉴于水污染物和大气污染的排放特点存在较大差异，建议地方水、气污染物排放许可证的核发相对独立。具体管理中可用一个证，但内容上分开描述。因此，针对我国排污许可证管理方面存在的问题和水污染控制的需求，建议借鉴美国 NPDES 许可证的管理经验，完善我国水污染控制领域的排污许可管理制度。

（一）尽快颁布《排污许可证管理条例》，打通排污许可证与其他环境管理制度的关系

建议借鉴美国《清洁水法》中排污许可证相关条款规定，在拟修订的《水污染防治法》中将对部分点源实施排污许可制度，调整为"任何向自然水体排放污染物的点源都必须获得排污许可证，并按照排污许可证中的规定运行环保设施、进行监测和报告，如果违反排污许可证中的规定，即属于违法行为，应接受相应的处罚"。同时，在《水污染防治法》中环境保护部门负责制定许可证管理政策，并提供技术支持和培训；县级以上环境保护主管部门负责本地区排污许可证的发放和监管。为全面推进水污染控制排污许可制度的实施奠定法律基础。

建议尽快颁布《排污许可证管理条例》，打通排污许可制度与水环境质量标准、污染物排放标准、环境影响评价、总量控制和排污收费等制度的关系（图 9-6），逐步推动从"以污染总量控制"为目标导向，向"以环境质量改善"为目标导向的战略转型。建议在《排污许可证管理条例》中明确：①新建污染源的排污许可证需要根据批复的环境影响评价文件进行核发，实现环境影响评价制度与排污许可制度的有效衔接；②现有污染源排污许可证的核发要根据受纳水体水质进行确定，如果受纳水体为不达标水体，排污许可证中的污染物排放限值要根据受纳水体的环境质量标准和环境容量、污染物排放标准和总量控制指标进行核算，实现水环境质量标准/环境容量与排污许可制度的有效衔接；如果受纳水体为达标水体，现有污染源排放许可证根据总量控制指标和污染物排放标准进行核发；③排污费需根据排污许可证载明的排放情况进行缴纳。

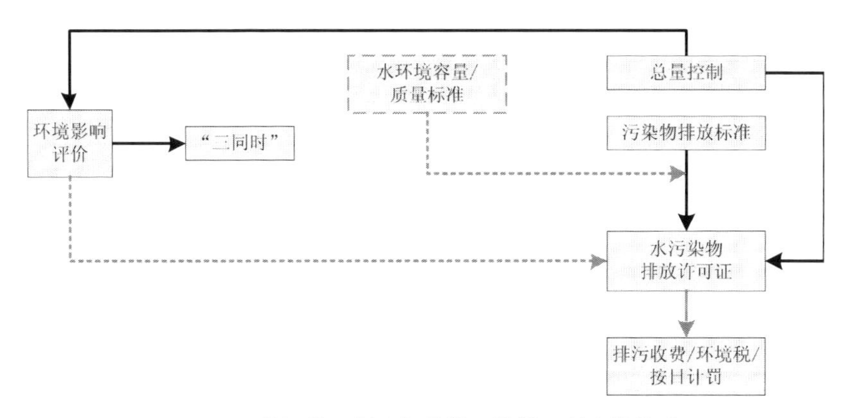

图 9-6　排污许可制度与其他环境管理制度的关系

（二）建立排污许可证分类管理制度，规范许可证申请和发放

建议借鉴美国经验，按照点源的类型进行分类管理：①对直接向自然水体排放污染物的点源和将废水排入市政污染管网的点源进行分类管理，向排入自然水体的点源发放排污许可证，向排入管网的点源发放预处理许可证；②大型点源应申请个体许可证，一定区域范围内具有相同排放特征的点源可以申请一般许可证，简化许可证的申请和发放流程，节约管理成本；③编制各类点源（污水处理厂、船舶、工业点源、建筑活动等）排污许可证管理指南，对各类许可证的内容要求、申请要求、监测要求、记录要求和报告要求等进行规定，为监管和执法奠定基础。

（三）明确中央和地方的权责，健全排污许可证管理体制

人员和能力建设是全面推进排污许可制度的重要基础。建议：①国家环境保护部门负责制定国家层面的排污许可证相关规章和政

策，监督地方排污许可制度的实施，并定期组织全国范围培训，对各地的许可证管理人员和编写人员进行统一培训，提高地方相关人员的技术水平和管理水平；②在区域层面，充分发挥6个环保督查中心的监管职能，负责监督并帮促辖区内的各省实施排污许可制度，并将排污许可证作为环保督查中心执法的首要依据；③在地方层面，省级环保部门负责全省许可证的发放监管和政策制定，提供日常的技术支持和指导，要求各市根据国家的《排污许可证管理条例》、管理规范和技术指南负责本地区的排污许可证核发。

建立许可证项目质量评估机制，由国家环保部门或其派出机构定期对各省的水污染控制许可证管理情况进行评估，及时发现管理中存在的问题，并提出改进建议，通过组织技术援助和培训，帮助各省（区、市）不断提高许可证管理水平，以保障各省能够按照法律法规的要求落实水污染控制许可制度。

（四）建立以排污许可证为核心的执法体系

建议在完善排污许可证核发管理制度的基础上，在许可证中将企业的排污行为、监测和报告要求、法律和行政要求进行明确规定，进一步建立以排污许可证为核心的执法体系。建立许可证守法和执法数据库，及时有效地掌握企业的守法违法情况，并采取相应措施，帮助企业纠正违法行为。将违反排污许可证的违法行为的严重程度作为按照按日计罚的重要参考，并研究建立相关的处罚规范，为排污许可证执法提供依据。此外，加强信息公开，使公众可以方便地获得企业的守法和违法信息，为公众提供参与执法过程的渠道，感兴趣的公众和社会组织可以就企业的违法行为及管理机构的执法行动进行跟踪，并提出意见和建议。

第十章 法国水排污许可制度、水环境管理经验及对我国的建议[①]

受法国水资源国际办公室邀请，2017 年 11 月 26—30 日，环境保护部环境工程评估中心邹世英副主任率团赴法国开展“基于排污许可制度的水环境管理经验”出访交流。通过交流和实地考察，与法方官员和企业展开深入交流，在学习了解法国水环境管理和排污许可经验的同时，探讨了如何完善我国水环境管理和排污许可制度。

一、出访基本情况

本次出访第一天上午参观了位于巴黎西北，于 1940 年开始运行的欧洲最大的城镇污水处理厂——Seine Aval 污水处理厂，下午在巴黎与法国水资源国际办公室和法国生态转型部风险预防司进行交流，了解法国水环境保护和排污许可制度实施情况，同时向法方介绍了中国排污许可进展情况。第二天在南特与大南特区域环境机构就法国卢瓦尔河的污染治理和控制开展交流，了解排污许可和最佳可行技术在

① 2017 年 11 月 26—30 日，中方代表团赴法国开展“基于排污许可制度的水环境管理经验”出访交流，出访团组成员有：环境保护部环境工程评估中心邹世英、冉丽君、吴铁、宣昊。

改善水质方面的重要作用，下午参观了南特区一家表面处理企业和一家乳制品企业。第三天与塞纳河流域管理机构进行交流，并参观了位于巴黎的可口可乐公司和由威立雅公司负责运行管理的巴黎城镇污水处理厂，了解污染治理和控制的效果。

通过此次深入细致的交流，为我国今后一段时间，更好地设计完善和实施排污许可制度，做好排污许可制度改革，完善污染物控制思路以及国家排放清单的建立并推动实施等方面工作，提供了更加具体的借鉴。

二、法国水环境管理基本情况

（一）实施流域水环境综合管理模式

法国依据 1992 年颁布实施的《水法》，对曾实行以省为基础的水资源管理体制进行了改革，开始实施以自然水文流域为单元的流域管理模式。法国分为塞纳河—诺曼底、卢瓦河—布列塔尼等六大流域，每个流域都设有流域委员会和流域水资源署，具体负责流域内的水资源规划和水管理工作。法国现行的流域水资源管理是世界公认的较为成功的模式之一，它建立在一套完整的法律体系之上，并通过法律、行政、经济等手段加以贯彻实施。

（二）多方共同协商的水环境管理机制

法国生态转型部是水环境管理综合监督部门，负责制定国家水资源管理政策、水资源利用、水污染控制、净化处理及水生生态保护等。在国家统一框架下，流域委员会是流域内水资源开发和管理政策的制定机构，主要负责对重大涉水政策进行咨询，包括组织制定流域水资源开发和管理规划（SDAGE）并监督实施，对流域行动计划（PDM）进行审议等。流域水资源署是政策具体执行机构，主要发挥融资投资等激励作用。该机构由中央政府部门和地方官员代表、用水大户及专家学者等组成，遇到重大涉水政策问题由多个利益相关方共同协商解决。

（三）同一目标下的水环境综合管理

在欧盟水框架下，为实现水体的良好状态，针对不同河流水文、水生生态现状等，确定不同水体规划目标，并规定了每条河流达到目标的期限。反映水体良好状态的主要指标为综合性生物状态，包括鱼类、水生植物等，同时也考虑了必要的物理化学指标。水环境管理以保护生态系统长远平衡为目的，注重对水质、水量、水生生态、水处理等的综合管理，不仅管理地表水也管理地下水，体现了对流域水资源的可持续利用和区域社会经济可持续发展的保护理念。

（四）明确可操作的指导规划和行动计划

SDAGE 和 PDM 是落实欧盟水框架协议、实现水体目标的主要途径，两者同步编制，并由流域委员会批准实施，具有法规效力。SDAGE 及其子流域 SAGE 每 6 年修订一次，确定流域开发和管理的水质和水量目标，包括减少化肥、农药、危险物质使用量并阻止向水域排放、取用水管理、保护湿地和滨海资源及生物多样性等，编制 SDAGE 过程也是公众参与水管理决策的方式。PDM 是为了达到规划目标采取一致行动，从经济技术等方面提出了具体可行的实施措施，国家对实施情况进行监督管理，并公开行动计划进展。

（五）水环境管理取得明显成效

20 世纪 70 年代，法国巴黎所在的塞纳河流域水污染严重，水生生物种类和资源量显著减少，鱼类仅剩 2 种，河流不具有游泳功能。经过 40 多年的流域水污染治理、通过不断提高排放标准等，目前塞纳河流域水生生态已得到修复，鱼类已达到 30 多种，法国计划将 2024 年巴黎奥运会的游泳比赛场地建在塞纳河上。通过法国河流水环境保护历程，可以看到：一是经过不断治理，受污染河流能够逐步得到修复；二是污染河流治理的经济代价、时间成本过大。

三、法国排污许可制度

（一）排污许可制度基本情况

1．许可类型

法国排污许可制度采用广义综合许可的形式，其内容包括环保、消防、安全、风险等信息，其中环保部分涵盖了废气、废水、噪声及固体废物处理处置等。

2．核发范围

法国许可证核发范围包括工业企业和城镇污水处理厂。其中，工业企业许可证核发范围包括欧盟《工业排放指令》中规定的所有核发对象，涵盖能源生产、金属生产和加工、矿业等行业，如食品工厂、化工厂、饲养场、垃圾处理厂、采石场、粮食竖井、物料、陆地风力发电等排污单位或设施。

3．分类管理

法国许可证采用分类管理模式，即根据设施规模和风险不同，将许可证分为三类，一是核准制设施，二是备案制设施，三是申报制设施。不同类型许可证的监管思路也不同，对于核准制设施，根据所处环境和造成的风险进行专项研究，并按照研究结论进行监管；对于备案制设施，按照全国统一规则进行监管；对于申报制设施，无须进行现场检查。据统计，法国全国核准制与备案制设施约为 44 200 个，其中 14 500 个属于养殖场，占比约为 33%。

4．核发权限

法国大约 99%的许可证由地方政府核发，核发前由设在全国 13 个大区的环保厅派出机构进行技术审查，经地方政府长官签字确认后生效。此外，少量军队设施许可证由国防部直接核发，无须通过地方政府或环保部门。

5．许可限值

许可限值的确定首先要满足国家法律法规，不得松于法定标准；其次要依据最佳可行技术参考文件（BREF）确定许可限值，即根据 BREF 中技术对应的排放数据来确定许可限值；对于区域环境质量有更严格要求的，还应依据环境质量反推确定许可限值。

6．与环评制度的衔接

法国环评制度与排污许可制度衔接紧密。一是许可管理对象全面覆盖环评管理对象，核准制设施必须要做环评，备案制设施根据所处行业和规模确定是否做环评，申报制设施无须做环评。二是许可流程涵盖环评流程，环评是许可证申请过程的重要环节，是核发过程的重要参考，无须单独审批。

（二）城镇污水处理厂排污许可管理思路

1．许可因子

法国城镇污水处理厂排污许可证中的许可因子数量因处理规模而异，对于承担 2 000 人以下的污水处理厂，只许可 BOD、COD、SS 等指标；对于承担 2 000 人以上的污水处理厂还应许可 N、P 等指标。

2．许可限值

法国城镇污水处理厂排污许可证中的许可限值包括不同污染物的出水限值（一般为排放浓度和排放量）和处理效率。对于满足进水水质要求的污水，许可不同污染物的出水限值；对于无法满足进水水质要求的污水，许可不同污染物的处理效率。

对于许可排放量，许可证中规定了日许可排放量、周许可排放量和月许可排放量，部分许可证中会有年许可排放量。

3．企业自行监测

法国城镇生活污水处理厂排污许可证按污水处理厂接收生活污水规模和污水处理污染物负荷规定了不同污染物的自行监测要求，具体监测要求见表 10-1 和表 10-2。对于大型污水处理厂的 COD 等每日监测一次的常规污染物，同时在线传送给监管部门；同时，企业在监测取样时必须取双份样品，以备国家机关抽检时使用，样品保留 24 h。

表 10-1 接纳 2 000 人以上生活污水的污水处理厂监测频次要求

单位：次/a

因子		BOD 每日处理负荷/kg						
		＞120且＜600	≥600且＜1 800	≥1 800且＜3 000	≥3 000且＜6 000	≥6 000且＜12 000	≥12 000且＜18 000	≥18 000
常规因子	流量	365	365	365	365	365	365	365
	悬浮物	12	24	52	104	156	260	365
	生化需氧量	12	12	24	52	104	156	365
	化学需氧量	12	24	52	104	156	260	365
	总凯氏氮	4	12	12	24	52	104	208
	氨根	4	12	12	24	52	104	208
	亚硝酸根	4	12	12	24	52	104	208
	硝酸根	4	12	12	24	52	104	208
	总磷	4	12	12	24	52	104	208
	污泥	4	24	52	104	208	260	365

因子		BOD 每日处理负荷/kg						
		＞120 且 ＜600	≥600 且 ＜1 800	≥1 800 且 ＜3 000	≥3 000 且 ＜6 000	≥6 000 且 ＜12 000	≥12 000 且 ＜18 000	≥ 18 000
氮敏感区	总凯氏氮	4	12	24	52	104	208	365
	氨根	4	12	24	52	104	208	365
	亚硝酸根	4	12	24	52	104	208	365
	硝酸根	4	12	24	52	104	208	365
磷敏感区	总磷	4	12	24	52	104	208	365

表 10-2　接纳 2 000 人以下生活污水的污水处理厂监测频次要求

BOD 每日处理能力/kg	＜30	大于 30 且小于 60	大于 60 且小于 120
监测次数	每 2 年 1 次	每年 1 次	每年 2 次

4．达标判定

法国废水污染物许可浓度是 24 h 均值，因此许可证规定，24 h 内等时间间隔取多个样品，样品混合后测试结果作为达标判定的依据。

在达标判定过程中，法国引入了“全年误差容忍度”，即允许某些污染物一年内有一定比例超标情况发生，但超标时仍设定最大不允许超过的排放浓度，具体超标次数根据全年监测次数确定，具体见表 10-3。例如，对于大型污水处理厂，如某项污染物每天监测一次，则全年允许超标次数不超过 25 次。

表 10-3　不同监测次数对应的允许超标情况

全年监测次数	允许超标次数	全年监测次数	允许超标次数
4～7	1	172～187	14
8～16	2	188～203	15
17～28	3	204～219	16
29～40	4	220～235	17
41～53	5	236～251	18

全年监测次数	允许超标次数	全年监测次数	允许超标次数
54～67	6	252～268	19
68～81	7	269～284	20
82～95	8	285～300	21
96～110	9	301～317	22
111～125	10	318～334	23
126～140	11	335～350	24
141～155	12	351～365	25
156～171	13		

四、实地参观企业情况

（一）Seine Aval 污水处理厂

大巴黎区域卫生局（SIAAP）属于市政府组成部分，主要负责处理巴黎地区污水，下设 6 个污水处理厂，本次出访参观的 Seine Aval 污水处理厂（图 10-1）为其中之一。该污水处理厂是欧洲最大的污水处理厂，距离巴黎市区约 40 km，建于 1940 年，经几次扩建后形成年处理量 150 万 t 的规模。该污水处理厂主要处理生活污水和雨水，废水采用的处理工艺为预处理+物化+生化，部分水再采用超滤+反渗透处理。产生的恶臭气体密闭收集处理，生化污泥干化到含水率 55%后经检测无重金属的进行农业综合利用，如含有重金属则焚烧或者填埋处理。该污水处理厂废水排放标准为日均浓度 COD 180 mg/L、BOD_5 50 mg/L、SS 70 mg/L、总氮 25 mg/L、总磷 5 mg/L。为确保达标排放，该企业通常控制 COD 日均浓度小于 90 mg/L。

图 10-1　参观 Seine Aval 污水处理厂

（二）Halgand 表面处理企业

该企业（图 10-2）为私营企业，投资 150 万欧元，经碱洗、酸洗等对金属表面进行处理，为波音公司提供产品，不直接对外排放污染物，申领备案制排污许可证，在许可证明确污染物不能直接排放。企业内部处理废水、废气后的残渣和固体废物委托第三方处理。每道处理工序都要进行清洗，为减少新鲜水使用量，废水阶梯循环使用。产生的废水不能直接排入集中污水处理设施，一是工艺本身无法处理，二是会导致生化污泥无法还田。因此，企业内部将废水经活性炭、膜过滤处理后回用。固体废物管理也非常先进，除常规的分类外，为避免泄漏，每个固体废物收集装置下面都增加接物盘，避免与地面直接接触。

图 10-2 参观 Halgand 表面处理企业

（三）拉克塔利斯集团（LACTALIS）乳制品工厂

拉克塔利斯集团（LACTALIS）乳制品工厂是世界第一大奶制品集团，欧洲第三大奶制品企业（图 10-3），每年加工生乳 3.6 亿 L，设有一个 1 000 m^3 的缓冲池，废水处理规模为 1 800 m^3/d，处理 COD 6 000 kg/d。处理工艺为沉淀、气浮和生化。企业每日监测排放废水流量、COD、总磷、总氮、钾和 pH；每周监测 BOD_5 和温度。生化污泥用于农用土地施肥。排污许可证中要求该企业不同时期废水排放标准为 COD 50（90）mg/L、BOD_5 15（25）mg/L、SS 20（30）mg/L、总氮 15 mg/L、总磷 1.5（2）mg/L、流量 200 m^3/d、温度小于 30℃。

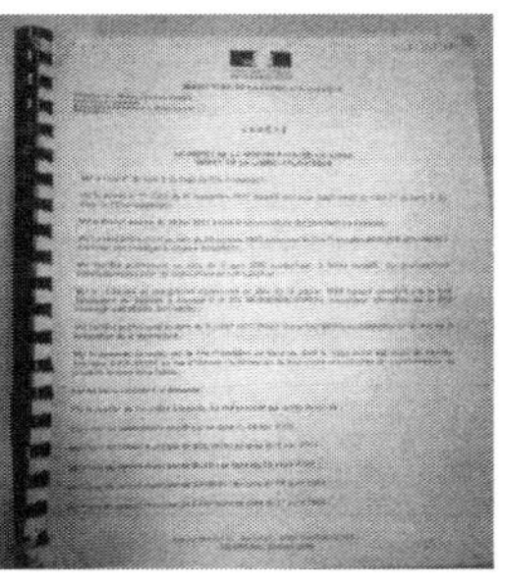

图 10-3　参观拉克塔利斯集团（LACTALIS）乳制品工厂

（四）法国威立雅集团运营的污水处理厂

该污水处理厂属于市政污水处理厂，分两期建设，第一期 1992 年投入运营，第二期 2015 年投入运行，以处理生活污水和雨水为主，也包括部分电子废水、食品工业废水、洗涤工业废水等，由法国威立雅集团负责运营。废水处理能力为枯水期 7 万 m^3/d，丰水期 8 万 m^3/d，暴雨期 4 800 m^3/h（持续时间为 8 h）。与上游工业企业签订协议，达到污水处理厂标准后方可排放废水。原来排污许可证由省政府发放，同时包括废水和废气内容，废气、废水技术内容分别由环保部门和塞纳河流域管理机构负责审核。由于污泥焚烧设施排放标准发生变化，单独发放了一个废气排污许可证。

该污水处理厂排污许可证提出，废水排放中 COD、BOD_5、SS 分别为 50 mg/L、15 mg/L、20 mg/L，普遍严于国家标准的 125 mg/L、25 mg/L、35 mg/L。同时提出，如果由于进水不能满足要求导致排水不能满足许可证要求时，对废水中各污染物处理效率做出规定，如 COD 去除效率不得低于 91%。排污许可证的责任主体是业主单位，不是威立雅。如果按证排污，流域管理机构给予奖励，反之则进行处罚。

（五）可口可乐欧洲伙伴法国克拉玛工厂

该企业工业废水间接排放，经格栅、去油脂、中和处理后排入 Seine Aval 污水处理厂处理，最终排入塞纳河。该企业每天排放废水 1 000 t，排放浓度为 COD 1 000 mg/L、SS 500 mg/L、BOD 800 mg/L、苯酚 0.1 mg/L、总氮 30 mg/L、总磷 10 mg/L，每小时 45 L、温度小于 3℃。在规定的出水口进行监测，每 10 m^3 取一次样。每日自动监测 pH、COD 浓度、温度，其他因子委托第三方每月监测一次。除 COD 在线上传数据外，其他因子的监测结果以月报、季报、年报的形式上报。企业与污水处理厂、管网企业及维护企业共同签订排放协议。污水处理厂可定期和不定期监测排放废水。生活污水（预处理后）进入管网。设有 7 个雨水排放口，在每个排口设置自动控制阀门，当雨水不符合排放要求时阀门自动关闭。管理部门每年对雨水排放口监测一次。

图 10-4 参观可口可乐欧洲伙伴法国克拉玛工厂

五、相关建议

（一）借鉴法国经验完善我国水环境管理制度

1．健全流域水环境管理机制

加强立法，提升流域水环境管理的法律地位，打破行政区划壁垒，建立以自然水文流域为单元的管理模式。破除多部门职责交叉、九龙治水的管理机制，整合水利、农业、住建、环保、卫生等部门涉水管理职责，实现对流域水量、水质、水生生态、工程处理等的统筹管理。

2．实现良好水体状态的管理目标

借鉴欧盟经验，统筹考虑水生态、水环境和水资源，将实现良好水体状态作为水环境管理的最终目标。针对不同流域水体所处水文特点和生态现状，充分考虑鱼类等水生生物状态及水体主要物理化学指标，研究制定不同流域水体的可达目标，改变目前主要关注水质的管理方式。同时，在水管理目标框架下，充分协调相关利益方和公众意见，分阶段制定切实可行的流域水环境管理规划和实施计划。

（二）完善排污许可管理

1．研究污水处理厂排污许可管理要求

借鉴法国城镇污水处理厂管理经验，在制定我国污水处理厂排污许可证申请与核发技术规范时，将污染物处理效率作为特殊情况（污水处理厂进水超过设计要求）下的许可限值；排污单位污染物自行监测频次依据处理规模的不同有所区别；针对废水污染物浓度为日均值这一特点，进一步完善监测采样的规范性，明确备份样品的要求。

2．研究年度达标判定管理思路

借鉴法国误差容忍度概念，分行业研究我国年度达标保证率管理思路，进一步实现行业管理的精细化和科学化。

3．完善证后监管模式

借鉴法国许可证后监管经验，应采取抽查的模式进行现场监管，抽查方式采用双随机，重点管理排污单位半年一次，简化管理排污单位一年一次。

第十一章　美国固体废物排污许可制度实施经验及对我国的建议①

2018 年 12 月 10—14 日，中方代表团先后赴美国加利福尼亚州洛杉矶地区水质管理局（Los Angeles Regional Water Quanlity Control Board）、加利福尼亚州有毒物质控制局（California Department of Toxic Substances Control，DTSC）开展生活垃圾填埋场以及《资源保护和恢复法》（RCRA）排污许可管理体系、技术体系、监管等内容的研讨交流，并实地参观垃圾填埋场和危险废物填埋场，全面学习美国固体废物管理的经验。

一、出访基本情况

本次交流主要包括交流研讨和实地考察两种形式。

（一）交流研讨

1. 与洛杉矶地区水质管理局相关人员进行交流研讨

中方代表团会见了加利福尼亚州环保局洛杉矶地区水质管理局

① 2018 年 12 月 10—14 日，中方代表团赴美国开展了固体废物排污许可制度实施经验交流，出访团组成员有：生态环境部环境工程评估中心邹世英、柴西龙、关睿。

的副执行官 Hugh Marley 先生，Hugh Marley 先生介绍了洛杉矶地区水质管理局的基本情况，邹世英团长向美方人员介绍了代表团的出访目的、生态环境部环境工程评估中心的职责、中国排污许可开展情况以及拟将固体废物纳入排污许可管理的有关情况。洛杉矶地区水质管理局地下水管理组和固体废物管理组的相关技术负责人分别介绍了加利福尼亚州废物排放要求（waste discharge requirement，WDR）和固体废物排放执法管理等，我方人员与之进行交流讨论。

2．与加利福尼亚州有毒物质控制局相关人员进行交流研讨

中方代表团会见了加利福尼亚州有毒物质控制局负责南加利福尼亚州事务的处长 Peter Garcia 先生，Peter Garcia 先生介绍了加利福尼亚州有毒物质控制局的基本情况，邹世英团长向美方人员介绍了代表团的出访目的、生态环境部环境工程评估中心的职责、中国排污许可开展情况以及拟将固体废物纳入排污许可管理的有关情况。加利福尼亚州有毒物质控制局负责危险废物许可证审核的相关管理人员介绍了加利福尼亚州 RCRA 许可证的相关法规、许可流程、许可内容以及危险废物处理处置企业的环境监管相关内容。代表团员就危险废物管理许可相关问题与美方人员进行了深入细致的讨论。

（二）实地考察

交流期间，代表团实地参观了美国洛杉矶县 Sylmar 市的阳光峡谷垃圾填埋场（Sunshine Canyon Landfill）和金斯县凯特勒曼市的 Kettleman Hill Facility 危险废物处理厂。

1．阳光峡谷垃圾填埋场

阳光峡谷垃圾填埋场占地面积约为 1 036 acre[①]，自 1958 年开始为洛杉矶地区提供生活垃圾填埋服务。垃圾填埋场周一至周五每天接

① 1 acre=0.405 hm^2。

收处理大约 8 300 t 生活垃圾，周六接收处理 2 000～3000 t 生活垃圾，每年垃圾接收处理量超过 230 万 t，占洛杉矶县日常垃圾废弃物产生处理量的 1/3。

阳光峡谷垃圾填埋场隶属的共和废品处理公司（全美第二大固体废物处理公司），目前在全美有 73 个项目，在加利福尼亚州有 8 个垃圾填埋场发电项目，其中最大的就是阳光峡谷垃圾填埋场的垃圾填埋废气发电项目。这个填埋场产生的废气可以为 20 MW 的发电设备提供燃料，其产生的可再生电力可供近 25 000 户居民使用。预计 2036 年阳光峡谷填埋场服务期满，届时将对其进行关闭。

2．Kettleman Hill Facility **危险废物处理厂**

Kettleman Hill Facility 危险废物处理厂位于凯特勒曼市西南 3.5 mi，该市和 Kettleman Hill Facility 危险废物处理厂之间分布有 5 号州际公路、加利福尼亚渡槽和北凯特勒曼丘陵。Kettleman Hill Facility 危险废物处理厂属于废物管理公司（WM，全美第一大固体废物公司）旗下的危险废物处理企业，由化学废品管理公司负责运营，是一个占地 1 600 acre，能进行危险废物处理、储存和处置的完全许可（full permit）危险废物处理厂，其中 499 acre 已被批准用于危险废物活动，部分场地用于生活垃圾处理填埋。处理厂接收固体、半固体和液体危险废物和极度危险废物，以及市政垃圾。处理厂拥有三个太阳能蒸发池、两个危险废物填埋场，能进行多氯联苯的储存处理（多氯联苯的相关业务现已停止），散装和桶装废物的稳定、固化和储存，该危险废物处理厂还获准建造和操作一个中和/过滤装置，8 个 100 万加仑的蒸发罐。Kettleman Hill Facility 危险废物处理厂 1972 年开始运营，RCRA 许可证已于 2013 年到期，目前加利福尼亚州有毒物质控制局正在审查该企业提交的许可证延续申请。

二、美国固体废物管理基本情况

（一）完善的法律法规体系

美国建立了较为完善的固体废物管理法律法规体系。1976 年颁布的《资源保护和恢复法》（RCRA）是美国固体废物管理的基础性法律，除国会立法外，EPA 还负责制定了关于固体废物和危险废物收集、储存、运输和处置等的系列规定、指南和政策，形成了较为完善的固体废物管理的法律体系和管理制度。RCRA 要求危险废物处理、储存和处置设施应向核发部门申领许可证后按照许可证中规定的条款或条件建设和运行，否则将依法进行处罚。美国除少数州外，其他各州均根据本州的环境保护和管理需求制定了地方性法规，例如，加利福尼亚州固体废物管理需要遵循加利福尼亚州健康与安全法（California Health and Safety Code）、加利福尼亚州法典（California Code of Regulations）第 27 章（Title 27，非危险废物）和第 22 章（Title 22，危险废物）。

（二）实行科学的分类管理

根据 RCRA 和加利福尼亚州法典，固体废物分为四种类型：危险废物、标示废物（可能对水资源造成污染的无害废物、获得加利福尼亚州有毒物质管理局豁免的有害废物）、无害废物（非危险废物）、惰性废物（不含有机物或其他污染成分的废物，如建筑垃圾）。

美国对产生的固体废物实行分类管理，并不是所有的固体废物的储存、处理及处置均需要取得固体废物许可证，一般固体废物及生活垃圾的储存、处理及处置无须取得固体废物许可证，环境管理方面只需按相关规定取得大气排污许可证和水排污许可证（即废物排放要求）即可。只要被 RCRA 或州法规定义为危险废物（被依法豁免的除外）的固体废物储存、处理及处置均需取得 RCRA 许可证。

RCRA 许可证由有毒物质管理局颁发。其他三类废物由水质管理局（Water Quality Control Board，WQCB）颁发“废物排放要求”，效力等同于 RCRA 许可证。

（三）危险废物管理实行保证金制度

美国的危险废物管理实行保证金制度，进行危险废物处理和处置的企业必须缴纳一定数量的保证金。由于各种原因，如果危险废物处理和处置企业的所有者和经营者无法进行场地的环境监测和环境恢复工作，政府部门将动用企业之前缴纳的保证金进行危险废物处理和处置场地环境的监测和污染的清理工作。虽然有时候企业缴纳的保证金在真正的污染发生时显得杯水车薪，但是在一定程度上可以约束企业的行为，并为环境监测和治理提供一定的经费。

（四）固体废物的跨州转移

由于各州有各自的地方性法规，对一般固体废物和危险废物的分类并不一致，在一个州定义为危险废物的固体废物，可能在另一个州则为一般固体废物。危险废物的处理和处置费用远远高于一般固体废物的处理和处置费用，所以危险废物存在跨州转移现象。例如，加利福尼亚州的危险废物管理更为严格，所以加利福尼亚州的危险废物通常就被产生者转移到跟它相邻的内华达州，在内华达州以一般固体废物进行处置。

三、美国加利福尼亚州 RCRA 许可证管理基本情况

（一）许可管控对象

根据 RCRA 和加利福尼亚州法典，危险废物具有腐蚀性（pH＜2 或＞12.5）、易燃性（燃点＜60℃）、反应性、毒性（名录所列废物——基于运营过程和产生来源）特性。美国 RCRA 许可证是面向危险废物、针对危险废物管理设施和单元而设立的一项重要环境管理制度。危险废物管理设施通常包括产生危险废物的设施（通常危险废物储存超过 90 天的）、危险废物运输设施、危险废物处理处置设施，加利福尼亚州大约有 106 个这样的危险废物许可设施。危险废物管理单元主要包括容器、储罐、滴水垫、收容建筑物、焚烧炉、锅炉和工业炉、填埋场、地表蓄水池、废物堆、土地处理单元、注水井及其他危险废物管理单元。

（二）许可管理要求

RCRA 许可管理要求以通用文字性规定为主，规定了危险废物储存、处理、处置设施的相关控制要求。许可证内容包括美国联邦法规（Code of Federal Regulations，CFR）第 40 部分中可适用的 EPA 法规，以及设施设计与操作概述、安全标准、设施绩效活动描述（如监测和报告）、设施应急计划、保险和金融支持、员工培训等。此外，许可证还可以包括特定的设施要求，如地下水监测要求。加利福尼亚州 RCRA 许可证有效期为 10 年。

（三）RCRA 许可证实行分级分类管理

以美国加利福尼亚州为例，RCRA 许可证实行分级分类许可。加利福尼亚州有毒物质控制局获得 EPA 的授权后，负责统筹管理整个加利福尼亚州的危险废物许可证审核和发放工作。加利福尼亚州危险废物许可证分为五种，分别是完全许可证、标准化许可证、按规则许可许可证、有条件授权许可证、有条件豁免许可证，其中前两种需要进行许可，后三种只需进行相应的备案就可以。并不是所有的 RCRA 许可证都由加利福尼亚州有毒物质控制局进行审查发放，只有涉及危险废物处理和处置的许可证由加利福尼亚州有毒物质控制局进行审查发放，其他只涉及危险废物的储存等的许可证由有毒物质控制局授权县级或市级环境管理部门进行发放。

（四）许可证的构成

RCRA 许可证分为 A 和 B 两部分。A 部分为 EPA 统一要求填报的内容，主要包含有关许可设施的基本信息，例如设施所有者和运营者的名称、设施位置、危险废物管理流程、设计处理能力以及将在工厂实际处理的危险废物。B 部分为加利福尼亚州有毒物质控制局要求填报的内容，主要包含与将在该设施进行的废物管理活动相关的现场信息，包括地质、水文和工程数据，分析要管理的废物，设施安全程序，检查计划，应急计划，防止废物泄漏到环境中的程序和预防措施，防止意外着火或废物反应的程序和预防措施等。由于 B 部分涵盖废物管理活动相关的详细信息，因此通常包括大量文件。

（五）申请与核发流程

RCRA 许可证申请前，企业必须先完成环境影响评价，之后才能申请 RCRA 许可证。RCRA 许可证申请与核发流程包括六个步骤，依次为企业与公众举行非正式会议、企业向 RCRA 许可证许可机构提出申请、许可机构受理并审核 RCRA 许可证申请材料、许可机构向企业发出修改 RCRA 许可申请的通知、许可机构起草 RCRA 许可证供公众审查、许可机构作出批准或拒绝 RCRA 许可证的最终决定。在对申请材料进行审核的过程中，许可机构有可能对企业多次提出修改或补充材料的要求，这一过程可能需要若干年时间。许可机构发布许可证的草稿后，公众有 45 天的时间提交意见，也可以申请召开公众听证会。

（六）对设施实行“过渡期”

在 RCRA 1980 年 11 月生效之前，EPA 和授权州几乎不可能向所有现有的处理、储存和处置设施发放许可证，因此，对这些设施设置了“过渡期”。只要设施符合 EPA 法规中危险废物处理、储存和处置设施的所有者和运营者的过渡期标准，就能在没有许可证的情况下运营，直到许可机构能够确定最终发放许可证。许可机构做出最终裁定（发放或拒绝发放许可证）时，过渡期终止。过渡期也适用于通过颁布新要求将设施新近纳入管理范围的情况，以及许可证的延续阶段。

（七）闭场后的环境管理

危险废物处置单元的所有者和运营者，必须进行危险废物处理和处置设施封闭后的环境维护，包括地下水监测。如果危险废物处理和处置设施的所有者和运营者不能证明能实现“清洁关闭”（clean closure），那么就需要取得关闭后许可证（post-permit），将关闭后的维护要求纳入许可证，以确保以保护的方式进行关闭后维护，主要包含地下水的监测，监测可能持续30年，直到危险废物所有者和运营者能够证明可以实现“清洁关闭”。

四、美国加利福尼亚州RCRA许可证管理制度的启示

（一）法律法规体系完善

美国建立了较为完善的固体废物管理法律法规体系。RCRA是美国固体废物管理的基础性法律，除国会立法外，EPA还负责制定了关于固体废物和危险废物收集、储存、运输和处置等的系列规定、指南和政策，形成了较为完善的固体废物管理的法律体系和管理制度。此外，各州在联邦法律法规体系框架下，基本上都有更为严格的地方性法规，这些地方性法规成为美国固体废物管理法律法规体系不可或缺的组成部分。

（二）许可对象广泛

美国RCRA许可证的发放对象是所有危险废物处理、储存、处置设施，既包括危险废物经营单位，也包括自行处理、储存、处置危险废物的产废单位以及超过暂存时间或数量限制的产废单位或运输单位。由于许可证的管理对象是“设施”，而不是“单位”，因此覆盖范围更加广泛，管理对象更加具体，且RCRA中针对过渡期设施的管理要求以及针对特定设施和情形的豁免条件，使得该制度的实施更加灵活。

（三）许可程序审慎而灵活

美国RCRA许可证的许可程序较为复杂、专业，涉及较多的技

术审核，且有多个环节需公众参与，许可机构必须到现场进行实地审查，企业也必须根据许可机构的反馈意见对申请材料做多轮次的修改，所以许可证的审查过程可能需要几年的时间。基于通用的许可流程，RCRA 对几种特殊类型的设施制定了特殊的许可要求，如土地处理设施获得最终许可证前，需先获得土地处理示范许可证，焚烧设施的发证环节包括试焚烧和评估阶段，以证明设施能够有效处理危险废物。

（四）许可内容全面

美国 RCRA 许可证的内容非常全面，包括设施基本信息、通用标准和要求、应急计划、记录报告要求、针对特定设施的许可内容和管理要求、关闭/封场要求、监测要求、废气排放要求、整改措施等。通过许可证条款，确定了设施在运行过程中必须要满足的所有要求，在遵守许可证要求的前提下，即使违反许可证中未作规定的新要求，设施也不会被强制执法（某些特定情形除外）。许可证对所有管理对象均无危险废物产生量和产生种类的许可要求。

五、建议

（一）鼓励制定固体废物管理地方性法规

美国固体废物排污许可在完善的法律法规框架下进行，在固体废物排污许可管理中，地方性法规发挥了极其重要的作用。我国正在修订《固体废物污染环境防治法》，制定《排污许可管理条例》，拟将固体废物排污许可管理要求纳入其中，在国家层面为将固体废物环境管理全面纳入排污许可制度提供法规依据。建议发挥地方性法规在环境管理中的积极作用，鼓励地方制定符合地方环境特点和管理要求的地方性法规，以满足地方固体废物排污许可管理的需要。

（二）衔接整合现行固体废物管理制度

建议从管控对象、管控内容、技术要求、上报要求等角度，有机衔接固体废物许可制度与现行的危险废物经营许可、危险废物转移联单等管理制度，整合衔接固体废物申报登记、危险废物管理计划等制度，并在制度设计中做好与监测监察、环境统计、环保税等的衔接。

（三）固体废物许可的对象和主要内容

借鉴美国固体废物许可管理经验，明确固体废物许可对象，建议对固体废物进行科学分类，无须对所有涉及固体废物的企业进行许可，只对那些对环境危害较大的固体废物储存、处理及处置企业实行许可，其他的只需进行备案即可。许可内容重点关注固体废物产生后综合利用、储存、处置等各环节环境管理要求，尤其是危险废物处理、储存、处置设施的管理要求。

（四）制定合理的许可流程

借鉴美国固体废物许可管理经验，建议针对不同类型的许可对象，采用差异化的许可流程。结合我国现状，危险废物经营单位应基于危险废物经营许可证的内容，补充排污许可管理要求，不应与许可证的发放流程重复；危险废物产生单位，应根据是否有处理、储存、处置设施，合理确定许可流程。

（五）引入保证金制度

借鉴美国的固体废物许可管理经验，对进行危险废物处理和处置的企业，在其排污许可证通过审批后，企业运营前，环境保护部门必须收取一定的保证金。通过保证金制度，一方面可以对企业的违法违规行为进行约束；另一方面可以保证在企业破产等不利情况下，政府可以拿出相应的资金进行场地修复和环境治理。保证金的具体测算需要相关的指南作为支撑和指导。

（六）重视企业运营后的监管

运营后的监管包括操作流程的监管和环境的监管。规范的操作流程和运营管理，从一定程度上可以从源头上减少污染。在同样的技术条件下，国内的垃圾填埋场恶臭等环境污染控制不如美国的垃圾填埋场，运营年限也不如美国的垃圾填埋场，究其原因就是后期的运营管理不到位，没有执行规范的操作流程。

（七）加强固体废物处置场地的选址研究和前期规划

某些类型的地形可能会增加与管理危险废物相关的风险，为了保护这些地区周围的人和环境，RCRA 对处理、储存、处置设施的选址施加了限制条件。从参观的两家固体废物处理处置场来看，阳光峡谷生活垃圾填埋场已经运营了 60 年，并且计划还将继续运行 20 年才进行关闭；Kettleman Hill Facility 危险废物处理厂也运营了近 50 年，还将运行几十年后关闭。而纵观我国的固体废物处置场地，运营年限偏短。应加强固体废物处置场地的选址和前期规划，尽可能延长固体废物填埋场的运营时间。

第三篇

排污许可证后监管执法和技术支持

第十二章　美国排污许可证后实施经验及对我国的启示[①]

在美国，排污许可制度作为固定污染源管理的主要手段，经过数十年的实施，并配合其他污染防治政策、措施及标准的执行，污染物排放量显著下降。以大气污染物为例，2016 年美国 CO、Pb、NO_x、VOC、一次 PM_{10}、一次 $PM_{2.5}$、SO_2 排放量较 1990 年分别降低了 59%、80%、48%、39%、20%、24%、78%，基本实现了《清洁空气法》所要求的主要目标[②]。因此，美国排污许可证后实施经验值得借鉴。

一、美国排污许可证后实施经验

美国《清洁空气法》框架下的固定源[③]排污许可制度是固定污染源排放监管的核心制度，所有重点污染源[④]在运行之前需取得“运营

---

① 本报告写于 2018 年，由环境保护部环境与经济政策研究中心李媛媛、黄新皓、李丽平执笔。

② 戴伟平，邓小刚，吴成志，等. 美国排污许可证制度 200 问[M].北京：中国环境出版社，2016。

③ 本文所用固定源（stationary sources）、排污单位和企业等词的意思相同，不同国家的常用说法不完全一致。

④ 根据《清洁空气法》第 501（2）款的定义，“重点污染源/重点源”是指任何空气污染物排放超过 100 t/a 的污染源。对于危险大气污染物（HAP），所定义的重点源阈值有所不同：重点源为排放单一危险大气污染物超过 10 t/a 或排放多种危险大气污染物超过 25 t/a 的污染源。运营许可证的主要管理对象为重点源，另外部分“小源”（次要源、非重点源）也会纳入管理范畴。

许可证”，否则视为违法[1]。

（一）明晰各方责任，建立规范化的排污许可管理模式

运营许可制度明确了环保部门、固定源和公众的责任，各利益相关方根据职能分工协作，各司其职，保障制度高效运转。

在运营许可证申请和核发阶段，固定源需要按照法律法规要求[2]及时提交完整的许可证申请材料，包括基本信息、工艺和产品描述、排放相关信息、污染控制要求、合规计划、合规证明要求以及承诺书等内容；州和地方环保局的主要职责就是制定许可证申请表及相关技术规范，评估固定源提交申请材料的完整性和准确性[3]，撰写许可证草案，并给公众提供评议机会（不少于30天），视情况召开听证会等；美国环保局（EPA）负责全面监督，对州或地方环保局制定的许可证草案有单独的审查时限（45天）。在充分纳入EPA和公众意见后，州或地方环保局即可向固定源发放运营许可证。

在运营许可证实施和监管阶段，固定源需要依照核发许可证载明条款要求开展日常环境管理工作，配合环保部门进行材料审查、现场检查等活动，提供守法证据；州和地方环保局则根据合规监测的相关规定对固定源进行有效监管，并在发现违反许可证要求时开展执法行动，按照规范要求进行相应处罚，确保固定源连续达标且合规排放；

---

① 《清洁空气法》框架下的排污许可制度通常分为两类：新源审批许可制度和运营许可（operating permits）制度。对于新建污染源或进行重大改扩建的现有污染源，在建设之前需取得“建设许可证”，符合新源审批许可制度相关要求。“建设许可证”功能类似于我国的环评。重点污染源在运行之前则还需取得“Title V许可证”，即“运营许可证”，符合运营许可制度相关要求。本文主要讨论污染源在实际运行期间的许可管理经验，因此以运营许可证制度为主，不涉及新源审批许可制度的内容。

② CFR第40卷70章70.5（c）款和71章71.5（c）款。

③ 运营许可证申请材料的审核通常分为两个阶段：首先，州和地方环保局审核申请材料是否完整，即是否包括了所有法律法规要求需要提交的文件和信息（侧重形式审查）；然后，州和地方环保局审核申请材料的内容是否符合联邦、州和地方法律法规要求，必要时会进行实地检查，全面评估固定源是否能够在运行期间达到所有适用要求（侧重实质审查）。

EPA 的主要职责是制定许可证的具体实施法规和条例以及执法规范和指南，监督州和地方环保局运营许可制度的执行情况；公众作为监督的主体，可随时随地向环保部门进行投诉并监督环保部门的执法程序。据了解，美国许多违法行为都是通过公众投诉发现的。

美国固定源排污许可管理全过程如图 12-1 所示。

（二）强化监督核查机制，提高环保部门的监管执法水平

《清洁空气法》授权 EPA 制定相应程序和方法，监测和分析污染物排放情况，确保固定源遵守适用的排污许可法律法规和标准等要求[①]。EPA 在该法律授权下制定了完善的固定源合规和执法方案[②]，设定了标准化的合规监测程序，建立了有效的监督核查与处罚机制。

1．开展合规监测，提供固定源违法证据

合规监测（compliance monitoring）是 EPA 和地方监管机构对固定源进行监督核查的“利器”，包括所有监管机构的活动以及合规判定的手段，是环境合规和执法方案中的重要组成部分。排污许可证后监管就属于“合规监测”框架下的重要内容。

---

① 《清洁空气法》第 504（b）款。

② 《清洁空气法》合规和执法方案适用于如下《清洁空气法》中的项目：新源绩效标准（NSPS）、危险空气污染物国家排放标准（NESHAP）、最佳可行控制技术（MACT）、面源（40 CFR Part 63 Area Sources）、新源审查许可证/预防重大恶化（NSR/PSD）、州实施计划（SIPs）、Title V 许可证、平流层臭氧保护、预防意外泄漏［42 USCA 第 7412（r）款］、强制性温室气体报告条例（CFR 第 40 卷 80 章）、酸沉降控制（42 USCA 第 7651 条）。

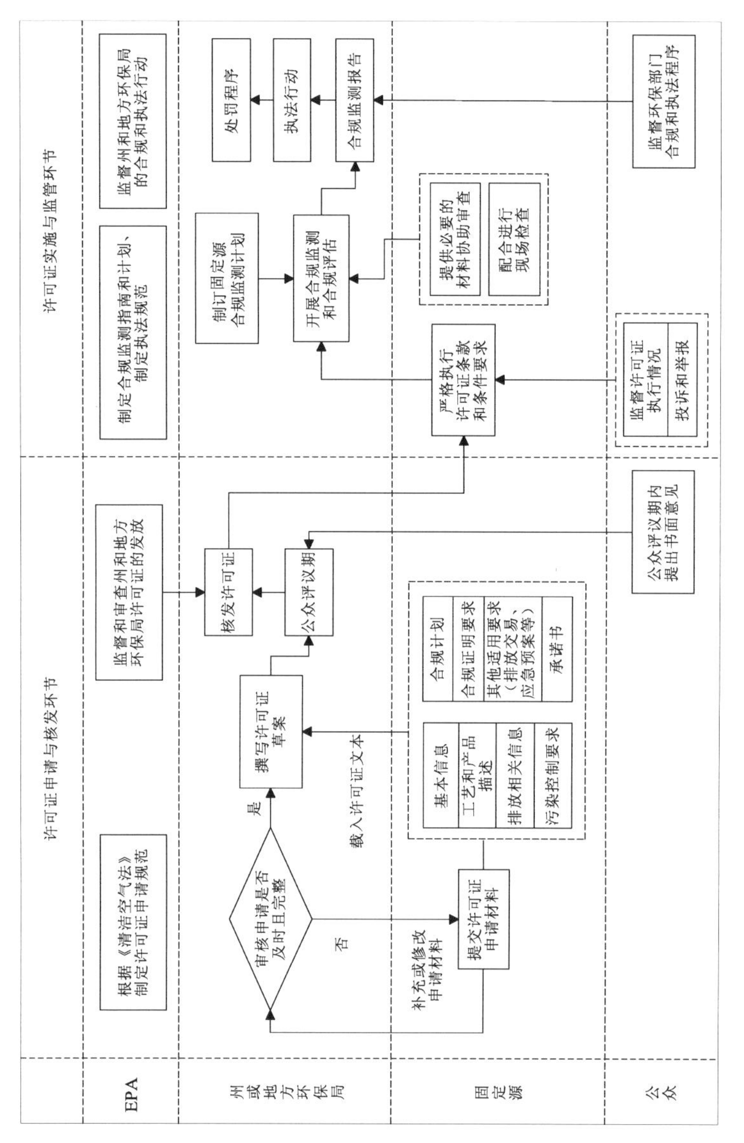

图 12-1 美国固定源排污许可管理全过程

总体而言，合规监测是一项系统性的规划，从整体策略到具体执行活动，分类、分频次对固定源的合规情况进行核查和评估。从适用范围来说，固定源合规监测重点关注取得运营许可证的重点源（Title Ⅴ major sources）和部分设定次源（synthetic minor sources）[①]。监管“门槛”的设立一方面确保排放接近重点源阈值的污染源都能得到定期评估，另一方面也使得监管机构的有限资源能够集中在那些最具环境管理意义的污染源上，确保环境监管效益最大化。

（1）制定系统的合规监测指南和计划

《清洁空气法》固定源合规监测策略（CMS）[②]是 EPA 制定的一项用于指导并授权各州管理和实施《清洁空气法》合规监测项目的指南。CMS 提供了一系列用于评估合规性的工具，包括现场检查、烟囱测试、合规评估等，且所有这些工具的使用都具有一定的成本有效性。CMS 指出，在条件有限的情况下没有必要通过现场检查评估设施的合规状况，可以通过运营许可证的常规报告和特殊情况报告等信息进行评估。但是，为确保固定源在现场的合规性，CMS 建议为现场检查设定一个最低频率[③]。CMS 为固定源合规监测提供了全国一致性，同时也为各州保留了灵活处理当地空气污染和合规问题的权利，加强了 EPA 对合规监测项目的监督。

为了便于合规监测项目的开展，EPA 区域办公室以及各州需要制订并提交合规监测策略计划（CMS plans）。一般来说，CMS 计划的提交频次为每年一次，最少不得低于每两年一次。各州的 CMS 计划中应当纳入所有 Title Ⅴ重点源和所有设定次源的特定设施清单，识

① “设定次源”是指污染物实际排放或潜在排放超过重点源阈值 80%的污染源（SM-80s）。

② U.S.EPA. Clean Air Act Stationary Source Compliance Monitoring Strategy. 2016. https：// www.epa.gov/sites/ production/files/2013-09/documents/cmspolicy.pdf.

③ CMS 规定，对于 Title Ⅴ 重点源，现场检查应当至少每 5 年实施一次。从特拉华州政府资源与环境部官员处了解到，特拉华州对 Title Ⅴ重点源每年开展一次常规现场检查（若遇公众举报等特殊情况则酌情增加现场检查的次数）。

别出需要进行全合规评估（FCE）的设施，同时确定进行现场检查的人员名单，并且说明如何解决合规监测中发现的缺陷和不足。

（2）采用现场和非现场相结合的核查方式

合规监测中用于合规判定的手段和工具可大致分为现场（on-site）和非现场（off-site）两类。现场合规监测是指需要对设施进行实地考察才能评估合规状况的活动，包括现场检查、烟囱测试等；非现场合规监测是指不用进行实地考察即可评估合规状况的活动，如记录审查、信息请求等，包括但不限于数据收集、审查、报告以及项目协调、监督和支持等工作。

现场检查（inspection）即现场考察，是对设施或场所（如商业、学校、垃圾填埋场）进行访问，通过现场收集信息确定是否合规。检查的强度和范围浮动很大，可以是不到半天的快速巡查，也可以是需要几周时间完成的大量样本收集审查。现场检查的常规程序包括检查前准备、进厂前观测、进入厂区、检查记录、文件更新和报告等内容[①]。此外，检查需由取得资质的检查员（包括批准的第三方）进行。EPA通过颁发联邦检查员资格证（credentials），授权州和地方政府官员代表 EPA 进行检查[②]。检查员在出示有效证件之后，有权进入厂区检查[③]。

（3）分类、分频次开展合规评估

各州通过综合分析现场检查和非现场审查的结果对固定源进行合规评估，判定固定源是否合规。合规评估通常分为全合规评估（full

---

① U.S.EPA. Air Compliance Inspection Manual. 1985. https：//nepis.epa.gov/Exe/ZyPURL.cgi?Dockey=20011INJ.txt.

② U.S.EPA. Guidance for Issuing Federal EPA Inspector Credentials to Authorize Employees of State/Tribal Governments to Conduct Inspections on Behalf of EPA. 2004. https：//www.epa.gov/sites/production/files/2013-09/ documents /statetribalcredentials.pdf.

③ 《清洁空气法》第 7414 条指出，EPA 局长及其授权代表在出示证件之后，有权进入厂区获取和复制记录信息、检查监测设备以及进行污染物采样，以便进行标准制定、违规判定、收集其他信息来执行法律等工作。

compliance evaluation，FCE）、部分合规评估（partial compliance evaluation，PCE）和调查（investigations）三种类型。

全合规评估是一项用于评价整个设施合规性的综合评估，可以根据评估结果直接进行一次合规判定（compliance determination）。它涵盖了设施全部排放单元的全部污染物，不仅对每个排放单元的合规状况进行评价，而且还要对设施的持续合规能力进行评估。对于 Title Ⅴ重点源，全合规评估应当至少每两年实施一次①；对于设定次源，全合规评估应当至少每 5 年实施一次。

部分合规评估是一项有文件记录的合规性评估，以合规判定为目标，侧重于设施的部分工艺、污染物、排放单元或个别法规要求。总体来说，PCE 与 FCE 相比耗时更短、资源密集程度更低，FCE 也可通过完成一系列的 PCE 实现，所以 PCE 可以作为经济有效地筛查和识别非合规情况的实用工具。

调查与另外两类合规评估的区别是，它局限在设施的一部分，资源更加密集，涉及对特定问题更深入的评估，并且需要更多的时间才能完成。调查主要用于解决常规 FCE 由于时间限制、初步现场工作要求及判定合规的专业技术水平而难以评估的问题。

（4）持续记录和报告合规信息，实现定期反馈和改进

各州应当将开展的任何合规评估活动和结果进行记录，撰写合规监测报告（compliance monitoring report，CMR），并根据要求向 EPA 区域办公室进行汇报。

合规监测报告应当至少包括以下基本元素：基本信息、设施信息、适用要求、排放单元和工艺清单及描述、历史执法活动信息、合规监测活动以及在合规评估期间转达给设施的评估结果和建议。各州应当根据各自的政策、程序和要求对合规监测报告进行保存。若州没有出

① 不包括非常大型、复杂的重大源（mega-sites）。对重大源，FCE 应当至少每 3 年实施一次。

台相应规定，则应当与 EPA 记录政策的保存时间表保持一致，详见表 12-1。

表 12-1 EPA 记录政策的保存时间表

情形	保存时间
CMR 记录的评估没有导致执法活动	5 年
CMR 记录的评估导致民事行政执法活动	在执法文件归档之后 10 年
CMR 记录的评估导致民事司法或刑事执法活动	在执法文件归档之后 20 年

通过合规监测记录和报告机制，EPA 可以对各州的合规监测工作进行年度评价，评估目标执行情况，识别不足之处，及时与州环保部门官员进行沟通和反馈，为下一年计划的制订进行有针对性的调整和改进。

（5）重视人员培训和资质认证，适当授权第三方参与合规评估

EPA 非常重视检查员（inspector）①的专业水平，通过“检查员培训项目”培养检查员所需的必要技能，提高履行职责的能力，提升专业知识素养②。培训的内容包括现场检查的基本程序、相关法律法规要求、工业生产和技术指导、卫生和安全措施以及信息审查和收集方法等。在核实检查员达到了法规要求的最低培训要求之后，EPA 方可颁发检查员资格证。

此外，在某些情况下，各州可以使用经过适当培训和授权第三方

① “检查员”主要指进行现场检查的负责人员。

② U.S.EPA. Inspector Training Compendium，Course and Program Comparison. 1998. https：// nepis.epa.gov/EPA/ html/DLwait.htm？ url=/Exe/ZyPDF.cgi/50000ITA.PDF？ Dockey = 50000ITA.PDF.

（third party）[1]开展联邦设施的合规监测活动[2]。值得注意的是，EPA不会直接向第三方颁发与检查员相同的资格证，多数情况下EPA仅会向第三方提供一封授权信，表明合同检查员身份的同时限定其权力。

2．运用多种执法手段，科学设定罚款金额，威慑违法行为

通过合规监测行动，EPA 可以获取大量的企业守法状况的信息。如果检查发现违法违规现象，EPA 通常会给违法者发一个违法通知（notice of violation）。在违法性质不是太恶劣、没有造成永久性危害的情况下，违法者会收到一个警告信作为处理结果。违法通知和警告信是违法行为处理的第一步，即告知违法者应立即纠正 EPA 提出的问题，并尽快恢复到守法状态。

（1）民事和刑事相结合的执法手段

EPA 通过民事和刑事执法相结合，按威慑强度形成了梯形分布的环境违法处罚机制。民事执法是对违法行为尚不构成刑事诉讼的案件的执法行动，可划分为民事行政行为（civil administrative actions）和向司法部提交司法诉讼的民事司法行为（civil judicial actions）。

民事行政行为是由 EPA 或州环保机构执行的、不进入司法程序的执法行动，其主要形式包括向违法者提交违法通告，要求个人、企业或者其他违法机构恢复到守法状态和清理场地的行政命令等。民事司法行为是指将案件纳入正式的法律诉讼程序，由司法部代表 EPA或由州首席检察官代表州环保局向法院正式提起民事诉讼。此类执法主要针对的是严重违法行为或者不服从行政命令的行为。如果违法性质恶劣（故意违法）、后果严重，EPA 会向法院提起刑事诉讼，法院

① U.S.EPA. Clarification on the Use of Contract Inspectors for EPA's Federal Facility Compliance Inspections/Evaluations. 2006-09-19. https：//www.epa.gov/sites/production/files/2015-01/documents/contractor-memo-9- 19-2006.pdf.

② 各州在获得 EPA 联邦设施执法办公室（FFEO）的授权之后才能使用合同检查员（contract inspectors）对联邦设施进行合规检查和评估。

将对这些违法行为实施罚款或监禁处罚。在美国可以提起诉讼的刑事犯罪类型主要包括蓄意违法行为、伪造虚假文件、没有许可证、擅自改动监测设备和重复性的违法行为。

因此，通过这些处罚手段的综合使用，对违法排污的企业和个人形成了强有力的威慑。

（2）科学设定罚款金额

经济处罚即罚款是排污许可证后执法中常用的处罚形式，能够威慑违法者。EPA 执法处置并不以处罚为目的，而是以环境效益和处罚效果最大化为目标。因此，科学设定罚款金额成为有效执法的重要内容。EPA 处罚措施的关键是计算出违法经济收益作为处罚的基础数额，然后再根据一系列影响因子包括超标排放程度、污染物的毒性、违法历史等进行调整。为达到有效威慑目的，对屡犯、故意违法行为提高处罚力度；鼓励自查、自报和与执法部门合作的行为；将违法处罚的环境效果与违法者的利益、社会效果共同考虑，提高执法的可行性与有效性。

为了简化操作程序，便于工作人员的实际应用，EPA 开发了一套模型和软件。主要有 6 个模型：1 个计算违法收益的模型——BEN；3 个计算支付能力的模型——ABEL（企业）、INDIPAY（个人）和 MUNIPAY（个人）；1 个计算追加环境项目（SEP）支出成本的模型——PROJECT；还有 1 个针对超级基金（SUPERFUND）项目的计算地点清理成本的模型——CASHOU。

3．其他保障措施

（1）利用信息化技术优化监管

当今复杂的污染挑战推动了监管部门采取更为现代化的方式确保合规的需求。随着信息化技术的不断发展，EPA 开发了“下一代守法”、在线执法和守法历史数据库等手段，利用信息化技术提高监管效率，促进环境信息公开。

1）“下一代守法”（next generation compliance，Next Gen）机制[①]旨在利用先进的检测技术与通信技术，推动守法报告和执法信息的电子化，提高守法透明度，利用大数据技术识别违规行为并对违规情况进行预警预测，实现执法精准化和高效化（图 12-2）。

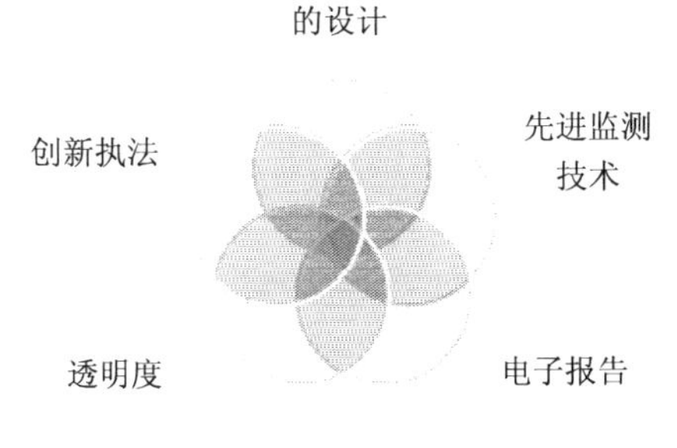

图 12-2　“下一代守法”机制的组成部分

Next Gen 由五个相互关联的部分组成，每个部分都旨在提高守法计划的有效性：

第一，设计清晰、简明、易于实施的法规和许可证。首先，为排污单位提供许可证本身之外的许可适用要求的简化“路线图”，指导排污单位采取守法行动，降低由于混淆和误解而导致的违规风险。此外，EPA 可通过提供在线信息、文件或材料，指导地方环保部门开展许可证编写工作，帮助地方机构制定更为清晰、明确和全面的许可证[②]。

第二，使用和推广先进的排放/污染物监测技术。例如，对污染

① U.S.EPA. Next Generation Compliance. https：//www.epa.gov/compliance/next-generation-compliance.

② U.S. EPA. Compendium of Next Generation Compliance Examples In Clean Air Act Programs. https：//www.epa. gov/sites/production/files/2016-09/documents/ caanextgencompl compendium.pdf.

物排放实现实时监控、确保实验室分析无滞后、使用更加便携的设备、提供质量更高的监测数据等，使排污单位、政府和公众更容易发现污染物排放的不合规情况。

第三，转换为电子报告，让守法报告变得更为准确、完整，同时帮助 EPA 和地方环保部门更好地管理信息、分析信息。

第四，扩大透明度。例如，实现数据实时反馈，让排污单位在网站上发布的环境信息更易于访问，信息获取渠道要通过新闻发布等方式予以公布，保障公众更便捷地获取环境信息。

第五，开发和使用创新的执法手段。例如，将“下一代守法”机制中的合规经验与大数据分析相结合，更好地识别严重违规者。此外，还可以确保电子报告的完整性，有效跟踪方案计划执行情况，支持改进合规性的新方法，进而扩大守法范围。

2）在线监管执法系统（enforcement and compliance history online，ECHO）[①]是由 EPA 执法和守法保障办公室（OECA）开发和维护的一个网络工具，通过整合 EPA 主要污染源信息系统的数据，提供有关受监管设施的守法信息供公众获取、下载和使用。该数据库涵盖了 80 多万个设施[②]的多种环境要素（水、大气和危险废物等）的管理成效，主要包括设施的环境许可、现场检查、违规记录、执法行动和处罚等信息，以及近三年的合规状况以及 5 年来的现场检查和执法历史记录[③]。

（2）激励排污单位自觉守法

为了鼓励排污单位自愿发现、及时报告和纠正违反环境法律法规

① https：//echo.epa.gov.

② 其中包括 15 000 个《清洁空气法》重点源和 25 400 个设定次源，详见：https：//echo.epa.gov/resources/guidance- policy/guide-to-regulated-facilities.

③ U.S.EPA. ECHO-Enforcement and Compliance History Online. 2017. https：//echo.epa.gov/system/files/Intro% 20to%20ECHO%20Presentation_021417.pdf.

的行为，EPA 制定了环境审计[1]政策——《自行监管的激励：发现、披露、纠正和预防违规行为》[2]，通过提供激励措施，促进排污单位自觉守法，使环保部门的正式调查和执法行动变得不必要[3]，从而释放行政成本，提高监管效率。

审计政策的激励措施仅适用于自愿发现、及时披露、迅速纠正违规行为，并防止未来再次发生违规行为的排污单位。具体而言，排污单位必须满足 9 个条件才有资格获得“奖励”：①“系统发现”，即通过合规管理体系或环境审计系统性发现违规行为；②“自愿发现”，即不是法律强制要求的监测、抽样或审计程序识别出的违规行为；③“及时披露”，即在发现[4]违规行为的 21 天内（或根据法律要求的更短时间内），及时向 EPA 披露信息并提交书面文件；④“独立发现和披露”，即在根据 EPA 或其他环保部门的调查或第三方提供的信息识别出违规行为之前，独立发现和披露违规行为；⑤“纠正和整治”，即从发现之日起，在 60 天内进行纠正和整治；⑥“预防再犯”，即防止违规行为再次发生；⑦“主动合作”，即排污单位必须与环保部门进行合作；⑧不得出现任何重复违规行为，例如同一设施不得在过去 3 年内发生相同（或密切相关的）违规行为，或同一排污单位拥有或经营的多个设施不得在 5 年内出现类似违规行为；⑨不得出现任何其他严重违规行为，包括引发严重实际损害、产生紧迫和实质危害以及违反行政命令、司法命令或已同意协议的具体条款的行为。

---

① “环境审计”是指由排污单位对满足环境要求的相关设施运行和实践情况进行的审查，是一项系统性、记录性、定期和客观的审查。

② U.S.EPA. Incentives for Self- Policing：Discovery，Disclosure，Correction and Prevention of Violations（65 FR 19618）. 2000-04-11. https：//www.gpo.gov/fdsys/pkg/FR-2000-04-11/pdf/00-8954.pdf.

③ U.S.EPA. EPA’s Audit Policy，https：//www.epa.gov/compliance/epas-audit-policy.

④ “发现”是指设施的任何官员、主管、雇员或代理人都有客观合理的依据，认为已经出现或可能出现违法行为。

激励措施主要分为三类，包括降低民事罚款数额、不建议提起刑事诉讼和取消常规审计报告要求。排污单位满足上述 9 个不同条件时，可以有资格获得不同的奖励。EPA 通过该审计政策建立了一套利益诱导机制，从而提高排污单位守法自觉性和积极性（专栏 12-1）。

专栏 12-1 EPA 审计政策的激励措施

（1）显著降低民事罚款数额

美国环境法律下的民事处罚通常包括两个部分：根据违规的严重程度评估的处罚数额以及根据违规行为带来经济利益评估的处罚数额。若排污单位符合审计政策的 9 个条件，则可以完全免除根据严重程度评估的处罚数额，但是 EPA 仍然保留没收违规行为带来的全部经济收益的自由裁量权[①]。在满足 8 个条件时（除第 1 个条件“系统发现”以外），排污单位可以被减免根据严重程度评估的处罚数额的 3/4。

（2）不建议提起刑事诉讼

EPA 不会将其刑事执法资源集中在自愿发现、及时披露和迅速纠正违规行为的排污单位上，除非发现潜在的、值得进行刑事调查的犯罪行为[②]。当符合审计政策的信息披露行为引发刑事调查时，EPA 通常不会建议对披露信息的排污单位提起刑事诉讼，但是可能会建议对有罪的个人或其他单位提起诉讼。此项激励措施适用于满足第 2～第 9 个条件的排污单位，第 1 个条件“系统发现”并非完全必要，但是排污单位必须“善意行事”[③]，且采取系统的方法防止类似违规行为再次发生。

---

① EPA 决定保留没收经济收益的裁量权主要基于以下两个原因：首先，排污单位会一直面临 EPA 没收经济收益的风险，反过来激励他们遵守法规要求；其次，没收经济利益可以保护那些守法的单位不被其不守法竞争对手所削弱，从而维护一个公平的竞争环境。

② U.S.EPA. Investigative Discretion Memo. 1994-01-12. http：//www.epa.gov/oeca/ore/aed/comp/acomp/a11.Html.

③ 英文原文为“acting in good faith”。

值得注意的是，出现排污单位工作人员有意识地参与违规行为或故意忽视、隐瞒、纵容违规行为等情况时，此项激励措施将不适用。此外，虽然EPA可以作出不建议对排污单位提起刑事诉讼的决定，但是否起诉的自由裁量权归美国司法部（U.S. Department of Justice）。

（3）取消常规审计报告要求

即 EPA 不会使用环境审计报告来启动对排污单位的民事或刑事调查。例如，EPA在常规检查中不会要求提供审计报告。但是，如果EPA有合理的理由认为发生了违规行为，那么就可以要求提供任何有助于识别违规行为或确定损害责任和损害程度的信息。

（三）细化持证义务，落实排污单位主体责任

为了确保固定源遵守许可条款和条件，《清洁空气法》规定许可证文本中除载明污染物排放标准和限值等“达标排放”要求外，还应纳入检查、监测、守法证明和报告等必要的“合规排放”要求[①]。美国联邦法规（CFR）第40卷第70～71章规定了联邦和州空气质量许可制度[②]，通过制定一系列严密的最低要求清单，细化了固定源的持证义务，明确了固定源本身应当承担的全部环境管理责任，一方面使其日常环境管理工作更具可操作性，另一方面也为监管机构的合规监测和执法工作提供便利。

1. 监测、记录保存和报告要求

（1）监测要求

固定源运营许可证应当至少包括以下最低监测要求[③]：①全部监测和分析程序或测试方法，包括守法保证监测；②能够获取可靠数据

① 《清洁空气法》第504（c）款。

② CFR 第40卷第70章《州运营许可证管理条例》（State Operating Permit Programs）和第71章《联邦运营许可证管理条例》（Federal Operating Permit Programs）。

③ CFR 第40卷第70章70.6（a）（3）（i）款和第71章71.6（a）（3）（i）款。

且符合适用测试方法、统计规范等的定期监测；③有关监测设备或方法的使用、维护和安装的要求（如有必要）。

守法保证监测（compliance assurance monitoring，CAM）主要针对依靠污染控制装置实现合规的大型排污单元[①]。CAM通过确定污染控制措施是否在实施之后得到适当运行和维护，判断排污单元是否能够达到符合所有法律法规要求的控制水平，防止由于污染控制装置故障或失效产生严重污染事故。联邦法规对守法保证监测的设计基准、提交和批准、质量改进计划、报告和记录保存要求等内容做了详细规定[②]。

值得注意的是，《清洁空气法》认识到连续排放监测（continuous emission monitoring，CEM）并非完全必要，如果有替代方法可以提供足够可靠和及时的信息来进行合规判定，则不需要开展连续排放监测[③]。此外，监管机构在对小型企业进行连续排放监测之前应考虑其必要性和适宜性[④]。然而，对于酸雨计划或其他 SO_2 或 NO_x 减排计划下的排污单元，则必须进行连续排放监测[⑤]，通过在排放口使用烟气连续排放监测系统（CEMS）对 SO_2、NO_x 和 CO_2 排放量、体积流量、不透明度等数据进行连续监测。联邦法规对 CEMS 的安装、校验、操作、维护以及缺失数据补充等要求进行了详细规定[⑥]。

（2）记录保存要求

固定源运营许可证要求记录的内容不仅仅是监测结果，监测过程

---

① U.S.EPA. Compliance Assurance Monitoring. https：//www.epa.gov/air-emissions-monitoring-knowledge-base/ compliance-assurance-monitoring.

② CFR 第 40 卷第 64 章“守法保证监测”（Compliance Assurance Monitoring）。

③ 《清洁空气法》第 504（b）款。

④ 《清洁空气法》第 507（g）款。

⑤ 根据 CFR 第 40 卷第 75 章第 75.2（b）款的规定，“本章规定适用于遵守酸雨排放限值或二氧化硫或氮氧化物减排要求的受控单元”。

⑥ CFR 第 40 卷第 75 章“连续排放监测”（Continuous Emission Monitoring）。

信息同样重要。具体而言，记录保存的监测信息必须包括[①]：①采样或测试的日期、时间和地点；②分析的日期；③分析的公司或机构；④使用的分析技术或方法；⑤分析的结果；⑥采样或测试时的操作条件。此外，固定源主要设备的开停机、校准、维修、维护的时间、次数和原因，监测设备（尤其是连续监测设备）的运行状况以及所有设备的运行状况，尤其是未按许可证要求运行的异常情况等信息都必须记录在案[②]。所有监测数据及相关支持信息必须至少保留 5 年，以备定期报告或审查所用[③]。支持信息包括所有连续监测设备的校准和维修记录、原始带状图以及许可证要求的所有报告的副本。

（3）报告要求

固定源运营许可证要求固定源必须对日常运行状况和污染物排放情况进行定期报告，向监管机构提供守法证据。

报告通常分为常规报告和特殊情况报告。常规报告至少每 6 个月提交一次，特殊情况报告则必须及时提交。常规报告需要涵盖所有要求的监测内容以及所有偏离许可证要求的情况；特殊情况报告则必须详细说明事故发生原因、事故过程以及所采取的改正措施等内容。

特殊情况报告的“及时性”由监管机构根据事故类型、事故可能发生的概率及许可证相关要求进行评定。联邦法规[④]提供了“特殊情况报告提交时间表”作为参考，各州可在此基础上提出更为严格的报告要求，如表 12-2 所示。

---

① CFR 第 40 卷第 70 章 70.6（a）（3）（ii）（A）款和第 71 章 71.6（a）（3）（ii）（A）款。

② CFR 第 40 卷第 60 章 60.7（b）款规定，“固定源所有者或经营者应记录运行期间设施的状态信息，包括任何启动、关机或故障情况及持续时间，空气污染防治设备的任何故障情况，连续监测系统或监控设备异常工作的情况及持续时间”。

③ CFR 第 40 卷第 70 章 70.6（a）（3）（ii）（B）款和第 71 章 71.6（a）（3）（ii）（B）款。

④ CFR 第 40 卷第 71 章 71.6（a）（3）（iii）（B）款。

表 12-2 特殊情况报告提交时间表

事故描述	报告提交时限
危险大气污染物（HAP）或有毒（toxic）空气污染物排放超标 1 小时以上	在事故发生后 24 小时之内提交
任何受控空气污染物的排放超标 2 小时以上	在事故发生后 48 小时之内提交
所有其他偏离许可证要求的情况	事故报告必须包括在每 6 个月提交一次的常规报告中

此外，固定源还需遵守严格的个人责任制，所有提交的报告都必须由固定源指定的负责官员（通常为高层管理人员）[①]进行签字认证，确保内容真实、准确且完整。当监管机构发现固定源实际运行情况与所提交的报告内容存在不符时，该负责官员也会面临连带处罚的风险。

2．其他合规要求

除监测、记录保存和报告要求以外，固定源运营许可证还应纳入检查和允许进入、合规计划表、进展报告和合规证明等合规要求[②]。

在出示法律要求的证件或其他文件时，固定源应当允许监管机构或授权代表进入与排放活动有关的场所，并开展相应检查活动，例如获取或复制许可证条件下必须保存的任何记录、检查许可证规定或要求的任何设施、设备（包括监测设备和空气污染控制设备）、取样或监测等，以确保符合许可证的要求[③]。

---

① 根据 CFR 第 40 卷第 70 章 70.2 款，“负责官员”（responsible official）有如下定义：①对于公司，负责人为公司总裁、书记、财务总管或负责主要业务的副总裁；②对于合资企业或独资企业，负责人为合伙人或业主、所有者、经营者；③对于市政府、州、联邦或其他公共机构：负责人为首席执行官或根据排名选出的官员；④对于受控污染源，负责人为指定代表。

② CFR 第 40 卷第 70 章 70.6（c）款和第 71 章 71.6（c）款。

③ CFR 第 40 卷第 70 章 70.6（c）（2）款和第 71 章 71.6（c）（2）款。

此外，固定源需要至少每年向监管机构和 EPA 提交一次合规证明，说明本次合规证明期间每个许可证条款和条件的合规状态，以及为了实现合规所使用的任何方法或措施[①]。

（四）全过程参与，保障公众监督

公众可登录 EPA 网站获取运营许可证相关的所有信息，包括许可证申请书、改进方案、许可证监测和合规报告（需要保护的商业秘密除外）。排污信息公开有助于公众督促企业排污状况，阻止违法行为。为进一步保障公众监管，美国制定了公民诉讼制度，规定任何人均可对违反环保法律的行为提起诉讼，而不要求与诉讼标的有直接利害关系。公民诉讼的被告有两类：一是违反环保法律的排污企业；二是享有管理权而不作为的执法管理机构。

例如，在排污许可证申请阶段，按照《清洁空气法》的相关规定，持证单位负责人提交的许可证申请和州、地方政府或者 EPA 编制的许可证草案都要向公众公开。对于许可证而言，都有公众评议期，在此期间，任何人都可以对许可证申请书和许可证草案提出书面意见。EPA 认为公众参与是审批程序非常重要的一个组成部分，公众和其他感兴趣的团体、非政府组织等可以提供一些有价值的信息和建议来提高机构决议和许可证申请的质量。

二、对我国排污许可制度实施的启示

基于美国排污许可证后实施的经验，对我国启示如下：

① CFR 第 40 卷第 70 章 70.6（c）（5）款和第 71 章 71.6（c）（5）款。

（一）严把发证质量关，重“质”非“量”，杜绝滥竽充数

在许可证申请核查阶段抓好细节，把好许可证的质量关，是实现证后监管和企业守法的先决条件。美国核发许可证是采用纸质文件审核和实地检查相结合的方式，从而保证了许可证内容的真实性、准确性、完整性和可靠性。在美国，排污并非企业的权利，如果企业需要排污，就必须申请许可证，但是并非意味着所有的企业都可以获得许可证。因此，建议地方生态环境部门应该对申请排污许可证的企业的材料的真实性进行审查，对重点源排污许可申请材料进行实质审核，非重点源采用抽查的方式，并考虑逐步引入第三方审核。同时，建议生态环境部门一方面可采用提早动员企业、深入企业交流、针对难点培训、树立行业标杆等方式，建立多方协作机制，把握发证质量；另一方面，发挥行业协会的作用，利用行业协会的平台和资源，组织技术力量对企业进行相关培训。

（二）明晰各方责任和义务，保障政府和排污单位在各司其职时能够有据可依

“无规矩不成方圆”，此话同样适用于排污许可的证后管理工作。生态环境部门和排污单位同样需要一个“规矩”，这个“规矩”就是能够指导相应工作的法律、指南或计划。美国在《清洁空气法》和《清洁水法》及配套法规中明确规定了政府的职责、企业的义务和公众的权利，提高了各方的效率。美国还制定了非常完善的证后监管体系和操作指南，生态环境部门和排污单位只要按照指南的要求去做即可。

目前，地方生态环境部门存在“尽职免责”的疑虑，究其原因主要是生态环境部门的责任并未明确规定，造成了工作上的顾虑，担心

有违法的风险。结合美国经验，建议一是在“排污许可管理条例”中详细规定排污单位必须承担的义务，进一步强化排污者责任；二是由生态环境部统一发布《排污许可监督检查指南》《固定源现场核查手册》，明确生态环境部门执法监管重点和现场核查频次等内容，对地方排污许可执法计划的制订提供指导；三是每年由省级生态环境主管部门根据本省排污单位情况提交给生态环境部排污许可执法计划，市级生态环境主管部门根据该执法计划开展具体的执法监测、现场核查、台账记录以及执行报告审查工作，生态环境部负责全面审核和监督各项计划的实施。

（三）科学裁定和量化罚则，提高执法有效性

罚款在排污许可执法中发挥着至关重要的作用，能够威慑违法者，确保受管制者受到公平、一致的对待，而不会使违法者因违法行为取得竞争上的优势。因此，如何科学地设定罚款金额是亟须解决的关键问题。EPA 的科学处罚措施综合运用了威慑理论、行为理论和经济理论，根据违法者的违法动机设定威慑性罚款额，保证了违法者受到应有的惩罚。同时，EPA 还开发了相关的模型来计算罚款，但是这些模型的应用并不会加大执法人员的负担，反而可操作性极强。反观我国，相关处罚的可操作性不强，缺乏对具体违法行为的处罚实践，排污企业的违法成本仍然较低，降低了执法的有效性。建议制定《排污许可处罚细则》，说明排污许可各项违规情形及对应罚则，同时列明具体的罚款计算公式和相关模型，计算公式要考虑量罚适当和可操作性。

（四）鼓励排污单位自行监管，降低执法压力

在强化排污单位主体责任时，也要加强相关“柔性激励”政策的

制定，提高排污单位的积极性。通过“刚性约束”和“柔性激烈”政策的实施，建立对排污单位日常环境行为约束与激励并重的调节机制。建议我国在落实排污单位的主体责任中，除法律规定外，还应制定相应的激励措施，鼓励排污单位在环境保护主管部门开展执法行动之前，自行对违法行为进行上报和披露，并及时纠正不合规情况，防止类似情况再次发生。对满足要求、自行监管记录良好的排污单位提供处罚减免措施，包括减少罚款数额、不提起诉讼、降低报告频次等。

（五）不断优化大数据平台，助力环保执法

排污许可执法也需要借助环保大数据和互联网平台的力量，利用大数据技术识别违法行为并对违法情况进行预警预测，实现执法精准化和高效化。目前，我国很多城市已经开发了移动端“扫一扫”功能，依靠任何一部手机，现场执法人员都能扫描许可证的唯一二维码，导出排污单位甚至每一个排污口的相关信息，但是这些信息还是过于笼统，不足以完全支撑现场执法。建议以排污许可证执行报告、监测数据报告和台账记录的信息为数据来源建立数据库。设计排污许可证信息库、数据库，连通现有的在线监测等多个平台的数据，系统可以自由输出与排污许可证信息有关的各类报表、数据、图形，辅助支持各业务部门的工作。在证后现场执法方面，将现行的排放标准等数据录入系统中，在系统中进行实时比对，执法人员当场即可做出合规与否的判定。

第十三章　美国大气排污许可证后监管经验及对我国的启示[①]

目前，我国重点行业排污许可证申请与核发工作正在稳步推进。如何对排污单位进行有效监管是下一步亟须解决的关键问题。美国在排污许可证后监管中积累了丰富经验，具有借鉴意义。

一、美国排污许可合规监测简介

在各项环境法律法规授权下，美国环保局（EPA）制定了完善的环境合规和执法方案，设定了标准化的合规监测程序，建立了有效的监督核查机制。EPA 和地方环保部门主要通过开展合规监测活动对污染源进行监管。

合规监测（compliance monitoring）是 EPA 用于确保污染源遵守环境法律法规的关键“利器”，它包括了所有监管机构的活动以及合规判定的手段，是环境合规和执法方案中的重要组成部分[②]。合规监测有五大主要目标：评估并记录许可证和其他法规的合规情况，收集

---

① 本报告写于 2018 年，由环境保护部环境与经济政策研究中心黄新皓、李媛媛执笔。

② U.S.EPA. How We Monitor Compliance. https: //www.epa.gov/compliance/how-we-monitor-compliance.

证据和案例以支持执法程序，监督执行令和法令的合规情况，对不合规情况产生威慑，向许可证编写者和法规制定者反馈实际执行中的问题和挑战[①]。也就是说，美国排污许可证后监管属于“合规监测”框架下的重要内容（专栏 13-1）。

专栏 13-1 合规监测的适用范围及配套政策

EPA 及其监管合作伙伴（州和地方环保部门以及其他相关监管机构）总共为 7 项法令授权的 44 个项目进行合规监测。一般来说，每个项目都仅涉及一项环境法令，但是部分项目可能包含多项环境法令的内容。这 44 个项目分别由 EPA 的执法和合规保障办公室（OECA）、EPA 区域办公室、州或部落监管机构负责管理。

为了便于对各项合规监测活动进行统一和规范化管理，EPA 制定了多项配套指南和手册。美国三大环境法令配套的主要合规监测政策总结如下：

- 《清洁空气法》（CAA）——清洁空气法固定源合规监测策略、空气合规检查手册、清洁空气法国家烟囱测试指南；
- 《清洁水法》（CWA）——清洁水法国家污染排放消减制度合规监测策略、国家污染排放消减制度合规检查手册；
- 《资源保护和恢复法》（RCRA）——资源保护和恢复法合规监测策略、资源保护和恢复法检查手册。

① U.S.EPA. Compliance Monitoring Programs. https：//www.epa.gov/compliance/compliance-monitoring-programs.

二、美国固定源排污许可合规监测框架

固定源排污许可合规监测是《清洁空气法》合规监测和执法方案[①]的重要组成部分，通过合规监测活动监督固定源的排放情况，确保符合许可证的各项要求，保护人类健康和环境。合规监测是一项系统性的规划，从整体策略到具体执行活动，分类、分频次对固定源的合规情况进行核查和评估。具体而言，固定源合规监测框架主要包括五部分内容：一是制订和实施合规监测指南和计划，即合规监测策略和计划；二是现场（on-site）合规监测，包括现场检查和烟囱测试等；三是非现场（off-site）合规监测，包括数据收集、审查、报告以及项目协调、监督和支持；四是合规评估，包括全合规评估（FCE）、部分合规评估（PCE）和调查（investigations）；五是能力建设，包括检查员培训、资质认证和支持。美国固定源合规监测的整体框架如图13-1所示。

（一）制定系统的合规监测指南和计划

1．合规监测指南

《清洁空气法》固定源合规监测策略（CMS）是EPA制定的用于指导并授权各州[②]管理和实施《清洁空气法》合规监测项目的指南。严格来说，CMS 不是一项法规，不具有法律约束力，仅作为各州开

① 《清洁空气法》合规和执法方案适用于如下《清洁空气法》中的项目：新源绩效标准（NSPS）、危险空气污染物国家排放标准（NESHAP）、最佳可行控制技术（MACT）、面源（40 CFR Part 63）、新源审查许可证/预防重大恶化（NSR/PSD）、州实施计划（SIPs）、Title Ⅴ许可证、平流层臭氧保护、预防意外泄漏［42 USCA Section 7412（r）］、强制性温室气体报告条例（40 CFR Part 98）、酸沉降控制（42 USCA Section 7651）。

② 本文中“各州”一词同时包括部落、领地的政府监管机构。

展《清洁空气法》框架下合规监测工作的指导性文件[①]。

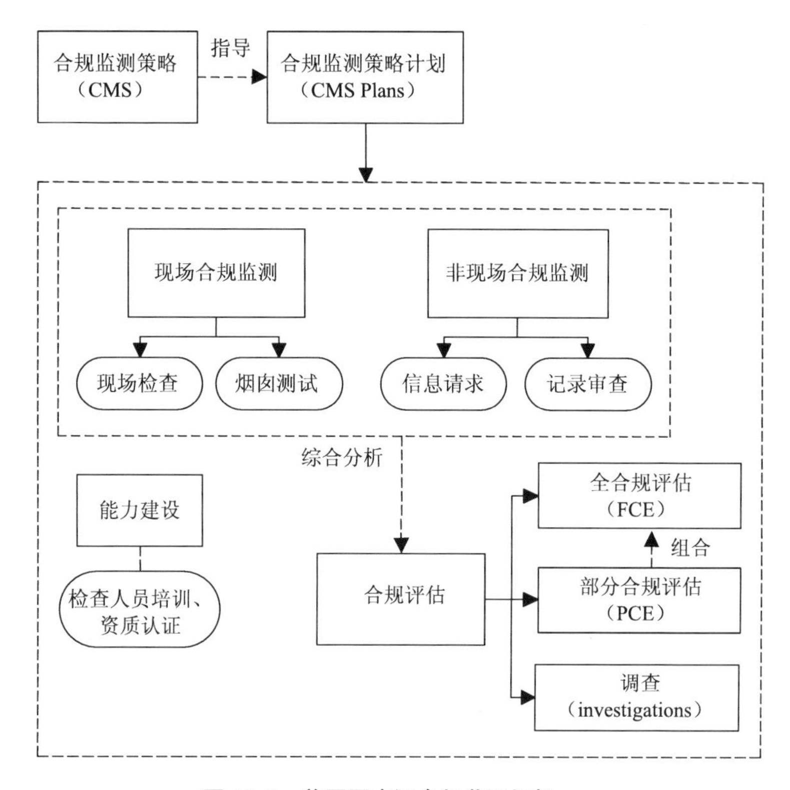

图 13-1 美国固定源合规监测框架

CMS 是一份动态且不断更新的文件，最新版于 2016 年 10 月发布[②]。EPA 会不断吸纳来自各州和地方监管机构的合规监测实践经验，并反映出其他监督机制，例如 EPA 的州审查框架（state review

① 值得注意的是，CMS 并不完全适用于所有《清洁空气法》合规和执法方案中的项目。具体来说，CMS 不适用于下列《清洁空气法》中的项目：新住宅木质加热器绩效标准（40 CFR Part 60 - Wood Heater NSPS）；石棉国家排放标准（40 CFR Part 63 - Asbestos NESHAP）；面源（40 CFR Part 63）；预防意外泄漏［42 USCA Section 7412（r）］；强制性温室气体报告条例（40 CFR Part 98）；酸沉降控制（42 USCA Section 7651）。

② U.S.EPA. Clean Air Act Stationary Source Compliance Monitoring Strategy. 2016. https：//www.epa.gov/sites/production/files/2013-09/documents/cmspolicy.pdf.

framework，SRF）[①]和监察长办公室（office of inspector general，OIG）的项目建议[②]。

从适用范围来说，CMS 重点关注取得运营许可证的重点源（Title Ⅴ major sources）[③]和部分设定次源（synthetic minor sources）[④]。监管“门槛”的设定一方面确保排放接近重点源阈值的污染源都能得到定期评估；另一方面使监管机构的有限资源能够集中在重点管理的污染源上，确保环境监管效益最大化。

从涉及内容来说，CMS 详细说明了合规监测的目标、类型、基本程序、报告、评估/监督等内容，建立了一套识别和利用各种合规判定和评估工具的机制，提供了一系列用于评估合规性的工具，包括现场检查、合规评估、烟囱测试等，这些工具的使用都具有一定的成本有效性。CMS 同时指出，在条件有限的情况下没有必要通过现场检查评估设施的合规状况，可以通过运营许可证的偏差报告和半年度监测报告等信息进行评估。但是，为确保固定源的实地合规性，CMS

---

① 州审查框架（SRF）由EPA和美国环境委员会（Environmental Council of the States，ECOS）于2004年合作设计，是EPA用于评估各州《清洁空气法》（CAA）、《清洁水法》（CWA）和《资源保护和恢复法》（RCRA）执行情况的工具。SRF 报告提出改进建议，使得 EPA 能够确保各州在实施执法和合规计划时保持公平性和一致性。目前，EPA 完成了两轮 SRF 审查，第一轮为2004—2007财年，第二轮为2008—2012财年，第三轮于2013财年开始，将于2017财年结束。

② 2016年5月EPA监察长办公室发布的一份报告表明，2014年版本的CMS中未对合规监测报告（CMR）的保留时限提出具体指导。为了解决这一问题，监察长办公室建议EPA对CMS进行更新，说明州和地方环保局评估记录和报告的保留时限。EPA 立刻对该建议进行了反馈，同意采取纠正措施，并于2016年10月之前即完成了相应修改，发布了最新版正式文件。

③ 根据《清洁空气法》（CAA）第501条（2）款的定义，“重点源”（Title Ⅴ major sources）是指任何空气污染物排放超过100 t/a的污染源。对于危险空气污染物（HAP），所定义的重点源阈值有所不同：重点源为排放单一危险空气污染物超过10 t/a或排放多种危险空气污染物超过25 t/a的污染源。

④ “设定次源”是指污染物实际排放或潜在排放超过重点源阈值80%的污染源（SM-80s）。

建议设定现场检查的最低频次[①]。

总体来说，CMS 为固定源合规监测提供了全国一致性，同时也为各州保留了灵活处理当地空气污染和合规问题的权利，加强了 EPA 对合规监测项目的监督。

2．合规监测计划

为了便于合规监测项目的开展，EPA 区域办公室以及各州在 CMS 的指导下制订并提交合规监测策略计划（CMS plans）[②]。一般来说，CMS 计划的提交频次为每年一次，最少不得低于每两年一次（其他替代频次需要获得 EPA 的批准）[③]。

各州的 CMS 计划应当包括如下内容：所有 Title Ⅴ重点源的特定设施清单［包括国家空气合规和执法数据系统（ICIS-Air）编码］，识别需要进行全合规评估（FCE）的设施，同时确定进行现场考察的检查员名单；所有设定次源的特定设施清单（包括 ICIS-Air 编码），识别需要进行全合规评估（FCE）的设施；说明如何解决合规监测项目中发现的缺陷和不足[④]。

制订和提交 CMS 计划的整体流程如图 13-2 所示。

---

① CMS 规定，对于 Title Ⅴ重点源，现场检查应当至少每 5 年实施一次。从特拉华州资源与环境部官员处了解到，特拉华州对 Title Ⅴ重点源每年开展一次常规现场检查（若遇公众举报等特殊情况则酌情增加现场检查的次数）。

② EPA 区域办公室应与所辖各州分享优先事项和重点领域，以优化资源，避免重复工作，提供合作机会。

③ CMS 规定合规监测计划提交的最低频次为每两年一次，最低频次的更改（替代频次）需要由 EPA 区域办公室执法与合规保障办公室/合规办公室（OECA/OC）进行审核与批准。

④ 这些缺陷和不足可能来自内部评估结果，也可能来自外部机构和组织进行的评估，如 EPA。

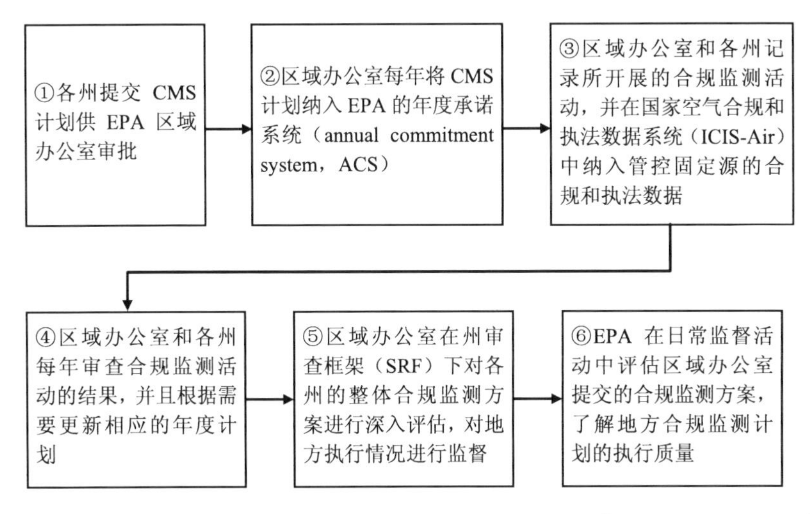

图 13-2　CMS 计划的制订和提交流程①

（二）采用现场和非现场相结合的核查方式

合规监测活动包括所有用于合规判定的手段和工具，这些活动可分为现场和非现场合规监测两大类。这两类合规监测工具的选择根据具体污染源情况而定，综合考虑固定源潜在环境影响、合规和执法历史记录等信息。

1．现场合规监测

现场合规监测是指需要对设施进行实地考察才能评估合规状况的活动，包括现场检查、烟囱测试等。

① a.替代 CMS 计划由区域办公室转交至合规办公室（OC）审查之后，区域办公室再进行审批；b. 符合国家项目管理者（national program managers，NPM）指南和其他《清洁空气法》国家倡议（CAA National Initiatives）的各州和区域需要做单独的额外承诺；c. 所有数据要求在 60 天以内上报。

（1）现场检查

现场检查[①]即现场考察，是对设施或场所（如商业、学校、垃圾填埋场）进行访问，通过现场收集信息确定是否合规。现场检查能够收集合规数据，识别违规行为，为执法行动提供依据。

通常，现场检查由州和地方监管机构负责。对于重点源，EPA 建议州或地方监管机构应每年至少开展一次现场检查。大多数现场检查都是依照常规检查方案进行，但是，当有正当理由怀疑固定源可能发生违规行为时，EPA、州或地方监管机构均可开展临时性现场检查。

现场检查需由取得资质的检查员进行。EPA 通过颁发联邦检查员资格证，授权州和地方政府官员代表 EPA 进行检查[②]。检查员在进入设施厂区时，固定源有权要求检查员出示资格证，核实检查员身份的真实性和有效性。根据《清洁空气法》，检查员在出示有效证件之后，有权进入固定源生产经营场所进行检查[③]。

检查的强度和范围幅度很大，可以是不到半天的快速巡查，也可以是需要几周时间完成的大量样本收集审查[④]。现场检查期间可能进行的活动包括：采访设施或场所代表、审查记录和报告、拍照、采集

① 《空气合规检查手册》（Air Compliance Inspection Manual）是 EPA 为检查员制定的指导性文件，该手册提供了完整、准确的空气合规检查标准程序，以支持检查人员进行现场检查，促进固定源合规。手册第 3 章“通用检查程序”详细说明了检查的流程，包括检查前准备、进厂前观测、进入厂区、检查记录、文件更新和报告等内容。资料来源：U.S.EPA. Air Compliance Inspection Manual. 1985. https：//nepis.epa.gov/Exe/ZyPURL.cgi？Dockey=20011INJ.txt.

② U.S.EPA. Guidance for Issuing Federal EPA Inspector Credentials to Authorize Employees of State/Tribal Governments to Conduct Inspections on Behalf of EPA. 2004. https：//www.epa.gov/sites/production/files/2013-09/documents/statetribalcredentials.pdf.

③ 《清洁空气法》第 114 款表明，局长及其授权代表在出示证件之后，有权进入厂区获取和复制记录、检查监测设备以及进行污染物采样，以便进行标准制定、违规判定、收集其他信息来执行法律等工作。

④ 现场检查通常可分为四个等级，等级越高，检查程序越复杂。现场检查的等级应当反映出设施及其控制设备的复杂性，并考虑合规历史。

样本、观察设施或场所的运营情况。

为了提高现场检查的效率，监管机构通常会在现场检查开始之前进行预检查准备，要求检查员提前了解和熟悉设施工艺和排放特征。具体来说，检查员需提前对设施的背景资料进行审查，包括基本信息、污染控制设备和其他相关设备的数据、适用的法律法规、要求和限值以及设施合规和执法历史等资料，避免重复要求固定源提供之前已经提交过的数据和信息，从而最大限度地减少给固定源带来的不便（专栏 13-2）。

专栏 13-2　现场检查的替代方法

某些情况下，监管机构可以通过其他方式对固定源进行合规监测，而不需要进行现场检查。这些替代方法包括提交连续排放监测报告、分析燃料特征、提交参数监测数据和信息、开展环境审计以及信息请求。

连续排放监测：对于要求开展连续排放监测的污染源，需要每季度提交一次报告，通常称为“超标排放报告”（EER）。由于这些报告所包括的信息并不限于超标排放的情况，还反映了污染源的实际排放绩效，因此，在满足一定标准时，可以用连续排放监测的超标排放报告替代现场检查。

燃料特征：燃烧源的合规性可能基于所燃烧燃料的特性即可做出判断。在这些情况下，可以考虑通过审查燃料供应商记录、抽样分析所使用的燃料来替代现场检查。

参数监测：对于同意开展参数监测的工业设施，可以通过提交空气污染控制装置的绩效数据和信息，获得减少现场检查频次的好处。任何故障或控制装置失效的情形都应当在 12～24 h 向监管机构上报。

环境审计：环境审计是指企业使用内部管理系统来审查设施运营和实践情况，以评估和验证是否遵守相应环境法律法规和企业政策。环境审计也可用于评估现有环境管理系统的有效性，评价所使用的原材料和各项实践的环境风险。

信息请求：《清洁空气法》第 114 条授权 EPA 局长要求固定源提交任何所要求的相关信息。当现场检查不够成本有效或信息请求能够获取足够信息而不需要再开展现场检查时，可以使用此方法代替现场检查。此方法也可作为现场检查的补充。例如，在现场检查之前要求提供额外信息，从而使得现场检查更具针对性。

（2）烟囱测试

烟囱测试[①]是确定设施是否符合排放限值或达到控制效率的重要工具，可以测量污染物排放量，评估污染控制设备的去除效率。烟囱测试是指任何使用规范的测试方法[②]对新源绩效标准（NSPS）、危险空气污染物国家标准（NESHAP）和最佳可行控制技术（MACT）的合规情况进行核查的绩效测试。当没有其他方法确定是否符合排放限值时，地方监管机构应当开展烟囱测试。确定烟囱测试的必要性有如下考虑因素：排放单元的大小、上次烟囱测试的间隔时间、控制设备的状况以及相关监测数据的可获得性和结果。

2．非现场合规监测

非现场合规监测是指不用进行实地考察即可评估合规状况的活动，主要包括记录审查、信息请求等。非现场合规监测活动能够让监管机构随时跟踪固定源的合规情况，属于各级监管机构的合规/执法办公室的日常工作内容之一。

记录审查是在政府机构办公室进行的审查，目的是审查信息以确定受控源的合规状况。这些审查可以在联邦、州或地方监管机构的办公室进行，并可与现场检查相结合。常规记录审查内容包括运营许可

① 烟囱测试在其他 EPA 法规中也被称为绩效测试或污染源测试。资料来源：U.S. EPA. Clean Air Act National Stack Testing Guidance. 2009. https：//www.epa.gov/sites/production/files/2013-09/documents/stacktesting_1.pdf.

② 规范的测试方法参阅联邦法规（CFR）40 卷第 60 章、第 61 章和第 63 章。

证的排放监测报告、守法证明等文件。

信息请求是一项可执行的书面请求，要求受控源、潜在受控源或潜在责任方提供关于场所、设施或活动方面的信息。这些请求通常要求提供有关设施运营、记录、报告或其他文件，以验证或证实设施或场所的合规状况。当有下列情况时，监管机构可以进行信息请求：检查、现场调查或记录审查表明可能发生严重、分布广或持续长的民事或刑事违法行为；设施表现出持续的不合规模式；其他机构参考信息或监管机构的研究结果推断出存在潜在合规性问题。

（三）分类、分频次开展合规评估

地方监管机构通过综合分析现场检查和非现场审查的结果对固定源进行合规评估，判定固定源是否合规。合规评估通常分为全合规评估（FCE）、部分合规评估（PCE）和调查（investigations）三种类型。

全合规评估是一项用于评价整个设施合规性的综合评估，可以根据评估结果直接进行一次合规判定。它涵盖了设施全部排放单元的全部污染物，不仅对每个排放单元的合规状况进行评价，而且还要对设施的持续合规能力进行评估。一项完整的 FCE 包括如下要素：所有必要报告和相关记录的审查、空气污染控制设置和操作条件的评估、排放可见性观测、设施记录和操作日志审查、工艺参数评估、烟囱测试等。

部分合规评估是一项有文件记录的合规性评估，以合规判定为目标，侧重于设施的部分工艺、污染物、排放单元或个别法规要求。一项 PCE 可能包括如下具体活动：设施报告和文件审查、相关工艺和排放信息审查、污染源绩效测试、连续监测系统质量保证（QA）审计、排放可见性观测、案例发展评估、周围环境筛查等。

总体来说，PCE 与 FCE 相比耗时更短、资源密集程度更低，FCE 也可通过完成一系列的 PCE 实现，所以 PCE 可以作为经济有效地筛查和识别非合规情况的实用工具。FCE 和 PCE 都应当由经过授权的检查员（包括批准的第三方）执行。经授权代表 EPA 进行评估的检查员在评估时需要与相应联邦要求保持一致，而为各州和地方进行评估的检查员则需要遵循各州和地方监管机构的规范和程序（专栏 13-3）。

专栏 13-3　全合规评估和部分合规评估的内容

1. 一次全合规评估应当包括以下内容:

（1）审查所有要求的报告或其他文件，并在必要时审查相关记录。这包括所有上报给监管机构的监测数据（如连续排放监测系统和连续参数监测报告、故障报告、超标排放报告）。还包括对 Title V 自行认证、半年度监测报告、定期监测报告以及其他许可证要求的报告进行审查。

（2）酌情对控制装置和工艺操作条件进行评估。根据连续排放和定期监测数据、合规认证和偏差报告的可获得性等因素，可能并不需要进行现场检查。在适当的情况下，“下一代守法”（next generation compliance）的实施允许使用创新性和现代化的方法来协助合规监测。不需要通过现场检查来评估合规的监管设施包括但不限于燃气压缩机站、大型办公楼或者公寓的锅炉、调峰站和燃气轮机。但是，是否需要进行现场评估应当根据每个具体设施来决定。

- 根据需要进行排放可见性观测。
- 检查设施记录及运行操作日志。
- 评估工艺参数，如进料速率、原材料组分和工艺速率。
- 评估控制设备性能参数（如水流量、压降、温度和静电除尘器功率）。

- 在没有其他方法能够判定是否符合排放限值时，进行烟囱测试。确定是否需要进行烟囱测试时，各州/地方/部落/属地应当考虑以下因素：设施的大小；上次烟囱测试到现在的间隔时间；控制设备的状况；相关监测数据的可获得性和结果。
- 在各州/地方/部落/领地认为适当时，进行烟囱测试。
- 在适当可行的情况下，利用先进监测技术来检测和记录排放并记载环境条件。使用高级排放/污染物检测技术作为筛查工具是有价值的，可以识别污染问题并且将实地活动更好地集中在重要的污染物、工艺和设备上。这些技术也能帮助识别和衡量非合规行为。这些技术的例子包括红外相机、警戒线监测器、基于传感器网络的泄漏检测系统、移动甲烷探测器和光电离探测器。例如，使用高级排污和污染检查技术可以发现之前检测不到的污染，能够帮助各州/地方/部落/属地和区域更有效地定位目标、监测合规并保护社区安全。

2. 一次部分合规评估包括但不限于以下具体活动：

- 进行污染源绩效测试、采样和监测；
- 排放可见性观测；
- 案例发展评估，包括对正式信息请求的评估（如CAA第114款）；
- 跟进同意令的执行情况；
- 连续监测系统质量保证（QA）审计；
- 审查设施报告和文件，如季度超标排放报告和半年度偏差报告；
- 审查设施记录、运行操作日志和测试/采样方案，并监测数据；
- 审查相关工艺、排放和清单信息；
- 在随后的合规性评估中，使用高级监测技术对一组设施或一片地理区域进行周围环境筛查。

调查与另外两类合规评估的区别是，它局限在设施的一部分，更加资源密集，涉及对特定问题更深入的评估，并且需要更多的时间才能完成。它通常是根据 FCE 发现的信息或基于目标行业、监管或法定倡议信息进行的活动，主要用于解决常规 FCE 由于时间限制、初步现场工作要求及判定合规的专业技术水平而难以评估的问题。

在各州和地方制订固定源大气合规监测计划时，要参考指南对合规评估设定最低的频次。对于 Title V 重点源，全合规评估应当至少每两年实施一次[①]；对于设定次源，全合规评估应当至少每 5 年实施一次。在不执行全合规评估的年度里，各州和地方监管机构应当继续审查年度合规证明和支持这些证明的相关报告（如半年度和阶段性监测报告、连续排放和连续参数监测报告、故障和超标排放报告等）。此外，各州和地方监管机构可以采用 EPA 区域办公室批准的替代推荐频次。替代方案应当根据具体设施逐个确定，考虑污染源的合规历史、设施位置、潜在环境影响、运营操作实践和污染控制装置使用情况等信息。

（四）定期记录和报告合规信息，实现反馈和改进

各州应当记录开展的合规评估活动和结果，定期在 ICIS-Air 中输入设施详细的合规和守法数据，撰写合规监测报告（compliance monitoring report，CMR），并根据要求向 EPA 区域办公室进行汇报。此外，EPA 区域办公室也应当建立区域办公室合规监测活动档案，并在 EPA 要求时提交类似的报告。

合规监测报告应当至少包括以下基本元素：①基本信息：日期、合规监测的类型（FCE、PCE 或调查）以及提交报告的官员。②设施信息：设施名称、位置、邮寄地址、设施联系人和电话号码、污染源类别（Title V 重点源、重大源）。③适用要求：包括监管要求和许可

① 不包括极其大型、复杂的重大源（mega-sites）。对重大源，FCE 应当至少每 3 年实施一次。

证内容的全部适用要求。④受控排放单元和工艺的清单及描述。⑤历史执法活动的信息。⑥合规监测活动：评估的工艺和排放单元；现场观测，包括对观测到缺陷的记录；是否提供了合规协助，如果是，注明协助的性质；设施在现场考察期间采取的任何恢复合规的活动。⑦在合规评估期间转达给设施的观测结果和建议。

各州应当根据各自的政策、程序和要求对合规监测报告进行保存。若州没有出台相应规定，则应当与 EPA 记录政策的保存时间表保持一致，详见表 13-1。

表 13-1　EPA 记录政策的保存时间表

情形	保存时间
CMR 记录的评估没有导致执法活动	5 年
CMR 记录的评估导致民事行政执法活动	在执法文件归档之后 10 年
CMR 记录的评估导致民事司法或刑事执法活动	在执法文件归档之后 20 年

通过合规监测记录和报告机制，EPA 区域办公室可以对各州的合规监测工作进行年度评价，评估目标执行情况，识别不足之处，有针对性地对下一年计划进行调整。EPA 也会根据 ICIS-Air 数据库中的信息进行类似的分析和评估，并及时与区域办公室的官员进行沟通和反馈，在必要时对合规监测计划进行修正。

（五）重视人员培训和资质认证，适当授权第三方参与合规评估

EPA 认为训练有素的检查员才能成为政府的良好代表。检查活动是为数不多的由固定源直接与政府进行交涉的情况，检查员就是政府与他们进行沟通和交流的唯一代表。此外，检查的时间、人力和物力成本也较高。因此，检查员必须尽可能做好最为充分的准备，才能代

表政府有效执行环境合规和执法方案。

EPA 通过“检查员培训项目”教授检查员基本技能，培养必要技能，提高履行职责的能力，提升专业知识素养①。培训的形式包括课堂授课、在职训练、自学、视频教学等。培训的主要内容包括检查的基本程序、相关法律法规要求、工业生产和运营技术指导、卫生和安全措施以及信息审查和收集方法等。在核实检查员达到了法规要求的最低培训要求之后，EPA 方可颁发检查员资格证。

此外，在某些情况下，地方监管机构可以授权经过适当培训的第三方②开展联邦设施的合规监测活动。地方监管机构在获得 EPA 联邦设施执法办公室（FFEO）③的批准之后才能使用合同检查员对联邦设施开展《清洁空气法》合规检查/评估④。EPA 不会直接向第三方颁发与员工相同的资格证，多数情况下 EPA 仅会向第三方提供一封授权信，表明合同检查员身份的同时限定其权力。

三、美国固定源排污许可制度管理成本评估

从许可证核发到证后监管与执法，排污许可制度实施工作量巨

① U.S.EPA. Inspector Training Compendium，Course and Program Comparison. 1998. https：//nepis.epa.gov/EPA/html/DLwait.htm？url=/Exe/ZyPDF.cgi/50000ITA.PDF？Dockey=50000ITA.PDF.

② U.S.EPA. Clarification on the Use of Contract Inspectors for EPA's Federal Facility Compliance Inspections/Evaluations. 2006-09-19. https：//www.epa.gov/sites/production/ files/2015-01/documents/contractor-memo-9-19-2006.pdf.

③ 联邦设施执法办公室（Federal Facilities Enforcement Office，FFEO）是 EPA 执法和合规保障办公室（OECA）的下设部门。

④ 适当培训和授权的合同检查员可以在《清洁水法》《资源保护和恢复法》《有毒物质控制法》《安全饮用水法》《石油污染法》下对联邦设施开展合规检查/评估。美国部分联邦法院对于使用合同检查员进行《清洁空气法》合规评估存在分歧，由于最高法院没有明确答案，因此建议地方监管机构在使用合同检查员之前首先咨询它们的法律顾问和联邦设施执法办公室，在获得批准之后才能在联邦设施开展相应评估活动。

大，需要消耗大量人力、物力和财力资源。2014 年，美国全国清洁空气机构协会（NACAA）对 Title V 许可证项目使用资源情况进行了一项国内调研[①]，其中 31 个州层面和 19 个地方层面的环保部门参与了这项调查，共计覆盖 6 880 个 Title V 设施。调研结果表明，管理全部 6 880 个设施的总成本高达 1.86 亿美元；平均而言，每个设施的管理成本为 2.7 万美元左右（约合 17.3 万元人民币），环保部门所投入的员工人数与所管理的设施个数之比为 1∶3.8，如表 13-2 所示。

表 13-2　美国固定源排污许可项目成本评估

地区	Title V 设施个数/个	项目总成本[①]/10^6 美元	项目总收入[①]/10^6 美元	设施平均管理成本[②]/美元	设施平均支付费用[②]/美元	项目收入覆盖比例[②]/%	员工数[③]	员工平均管理的设施个数[②]/个
西部	1 430	44.18	42.74	30 894	29 887	97	360	4.0
中西部	2 011	36.62	40.00	18 212	19 892	109	308	6.5
南部	2 497	72.98	73.23	29 226	29 327	100	820	3.0
东北部	941	32.28	26.85	34 306	28 535	83	311	3.0
合计/平均	6 879	186.06	182.82	27 048	26 577	98	1 799	3.8

注：①项目总成本即环保部门开展 Title V 许可证项目花费的成本，包括工资、运营成本及其他附加成本；项目总收入即 Title V 许可证项目向设施收取的全部费用，包括许可证申请费、许可证更新费、排污费等。

②设施平均管理成本=项目总成本/设施个数；设施平均支付费用=项目总收入/设施个数；项目收入覆盖比例=项目总收入/项目总成本×100%；员工平均管理的设施个数=设施个数/员工数。

③员工数的单位为全职等效人数（full time equivalent，FTE），使用该计量单位能够使工作量负荷在各种情况下具有可比性。FTE 通常用于衡量员工的项目参与度或跟踪组织的运营成本。

---

① National Association of Clean Air Agencies. 2015. http：//www.4cleanair.org/sites/default/files/Documents/SummaryofData_2014NACAASurvey_Dec2015.pdf.

值得注意的是，美国固定源排污许可制度存在项目收入无法完全支撑实际管理成本的情况。事实上，46%的受访环保部门表示其排污许可项目管理成本超过了项目收入，需要额外经费支持项目运营。此外，73%的受访环保部门表示存在许可证审查工作积压情况，主要表现为由于经费或人手不足导致无法按时完成许可证修改或更新工作。

四、对我国排污许可证后监管的启示

目前，我国排污许可制度的实施正处于许可证的申请与核发的重要阶段。2018 年 1 月，环境保护部出台《排污许可管理办法（试行）》（以下简称《管理办法》），要求依证严格监管执法。但是，目前我国排污许可证后监管与执法工作刚刚开始，许可监管机制仍不完善，尚需探讨。基于美国经验，结合我国排污许可制度发展现状，启示如下：

（一）制定执法和监管指南，减少工作不确定性

我国地方生态环境部门在排污许可证后执法和监管中仍面临着大量问题，在执法和监管层面缺乏国家统一的指南，以往的执法主要依靠“出现场、抓现行”，但是排污许可证的监管非常细化，核查依据和手段都需要研究。美国在开展检查活动前，要求州环保部门制订非常详细的合规监测计划，指导执法和监管人员的工作。因此，结合我国实际情况，建议由生态环境部统一制定各行业执法和监管指南，明确环境执法工作制度、程序和计划，逐步实现以制度管人、按制度办事。同时，各省份可以结合地方实际情况细化国家层面的行业执法指南和规范，进一步掌握排污单位生产流程、排污状况及治理工艺，突出现场执法检查重点，推动执法精细化。

（二）灵活运用多种核查方式，合理分配监管执法资源

生态环境部门对排污单位开展现场核查往往需要占用大量人力、物力和财力资源，但是目前我国基层环保工作人员数量严重不足，呈现“小马拉大车”的现状。借鉴美国经验，可采用现场和非现场检查相结合的方式，建议：一是重点源重点管控，非重点源采用抽查方式管理，根据企业合规情况适当减少现场核查频次；二是逐步利用“非现场”技术手段对固定源进行连续合规判定和评估，重点审查污染源台账记录、执行报告和污染物排放数据，必要时借助原辅材料使用记录、锅炉运行记录等辅助信息进行合规判定。

（三）推动监测、监察执法等相关部门联合执法，提高监管质量

排污许可“一证式”的管理模式意味着证后监管阶段涉及环境监测、监察执法部门的工作范畴。在美国，排污许可从核发到监管执法的全过程往往均由一个部门负责，同时配备排污许可专职工程师参与排污许可各项管理工作。在我国现有环境管理体制的基础上，建议以排污许可证后监管工作为纽带，推动与监测站、监察执法大队等部门联合执法，结合国家大气专项督查和全国环保机构监测监察执法垂直管理制度，共同商议制订排污许可监管计划，增强监管力量，提高监管质量。此外，可以考虑在上海等地开展地方试点[①]，进一步摸索有效、快速的部门间沟通手段和途径，提高排污许可证后监管效率。

---

① 目前，上海已经建立了“一个平台、两翼驱动”的管理框架，“一个平台”即现有排污许可证后管理系统，“两翼”分别是移动监测系统和移动执法系统。该管理框架以排污许可证后管理系统为核心，对接了环境监测中心移动监测、LIMS 系统和监察总队移动执法系统，对全市持证排污单位的监督管理工作进行全过程记录。

（四）引入专业化的第三方技术机构，规范第三方资质管理

《管理办法》已明确指出，环保部门可以通过政府购买服务的方式，组织或委托技术机构提供排污许可管理的技术支持。考虑到目前我国环保部门工作人员数量严重不足，建议地方环保部门引入专业化的第三方技术机构协助开展排污许可证后监管核查工作，减轻行政执法压力。为了规范第三方资质管理，建议在“排污许可管理条例”中对第三方的责任和义务进行明确限定，同时研究制定第三方管理规范，设置必要的准入门槛，依托行业协会对第三方进行严格监督，避免由于没有门槛导致市场混乱、质量难控的现象。

（五）公开排污单位守法历史，利用环境信用评价形成绿色约束

在美国，固定源的合规和执法信息均上传至国家污染源管理系统，在确保信息公开和透明的同时，也有助于环保部门根据公众反馈对所开展的合规和执法工作进行改进。因此，建议生态环境部和地方生态环境部门将所有未涉及企业机密信息的排污许可监管执法信息在国家排污许可管理信息平台上记载，并将最终处罚决定书在平台上进行公开，接受公众监督。另外，考虑将企业的环境守法记录纳入企业信用评价体系中，与税收、银行贷款等经济制约措施相挂钩，表现优秀的企业可优先享有其他经济优惠政策，较差的企业则纳入“黑名单”，并定期向社会公开，提高企业守法积极性。

第十四章　美国排污许可执法管理经验及对我国的建议①

受美国加利福尼亚州大学戴维斯分校邀请，2017 年 12 月 10—23 日，中方代表团赴美国执行“排污许可环境执法管理培训”任务，开展了为期 14 天的学习培训。通过理论授课和现场实地教学，团组对美国环境法及政策、美国国家污染物排放消减制度，美国环境监管执法的框架，联邦、州及地方的废水、废气和其他污染物排放的许可管理体系，排污许可监管执法，第三方机构在排污许可证申报管理中的作用等内容有了基本的了解。

一、培训的基本情况

本次培训主要包括理论授课和现场实地教学两种形式。

理论授课。学员参加了加利福尼亚州大学戴维斯分校、EPA 第九区办公室、加利福尼亚州环保局、加利福尼亚州水资源管理委员会、加利福尼亚州空气资源委员会、萨克拉门托大都会空气质量管理局、

① 2017 年 12 月 10—23 日，中方代表团赴美国开展“排污许可环境执法管理培训”交流，出访团组成员有：环境保护部孙向伟、潘英姿、刘青，环境保护部环境工程评估中心赵晓宏、张波、郭珺、杨雾晨，环境保护部华南环境科学研究所易皓、陈思莉。

科罗拉多州公共卫生和环境部等部门的理论培训。

现场实地教学。培训期间，先后在 EPA 执法调查中心、加利福尼亚州优洛县废弃物处理中心、三捷咨询公司进行了现场交流。在现场教学期间，团员就相关问题与环保管理和技术人员进行了深入讨论。

二、美国环境执法管理的基本情况

（一）美国政府组织机构

美国是联邦制国家，其政府体系由联邦政府、州政府和地方政府（州以下的政府，包括市、县、镇等）三个层次组成。宪法起草人根据政府必须接近百姓才不致剥夺人民自由的原则，将有关各州自治权保留给州政府。因此，联邦政府的权力系以一州政府无法单独行使者为限，而各州拥有立法、司法、行政权。美国政府体系和联邦政府结构分别见图 14-1 和图 14-2。

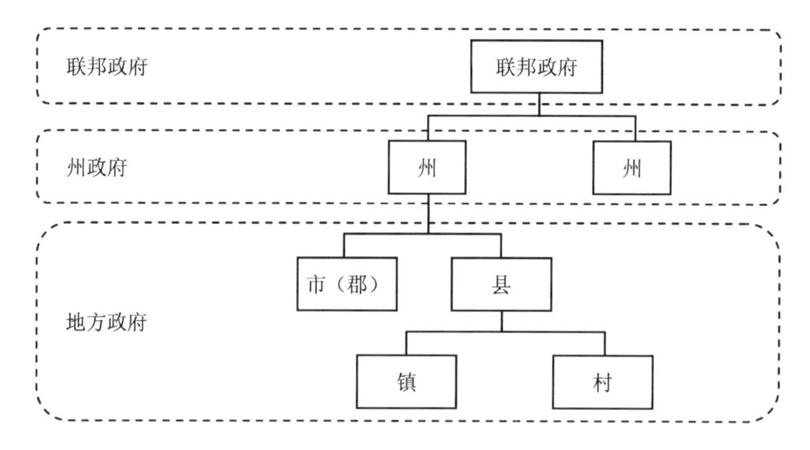

图 14-1 美国政府体系

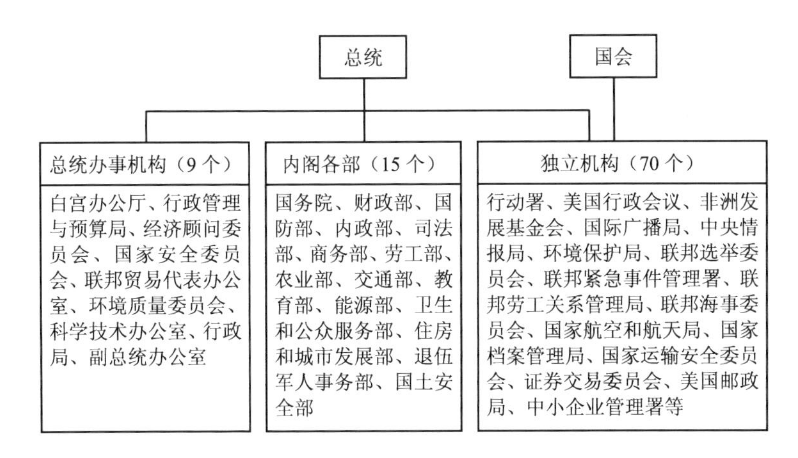

图 14-2　美国联邦政府行政机构

美国 50 个州政府下面有 8 万多个地方政府，地方政府之间不一定存在隶属关系，比如县与自治市不存在领导与被领导的关系，自治市作为一个独立的城市法人，具有自治权力。

（二）美国环保机构

EPA 于 1970 年正式成立，是美国联邦政府的一个独立行政机构，主要负责保护自然环境和保护人类健康，具体职责包括：根据国会颁布的环境法律制定和执行环境法规，从事或赞助环境研究及环保项目，加强环境教育以培养公众的环保意识和责任感等。

环保局局长由美国总统直接指定，直接对美国总统负责。EPA 不在内阁之列，但与内阁各部门同级。EPA 所辖机构包括华盛顿总部、12 个办公室、10 个区域分区办公室和 17 个研究实验所。EPA 机构图见图 14-3。

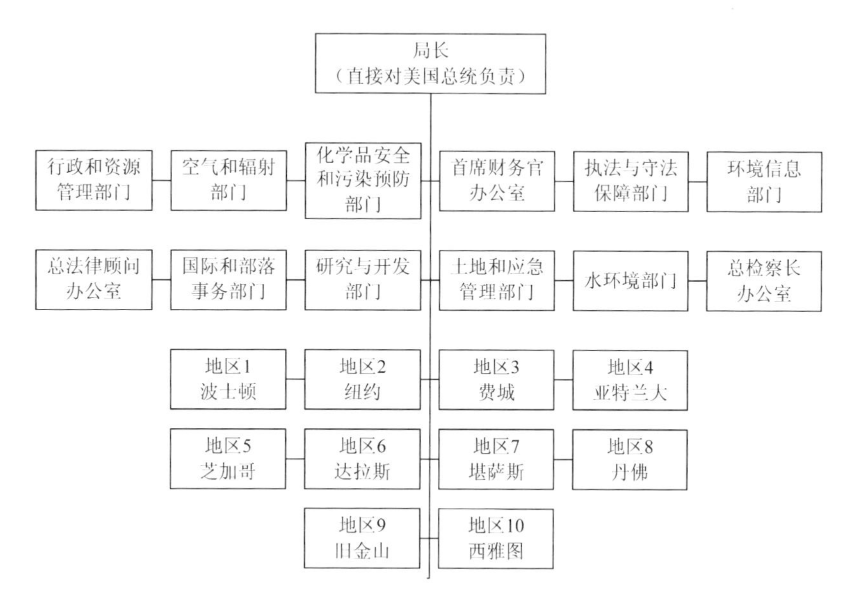

图 14-3 EPA 机构图

EPA 不处理所有的环境问题，一些问题主要是其他联邦、部落、州或地方机构所关注的。许多环境计划下放给各州，由州负主要责任。

（三）美国排污许可涉及的相关法律

1. 联邦法律层面

在联邦层面，与排污许可制度直接相关的法律主要包括《清洁水法》（Clear Water Act，CWA）和《清洁空气法》（Clear Air Act，CAA），两部法律在修订过程中先后从法律上确立了水排污许可制度（1972 年）和大气排污许可制度（1990 年）。

美国大气排污许可制度源于《清洁空气法》及其修订案。《清洁空气法》是美国联邦法律，旨在国家层面管控大气污染。《清洁空气法》分 Title Ⅰ至 Title Ⅵ六个层面来保护和改善环境空气质量，每个层面对于空气质量的管理都有详细的要求和规划。其中，Title Ⅰ

和 Title V值得重点关注。Title I 主要内容是预防和控制空气污染物。包括：空气质量标准及排放限值的要求，臭氧层保护的要求，防止空气质量有重大恶化的排污许可证审批，空气超标地区新源排污许可证审批。Title V主要内容是运营许可证。包括：运营许可证定义、运营许可证计划及申请、运营许可证的要求及条件、运营许可证的信息公开、其他与此相关的授权内容等。

《清洁水法》作为保护水质的框架性法律，为管理水污染物排放确立了基本的架构，主要目标是减少污染物排放，明确了除经许可外，禁止所有工业和市政污染物排放，并建立针对固定源水管理的国家污染物排放消减制度（national pollutant discharge elimination system，NPDES）。在 NPDES 许可制度下，任何向美国境内水体排放污染物的点源均需获得排污许可证。

同时，与环境执法相关的另一部法律则是《综合环境反应、赔偿和责任法》（CERCLA）。在发生了 1978 年的拉夫运河污染事件之后，1980 年美国国会通过了《综合环境反应、赔偿和责任法》，该法律因其中的环保超级基金而闻名，因此，通常又被称为《超级基金法》。超级基金主要用于治理全国范围内的闲置不用或被抛弃的危险废物处理场，并对危险物品泄漏做出紧急反应。

2．州立法层面

在联邦层面，EPA 负责制定相关联邦法律法规，为联邦政府层面的最基本要求，各州可在联邦法律法规基础上制定各州的具体规定及实施方案，州立法相对更为严格、更为完善。目前，各州基于《清洁空气法》均制订了满足联邦空气质量标准的州实施计划（state implementation plans，SIP）并付诸行动。SIP 是基于 CAA 的一个减少污染从而满足联邦空气质量标准的计划。

（四）美国排污许可制度实施监管和执法情况

美国排污许可证分为一般排污许可证和个体排污许可证，一般排污许可证是针对类似工业、相似工艺、同一排污标准的多种设施发放的许可证；个体排污许可证是针对具体企业发放的许可证。美国许可证由 EPA、州环保局和郡（市）环保局分别核发，基本核发流程包括按照企业提交的申请草案，开展评估、现场核查，起草许可证草案，社会公示，召开公众听证会（如有意见），报董事会批准，发放排污许可证，社会公开。排污许可证内容一般包括：执行标准、排放水（大气）许可、最佳可行技术、环境监测要求、适用的联邦和州法律相关要求、执行情况报告要求等内容。

按照“谁发证，谁监督”的原则，州环保局负责对其发放许可证的企业进行监督，同时，许可证也规定各级环保局均有权力对企业进行监督检查。执法检查的依据为排污许可证，一般采取抽样检查的方式，重点检查企业在线监测数据的抽查、企业自行监测报告数据超标检查、现场检查，原则上两年至少检查一次，三年实现企业全覆盖。

1．企业守法

申领排污许可证的企业作为守法主体，需要开展自行监测、记录和报告。自行监测要求，企业在运行过程中，必须按照许可证要求对排放情况进行监测，可分为在线监测与人工监测两种，相关数据保存备查。企业排污监测活动和数据的收集和保存均由企业负责。记录要求，企业应该如实记录污染物排放量及污染物排放浓度和投诉及处理情况。报告要求，监测报告必须每 6 个月提交一次，数据在网上公开。如果未按期报告，后果会很严重。

2．监管执法

环保部门依法根据许可证载明的事项对企业进行监管。具体执法时，环保部门可以在不通知企业的情况下进行检查和取样。在美国的信用体系下，监管执法的理念通常认为企业是诚信的，企业提供数据的结果是可信的，而且美国对作假的行为有很严厉的惩罚。如果发现有超标现象，执法部门一般会通过电话、邮件等方式通知企业，通知可以是非正式的告知，也可以是正式的通知。

执法总体是依据标准、排污许可证要求，进行严格执法。执法中一旦发现企业是故意超标排放，企业会被罚款，情况严重的，法人还会入狱。同时，违法行为产生的获利部分将全部被收回。有时，企业的设备损坏了，产生超标排放违法行为，企业依然不能以此为借口免责，除非事先有免责条款。

企业违法后，除接受罚款外，也要做污染清理工作，消除污染造成的影响。90 天内能解决的问题，一般会发通知，要求企业在规定时限内解决问题。有的污染是长期性的，需要考虑多种因素，并和企业进行协商，设立阶段目标，分阶段解决问题。

企业是守法主体，即使执法人员出现执法失误，企业仍然是承担责任的主体，而不是重点处罚执法人员。企业出现违法行为时，入狱的是实际负责人（法人），而不是具体办事人员。

环保部门执法人员通常由管理人员、工程师、律师、科研人员组成。管理人员负责机构管理和制度设置。工程师负责现场专业核查和线索问题发现。律师负责法律条文解释和诉讼。科研人员负责提供基础研究、实验和疑难问题公关取证。

执法一般是看记录与看现场相结合，发现问题并评估问题。执法也会借助先进的监测工具，如移动监测车。该车配备先进设备，到现场后通过监测仪器，可视化地展示出企业厂区环境状况。每次现场的数据都入库，下次监测时，随时可调上次数据，进行叠加、关联，通过综合判断，确认潜在风险点（如气罐泄漏），做到事前预防。另外，执法部门也配有专业实验室，如进行样品的盲测，进行技术问题攻关。

执法部门反馈机制。执法除对违法行为进行处罚外，有时还要找到深层次的原因，如果涉及制度和标准造成的问题，则要进行反馈，修正相关制度和标准，提高标准等的可操作性和与新技术的适应性。

执法部门和企业不是对立关系。执法部门一般要告诉企业从技术上达标的要求，但不指定掌握具体技术的企业信息，由企业自行寻找合作对象。通常，也不会下令关闭企业，会告诉企业应该达到什么标准，企业经过努力后仍达不到将自行关闭。

3．社会监督

排污许可证的申请人和持有人应严格履行提供排污信息的义务，非涉密部分的设施、排放源及许可证要求执行情况等相关信息必须向公众公开。

公众可以通过 EPA 正在构建的管理信息平台（http：//echo.epa.gov），查询排污许可数据（包括许可证申请书、遵守方案、许可证、监测和达标报告）、环境质量监测数据、敏感目标分布数据以及其他地理信息系统的相关数据。

同时，公众还可以通过投诉系统进行网上投诉。投诉信息是执法部门获取企业违法信息的一种渠道。通过投诉数据的分析，约 10%的被投诉企业涉及违法。

另外，公众也是日常监督员。比如施工企业的工人或工程师，发现企业没有事先拿到许可证（如施工许可证），是不会接受企业施工委托的，这样“未批先建”的违法行为通常就不会出现，这也是一项有效的预防措施。

4．第三方咨询

由于排污许可涉及很多技术工作，一般企业仅靠自己无法顺利完成相关工作，需要借助第三方咨询公司的力量。第三方咨询公司在发证前、发证后都可以发挥作用。发证前，主要指导企业如何填写和申领排污许可证。发证后，如何完成持证排污，自行监测、记录、报告，还提供应对法律诉讼和赔偿等帮助。

第三方机构利用自己对法律制度的熟悉和技术方面的专业优势为企业提供了许可证相关服务，可以为企业避免一些不必要的违法行为和风险。由于有第三方公司，企业守法的专业性增强，有利于减少违法行为，这也间接减少了监管部门的执法压力。因此，第三方公司在保障许可制度落实方面总体的作用还是积极和有益的。

三、关于推进我国排污许可执法的几点建议

美国排污许可相关法律法规体系完善、排污许可管理规范性强。通过培训与总结，对我国污染源排污许可管理，提出如下建议：

（一）企业在任何情况下都是环境守法主体，应负起环保主体责任，承担环境违法责任

企业是环境守法主体，应按照法律法规要求履行其守法义务。企业应承担守法自证、举证责任，面对违法质疑要自我举证，自证守法。企业出现违法行为时，管理部门要依法追究企业及其法人或实际负责人的法律责任，构成刑事犯罪的，要追究其刑事责任，而不是由具体办事人员承担责任。环境执法部门是违法行为的查证、处罚主体，不是企业环境管理的“管家”，其任务是依法依规查处企业的环境违法行为。在环境执法人员依法履行其职责的情况下，当企业出现环境违法行为时，企业是责任承担主体，而不应处罚执法人员。

（二）“谁核发、谁监管”，统一履行排污许可证核发和监管职责

美国排污许可证的核发、监管和执法均设置在同一个部门，统一负责核发排污许可证，以及排污许可证的监管执法。核发人员直接负责开展执法监管，有利于排污许可证提出的各项要求的有效监督落实。目前，我国排污许可证管理核发部门不参与监管执法、环境执法部门不参与核发，容易出现核发部门考虑后续监管少，环境执法部门对核发要求不熟悉等问题，核发和监管环节脱节问题不利于排污许可制度的有效落实，建议研究建立统一的核发和监管执法工作机制。

（三）加强排污许可证核发审查是保障监管执法的前提

美国环境管理部门在核发排污许可证时，不仅要对申请企业进行严格的合规性审查，还要开展现场检查，确保企业申报内容和核发内容符合实际情况。通过事前审核，可以将多数问题解决在事前，有利于提高监管执法的可操作性。我国排污许可证在核发过程中，核发部门仅对申请文件开展形式审查，申报内容的真实性由企业负责，由于企业主观或客观原因，易出现核发的许可证与企业实际情况不一致问题，不利于提高核发质量，也会增加后续监管执法工作量。建议对于新建排污单位或新建设施，核发部门应联合环境执法部门共同对新建排污单位开展文件审查和现场检查。

（四）保障后期执法的可操作性，执法部门直接参与标准的制修订

排污许可制度落实和执法工作需要依据许多要素标准，相关标准在制修订的过程中如未能充分听取环境执法部门意见，后期环境执法

时标准的可操作性问题就会凸显出来，造成标准要求难以执行到位。同时，通过执法发现的普遍性问题，也可能是制度和标准设置不当造成的，因此，执法反馈机制非常重要，建议开展标准规范的环境执法绩效评估，梳理总结标准规范在执法过程中的经验和问题，为标准规范的制修订提供参考。

（五）加大排污许可信息公开，通过广泛监督提高执法效果和效力

信息公开是落实排污许可要求，提高执法效率的重要手段。环境信息对社会公开，一方面是对企业违法行为进行约束，另一方面可及时发现企业违法行为，提高执法精准程度。排污许可管理要求的落实，要充分发挥信息公开作用，鼓励社会监督举报。建议进一步完善排污单位环境信息公开制度，加大信息公开违法违规的处罚力度，将信息公开作为环境执法的重要监管内容，督促企业落实环境信息公开义务。

第十五章　美国大气排污许可及污染源排放清单编制技术经验及对我国的建议①

应北卡罗来纳州立大学土木建筑与环境工程学院（North Carolina State University）克里斯托弗·弗雷（H. Christopher Frey）教授邀请，中方代表团于2018年12月10—15日赴美国开展工业源大气污染排污许可及执法监管学术交流。北卡罗来纳州立大学土木建筑与环境工程学院在固定源大气污染特征测试、评价、控制和预防、排放清单编制及不确定性分析、排污许可管理，大气污染暴露及风险评估等领域均拥有许多先进的技术，积累了丰富的经验。学院所属的能源、空气和风险计算实验室在排放清单编制，排放清单不确定性量化分析，大气污染控制情景成本-效益分析、先进大气污染控制技术等领域为美国环保局（EPA）的排污许可管理和国家排放清单等工作提供了重要技术支持。

① 2018年12月10—15日，中方代表团赴美国开展了工业源大气污染排污许可及执法监管学术交流，出访团组人员有：中国环境科学研究院薛志刚、任岩军、支国瑞、田刚、马京华、杜谨宏。

一、出访基本情况

出访团组专程访问了在该领域有深厚积累和底蕴的北卡罗来纳州立大学土木建筑与环境工程学院克里斯托弗·弗雷教授，就排放清单的编制方法及不确定性分析进行了交流。出访团组六人访问了美国EPA研究三角公园，与EPA空气质量计划及标准办公室的三位专家开展技术交流，美方专家就排污许可制度和污染源排放清单等方面进行了详细的介绍。实地调研了美国ESC公司（Environmental Supply Company）的固定源采样方法和仪器研发情况。

二、美国清单编制及排污许可制度经验

（一）清单编制经验

在清单建设方面，美国走在世界前列。自20世纪70年代开始制订清洁空气计划以来，美国逐步建立了排放源分类标准和编码、源测试规范和排放系数库、各类复杂源排放计算模型以及与空气质量模型对接的排放处理模式，形成了完备的排放清单技术体系和框架，在此基础上开发了美国国家排放清单（NEI），并建立了清单校验和定期更新制度。随着中国的《大气污染防治行动计划》深入开展，我国对排放清单的需求日益强烈，在各类科研项目支持下，我国研究人员在区域大气污染物排放清单领域已经开展了大量的工作，构建了既符合中国国情又与国际接轨的区域大气污染源排放清单技术体系。但在一些方面仍需进一步提升，主要包括：如何测得可靠的排放因子、如何评价排放因子的等级、如何把握排放因子的不确定性、如何评价排放清

单的不确定性、如何将清单与应用对接等。

1．美国污染源排放清单概况

EPA 的污染源清单是空气质量模型重要的输入源，包括自然源、移动源、固定源，除了常规的污染物，还涉及有毒有害物质。EPA 的污染源清单每三年更新完成一次，对于重点源，每年会单独编制一份临时清单。固定源包括 6.6 万家点源企业，2 万家机场和铁路货场；移动源包括汽车、卡车、割草机、农业设备、火车头等；小型固定源包括城镇居民供热、商业餐饮、消费品生产、油和气的生产等；大事件排放包括火灾等。

我国污染源清单涉及的主要污染物有 SO_2、NO_x、PM、$PM_{2.5}$、PM_{10}、VOCs 和 NH_3 等，EPA 清单不仅包含上述污染物，还包括了 Pb 等在空气中含量低但对人体有害的物质。

各州和地方约 100 个机构向 EPA 上报其收集的清单数据，对于上报的基础信息，EPA 有专门的团队和专家进行审核，审核过程大约需要一年的时间。EPA 制定了完整的排放清单数据审核技术手册，各州和地方机构按照技术手册对数据进行审核修正，并提交初稿。EPA 对上报的数据进行自动审核并反馈给上报机构，大大减轻了专家人工审核的工作强度。

细致严谨的工作，保证了清单的准确性和数据的时效性，真实地反映了企业的生产状况和污染物排放情况。此外，各州通过科学标准化的检测和在线监测，掌握了实时污染物排放数据，逐步确定了自己实际的排放因子。真实而有效的清单为空气质量的持续改善提供了科学的依据，帮助政府部门做出准确和适时的判定。

2．美国污染源排放清单的意义和关键技术

（1）更好地了解了排放清单及其不确定性的意义所在。排放清单及其不确定性的应用主要表现在以下几个方面：实施计划或控制战略的发展；排放总量控制及贸易活动；早期减排方案设计；排放趋势分析及预测；许可限值测定；信息公开；排放陈述/排污收费；国际条约报告；环境影响模拟及评价；实地调查方案设计；达标确定；实时空气质量预报；合规分析；暴露及风险分析；确定优先数据；责任评估等。

（2）系统地了解了 EPA 排放因子的分级制度。EPA 根据排放因子获取的方法、过程、代表性等因素，对推荐的排放因子的可靠性进行分级，共五个等级：优秀（A）、良好（B）、一般（C）、较差（D）、很差（E）（表 15-1）。

表 15-1　EPA 排放因子的分级制度

等级	说明
A	排放因子是从 A 或 B 级源测试数据中得出的，这些数据是从行业总体中随机选择的许多设施中获取的。源类别总体具有足够的特定性，可以最大限度地减少可变性
B	排放因子是从合理数量的设施中获取的 A 或 B 级试验数据而形成的。虽然没有明显的特定偏差，但尚不清楚测试的设施是否代表该行业的随机样本。与 A 级一样，源类别总体具有足够的特定性，可以最大限度地减少可变性
C	排放因子是从合理数量的设施中获取的 A、B 或 C 级试验数据而形成的。虽然没有明显的特定偏差，但尚不清楚测试的设施是否代表该行业的随机样本。与 A 级一样，源类别总体具有足够的特定性，可以最大限度地减少可变性
D	排放因子是从少量设施中获取的 A、B 或 C 级试验数据而形成的。可能有理由怀疑这些设施并不代表该行业的随机抽样，还可能有证据表明源群体内部存在变异性
E	排放因子源于 C 或 D 级测试数据，可能有理由怀疑这些设施并不代表该行业的随机抽样

（3）深入探讨了排放清单不确定性的来源。不确定性来源于以下几个方面：随机样本数据的随机采样误差；测量误差，包括系统误差（偏移，引起不准确）和偶然误差（引起不精确）；缺乏代表性，包括

非随机样品而导致的平均值偏移（如仅是测量的载荷而非日常运行状态），直接监测、不连续采样、估测涉及的平均积分时间；数据遗漏；替代数据（指近似源的类比数据）；缺乏数据。

表达不确定性的方法分为两个体系：一是自下而上的方法，包括基于经验数据的统计方法、基于专家判断的统计方法和敏感性分析方法；二是自上而下的方法，这种方法主要用来识别重大偏移，采取的方式是比较各自应用独立方法得到的排放清单数据；比较空气质量模型预测和监测数据；比较面向源的和面向受体的模拟方法；比较清单与观测数据。

（二）排污许可证

在美国，企业申请排污许可证，由地方环境管理部门核发并进行管理，EPA 制定技术政策，但不发放排污许可证。我国目前采用的也是这种管理体系，生态环境部负责组织编制标准文本和技术规范，将核准与监管的权利留给地方，由地方对辖区的空气质量负责。美国企业获得的排污许可证有效期不超过 5 年，我国由于是刚开始实施大规模的排污许可证管理制度，目前的排污许可证有效期是 3 年。

在 EPA 申请与核发的过程中，对每个环节都有明确的时间要求，其中很重要的一个环节，就是信息公开，长达 30 天，以接受公众对某个企业申请的排污许可证的意见。如果公众提出要求，则要进行听证会，甚至一直上诉法庭。这样的管理体制给了公众足够的知情权和话语权，从而能够真正保证空气质量和公众健康。

美国有细致健全的法律，许多技术规范引用了这些法律条文，有极为明确的适用范围，不会出现模棱两可的情况。各项标准非常明确地给出了不同污染物的检测方法和使用的仪器。标准化的仪器和方法，保证了监测数据的真实性和科学性，为排污许可量的核算提供了坚实的基础。

EPA 要求企业提供 1 年的生产和污染物排放检测有效数据，对于新建污染源，没有强制性核定许可排放量，而是在企业正常生产达到 1 年后，开始申请排污许可证。彰显了政府管理部门对企业的信任，也体现了企业遵纪守法、诚信经营的大格局。

美国的燃气发电锅炉不仅采用了通用的低氮燃烧技术，还采用了选择性催化还原脱硝技术（SCR）。对于冷启动、温启动、热启动和停机过程，不仅给出了精确到分钟的限制时间，而且对每个过程中污染物的排放量也提出了明确的要求。燃气锅炉的污染物除了常规的 NO_x，还增加了 CO，既确保了锅炉不产生新的污染物，也保证了锅炉的燃烧效率，实现节能与减排。与此同时，美国已经开始对燃气发电锅炉 CO_2 排放浓度进行监测，通过在线监测获取小时平均值浓度，为碳排放控制与削减提供技术支撑。

（三）固定源采样仪器实地考察

美国 ESC 公司是专注于固定源采样系统生产制造的专业公司。该公司创立于 1995 年，一直保持着在固定源采样方法和仪器设备研发制造领域的领先地位，与 EPA 及其他测试公司持续合作开发新方法和新标准。该公司的固定源采样设备获得 EPA 多项标准的推荐提名，拥有全美第一个被 EPA 认证的风洞测试系统。在对 ESC 公司的访问过程中，详细地考察了该公司研发的 SO_3、NH_3、可凝结颗粒物等大气污染物采样设备及方法。

C-5000 是根据 EPA 方法 5（EPA Method 5）及衍生方法设计开发的成套设备，用于采集固定污染源烟气中排放的各种类型颗粒物（TSP、PM_{10}、$PM_{2.5}$、FPM、CPM）、重金属、有机污染物、二噁英、SO_3 及 SO_2、HCl、NH_3 等。全套装置按照美国 EPA 标准设计，符合

EPA 的相关要求。该系统采用不锈钢、耐热玻璃/石英或特氟龙材质可以保证采集的样品不受交叉污染。全套系统由可测流速的加热采样探头组合、加热过滤膜箱、冲击吸收瓶、泵及控制台等组成，用于将污染源烟气排放的多种污染物质以及不同粒径及不同类型的颗粒物分别收集。

固定污染源细颗粒物采样设备（Fine Particulate Matter，FPM）型稀释采样系统，是根据 EPA CTM-039 方法设计开发的成套设备，作为目前美国唯一的商品化仪器的供应商，该类型的稀释采样系统完全符合 CTM-039 方法的每一个要求。

FPM 型稀释采样系统是基于满足便携式设计要求而开发的固定源稀释采样系统。相对于传统的 U 型稀释采样系统，FPM 型稀释采样系统具有极为紧凑轻便的体积和重量，并具有与传统稀释采样系统相近的稀释比，解决了传统稀释采样系统设备体积庞大、笨重无法携带等问题，可以更好地替代传统稀释采样方法并应用于固定污染源细颗粒物采样的日常采样测试中。

系统按照美国 EPA 方法 8A 来采集固定污染源中排放的 SO_3 及 SO_2，即利用加热水浴及螺旋冷凝管，将 SO_3 冷凝收集，SO_2 在后端冲击瓶中被吸收及捕集。方法使用纯水回收收集，并采用离子色谱 IC 进行分析，无须使用滴定等方法，适合低浓度 SO_3 测定。该组件可以与 C-5000 型污染源手动等速采样系统组合使用。该设备的核心组件为加热采样探头及石英探头内衬、加热过滤箱、热水浴冷凝系统、高温水浴循环潜水泵。

三、出访的启示和建议

（一）北卡罗来纳州立大学交流启示和建议

短暂的交流学习，我们有很深的体会，北卡罗来纳州立大学及克里斯托弗·弗雷教授确实在排放清单理论方面有很深的造诣，值得我们学习。给我们的启示如下：

①制作排放清单一定要使用不确定性分析方法，包括优先调配稀缺资源服务于增量研究及数据收集、在众多选项中做出选择、评价时间趋势等；

②一开始引入模型及录入数据时就要包含不确定性分析；

③及早准备不确定性计算所需的数据，如平均值、标准偏差、样本容量等；

④允许灵活性，面向评估目标选择方法；

⑤投入必要资源，包括充足的时间、充足的培训及同行审查、研讨会及其他培训以及定期的权威编撰和建议的方法；

⑥开发适宜的软件工具；

⑦注重相关案例研究和思考；

⑧保证不确定性分析是透明的。

（二）美国 EPA 研究三角公园交流启示和建议

1．排污许可证方面

我国 2018 年发布的《排污许可证申请与核发技术规范　锅炉》（HJ 953—2018）中，对燃气锅炉的冷启动、热启动和停机过程设定了豁免时间，并没有包含温启动过程，且相应的豁免时间以小时为单位，这段时间内的污染物排放浓度不作为超标判定的依据，也没有给出在此时段污染物排放量的限制，而是将此时段污染物的排放量纳入年度许可排放量中。此外，我国燃气锅炉的污染物许可量只有 NO_x，没有 CO。

在实际的工作中，我们已经发现了这个问题：在贫氧燃烧的状况下，即使不采用低氮燃烧或烟气脱硝等技术，仍然可以实现较低的 NO_x 排放浓度，但此时会有较高的 CO 排放浓度。一些省份已经将 CO 作为一项指标列入地方排放标准中，全面推进节能减排。

建议逐步缩短豁免时间，并设置豁免时段的许可排放量。

我国在不同行业开展过一些 CO_2 排放测试的试点工作，但尚未正式开始对 CO_2 进行监管，为了实现在 2035 年达到碳排放的峰值，除降低化石能源的使用比例、增加可再生能源的使用比例外，开展碳排放测试与交易，也是不可少的环节。建议在火电行业开展碳排放限额工作。

我国政府管理部门与企业应建立平等对话的机制，以法律为基础、以标准规范为准绳，形成互信互通的管理格局。建议全方位公开排污许可管理信息，接受全社会监督，对反馈的问题由专人核实并及时处理，处理结果也要公开，确保企业生产排放和政府管理的全过程公开、公正、公平。

2．污染源排放清单方面

EPA 所收集的清单数据，均是经过各州和地方机构审核的，数据质量有足够的保证。为进一步核准数据，EPA 组建了两个团队共计 40 多人进行清单的校核，并且持续一年的时间，而清单所包含的企业数量不到 7 万家。在国内，清单校核工作量巨大，但可以投入的人力和时间十分有限，需要进一步加强，在清单数据准确性上还需进一步加强。

建议建立固定的排放清单审核专家库，将各个行业的专家纳入进来。专家应自愿从事清单审核工作，无论是线上还是线下，每年要保证足够的工作时间。建立自动审核平台，依据专家意见和经验，设置后台自动筛选程序，将异常的数据筛选出来，反馈给地方和企业，减少人工重复劳动时间，提高工作效率。

建议进一步加强排放源实测工作，为更新排放因子提供坚实的数据基础。对第三方检测公司，要提出更为严格的要求，加大检查力度，对发现的数据造假问题从严惩处，对数据质量不合格的要撤销其资质并列入"黑名单"。只有确保检测数据的真实有效，才能够建立可靠的排放因子和准确的污染源排放清单。建议借鉴 EPA 的做法，提高污染源清单的透明度，从而使污染企业处于更多专业环境工作者的监督下，不仅有利于对清单的进一步校准，也有利于空气质量的预测和分析。

（三）ESC 公司交流启示和建议

我国燃煤电厂已经完成超低排放改造，钢铁行业也提出重点区域的超低排放改造计划。随着排放标准的加严，固定源烟气排放浓度逐渐降低，测试环境更加复杂（高湿、低浓度）。在此背景下，电厂脱硝氨逃逸和 SO_3 等污染物的排放测试就显得越来越重要。国内也针对上述问题做出了一些努力，出台了新的固定源测试方法标准，如火电行业发布的超低排放低浓度颗粒物稀释采样方法等。因此，建议开展固定源的 SO_3、NH_3 的采样方法的研发和验证，对上述污染物测试的方法和设备进行标准化。

此外，美国生产的固定源烟气采样设备的可靠性、准确度水平较高，但其设备也存在构造复杂、零部件繁多、设备笨重体积庞大、操作复杂困难等缺陷，很难适用于我国工业锅炉等采样平台条件较差的排放源测试。针对这一现状，我国亟待自主研制更适合本国的固定源采样设备。

后　记

生态环境部环境与经济政策研究中心（以下简称“政研中心”）是国家生态环境保护宏观决策和管理支持机构。政研中心为生态环境部起草《排污许可管理条例》牵头技术支持单位，并且长期承担生态环境部中美、中欧等国际生态环境问题研究的技术支持工作，是最早开展国际排污许可制度政策研究的单位之一。

在《排污许可管理条例》起草的过程中，政研中心直接参与了大量相关的国际合作活动，也直接见证了相关成果对中国制度创新发挥的作用。4 年多来，受生态环境部委派，政研中心组织或参加了多个出访团组，分别赴德国、比利时、意大利等国家专门针对排污许可的政策和技术进行了访问交流，获取了国外排污许可制度发展的第一手资料；多次举办研讨会或培训班，邀请美国环保局，美国环境法研究所，睿博能源智库，美国特拉华州政府资源与环境部，欧洲环保协会，西英格兰大学，德国联邦环境保护、自然资源和核安全部，美国瑞生律师事务所等外国专家来华研讨或授课，同时组织地方负责排污许可的官员和技术人员就排污许可制度的重点和难点问题与外方专家进行面对面交流；组织排污许可圆桌会议及沙龙，邀请辉瑞制药、科氏工业等 30 余家在华外资企业进行多次座谈，就排污许可证后管理和企业守法等议题进行深入交流。政研中心还分别与美国环保协会、欧洲环保协会、美国环境法研究所等机构合作开展了关于中欧和中美排污许可制度国际比较研究，对欧盟和美国排污许可制度进一步加深了了解，在合作研究基础上撰写的《美国排污许可证后实施经验及对我国的启示》《美国水污染物排放许可制度经验及对中国的建议》等专报多次获得部领导批示，对我国排污许可政策制定提供了有益支持。

这些出访和研究报告有几大特点：一是这些排污许可国际经验的信息和材料大多来自理论和实践的第一手材料，要么直接来自这个国家从事排污许可工作第一线的人员，要么来自直接参与政策制定的人员，或者是开展排污许可工作研究多年的人员，特别是一些地方的实际案例，都是非常难得的；二是参加培训或研讨会的人员都是我国政策制定的相关人员，很多问题的提出及所下结论是由外方专业人士与中方培训人员共同面对面交流而来，既具有实践性又具有针对性；三是最后的建议也多基于整个团组或研究团队的共同认识。

由上，希望能够与读者共同分享，提供相关参考。